全国高职高专测绘类核心课程规划教材

测绘工程CAD

■ 主　编　周　园
■ 副主编　于　洋

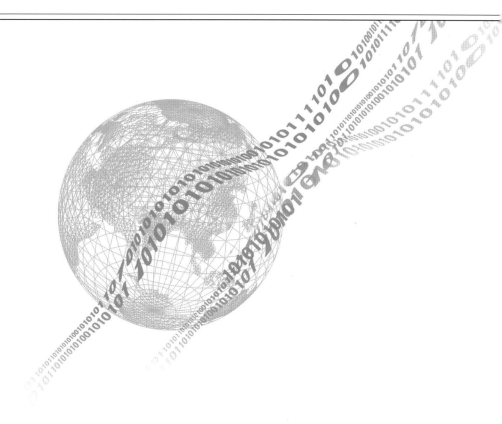

武汉大学出版社

图书在版编目(CIP)数据

测绘工程 CAD/周园主编. —武汉:武汉大学出版社,2015.11(2023.7 重印)

全国高职高专测绘类核心课程规划教材
ISBN 978-7-307-16838-1

Ⅰ.测… Ⅱ.周… Ⅲ.工程测量—AutoCAD 软件—高等职业教育—教材 Ⅳ.TB22-39

中国版本图书馆 CIP 数据核字(2015)第 222676 号

责任编辑:胡 艳　　责任校对:汪欣怡　　版式设计:马 佳

出版发行:**武汉大学出版社**　(430072　武昌　珞珈山)
(电子邮箱:cbs22@whu.edu.cn 网址:www.wdp.com.cn)
印刷:武汉邮科印务有限公司
开本:787×1092　1/16　印张:16.75　字数:405 千字　插页:1
版次:2015 年 11 月第 1 版　2023 年 7 月第 2 次印刷
ISBN 978-7-307-16838-1　定价:45.00 元

版权所有,不得翻印;凡购买我社的图书,如有质量问题,请与当地图书销售部门联系调换。

前　言

本教材是为了适应高职教育改革与发展的需要，满足测绘类专业学生适应测绘行业的需求，结合测绘类专业的教育标准、培养目标及该门课程的教学基本要求而编写的，是突出绘图工作流程的新颖教材。

本教材编写的目的在于结合测绘行业的实际工作需要，能让学生掌握 AutoCAD 绘图软件的基本操作，强化学生按照《国家基本比例尺地图图式》（GB/T20257.1—2007）的规定，利用计算机绘制地形图的技能，从而具备从事测绘工程、解决测绘工程中实际问题的能力。

本教材以《国家基本比例尺地图图式》（GB/T20257.1—2007）为依据，紧密结合专业和学生的特点，充分满足教学和工作的需求，以 AutoCAD 的基本操作为先导，以绘制地形图符号的工作流程为主线，重构了教学内容。教材内容做到简练、严谨，具有针对性、实用性和先进性等职业教育特色。同时，精心选绘了大量的工作流程插图，以便于学生的理解、学习与操作，更加突出对学生实践应用能力的培养。

全书以 CAD 基本操作为先导，共分八大项目，包括居民地的绘制、道桥的绘制、水系的绘制、垣栅的绘制、植被的绘制、独立地物的绘制、控制点的绘制、图廓的绘制。本教材除了作为全国高职高专院校测绘类专业学生的专业教材，还可以作为相关专业和工程技术人员的参考用书。

参加本教材编写工作的人员有：辽宁水利职业学院周园（项目一、二、三、四、五、六、七）、沈阳天地勘测技术有限公司于洋（CAD 基本操作、项目八）。全书由周园担任主编并统稿。

由于各方面的原因，本书难免存在不足之处，恳请读者予以批评指正。

编　者
2015 年 5 月

目　录

CAD 基本操作 ··· 1

项目一　居民地的绘制 ··· 10
  任务 1　多点房屋的绘制 ··· 11
  任务 2　三点房屋的绘制 ··· 22
  任务 3　两点房屋的绘制 ··· 33
  任务 4　房屋的封闭 ··· 37
  任务 5　房屋的注记 ··· 42

项目二　道桥的绘制 ·· 51
  任务 1　市政道路的绘制 ··· 51
  任务 2　公路的绘制 ··· 66
  任务 3　铁路的绘制 ··· 76
  任务 4　桥的绘制 ·· 83

项目三　水系的绘制 ·· 97
  任务 1　河流的绘制 ··· 97
  任务 2　湖泊的绘制 ··· 105
  任务 3　沟渠的绘制 ··· 111

项目四　垣栅的绘制 ·· 122
  任务 1　围墙的绘制 ··· 122
  任务 2　栅栏的绘制 ··· 127
  任务 3　篱笆的绘制 ··· 131
  任务 4　铁丝网的绘制 ·· 135

项目五　植被的绘制 ·· 141
  任务 1　林地的绘制 ··· 141
  任务 2　耕地的绘制 ··· 152
  任务 3　花草的绘制 ··· 165
  任务 4　园地的绘制 ··· 171

项目六　独立地物的绘制 ··· 176
　　任务 1　直线底独立地物的绘制 ·· 176
　　任务 2　⊥底独立地物的绘制 ·· 192
　　任务 3　⊔底独立地物的绘制 ·· 200
　　任务 4　圆底独立地物的绘制 ·· 206

项目七　控制点的绘制 ··· 214
　　任务 1　水准点的绘制 ·· 214
　　任务 2　平面控制点的绘制 ··· 225

项目八　图廓的绘制 ·· 238

附录　CAD 常用快捷命令键 ··· 263

CAD 基本操作

☞ 学习目标：

掌握 AutoCAD 的启动与退出，熟悉 AutoCAD 的工作界面。掌握 AutoCAD 命令的使用方法及图形文件的基本操作。

知识先导

通过测量得到的坐标，它与客观上存在的物体就有了相互对应的关系，再经过操作计算机应用绘图软件，将之转换成图，即把数字化了的图形信息通过计算机存储、处理，并通过输出设备将图形显示或打印出来，这个过程称为计算机绘图。

AutoCAD 是美国 Autodesk 公司开发的计算机绘图软件，它是计算机绘图系统的核心。

一、启动 CAD

启动 AutoCAD 最简单的方法是在 Windows 桌面上双击快捷方式图标 。

二、CAD 工作界面

启动 CAD 之后，将出现如图 1-1 所示的主窗口，它是与 AutoCAD 进行交互操作的界面，主要包括标题栏、菜单栏、工具栏、绘图区、命令窗口、状态栏、滚动条及视窗控制按钮等组成。现分别介绍如下。

1. 标题栏

标题栏位于工作界面的最上方，左端 是控制菜单图标，用鼠标单击该图标或按【Alt】+【Space】（空格）键，将弹出窗口控制菜单，我们可以用该菜单完成还原、移动、关闭窗口等操作。

方括号内显示当前图形的文件名，当对所绘图形文件存盘后，标题栏方括号内会显示出当前文件的名称及所在位置。

右端有 3 个视窗控制按钮，从左至右分别为"最小化"按钮 、"最大化"按钮（"还原"按钮） 和"关闭"按钮 ，单击这些按钮可以使窗口最小化、最大化（还原）和关闭。

2. 菜单栏

菜单栏位于标题栏下面，由标题项：文件、编辑、视图、插入、格式、工具、绘图、标注、修改、窗口和帮助 11 个下拉菜单组成，每个下拉菜单上包含若干菜单项。每个菜

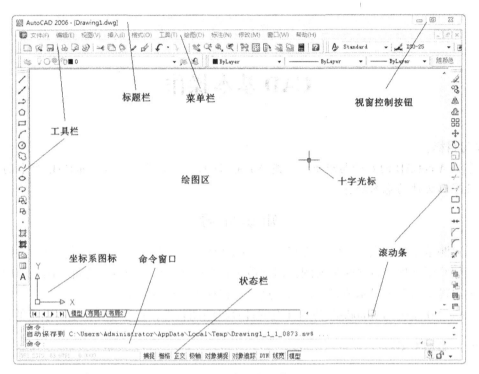

图 1-1　CAD 中文版工作界面

单项都对应了一个命令,单击菜单项时将执行这个命令。

1) 下拉菜单

AutoCAD 的绝大多数命令可以在这里找到。

(1) 在菜单栏单击鼠标左键点取一项标题,则下拉出该标题项的菜单,称为下拉菜单,如图 1-2 所示,要选择某一菜单项,可用鼠标左键点取。同时,可以在绘图区下面的"命令窗口"中,看到该菜单项的功能说明及相应的 AutoCAD 命令名。

(2) 如果某一菜单项右端有一黑色小三角,则说明该菜单项仍为标题项,它将引出下一级菜单,称为级联菜单,可进一步在级联菜单中点取菜单项。

(3) 如果某一菜单项后面跟"…",则说明该菜单项引出一个对话框,可通过对话框进行操作。

(4) 如果某一菜单项为灰色,则表示该菜单项不可选。

(5) 如果无意中丢失了下拉菜单,可以在命令状态下用键盘输入 MENU 命令,在弹出的对话框中打开"acad"菜单文件即可恢复。

2) 光标菜单

在当前光标的位置单击鼠标右键,弹出的菜单称为光标菜单(快捷菜单)。光标菜单的选项因单击环境的不同而变化,光标菜单提供了快速执行命令的方法,光标菜单的选取方法与下拉菜单相同。

可以单击鼠标右键弹出快捷菜单的位置有:绘图区、命令窗口、对话框、工具栏、状态栏、模块和布局选项卡等。

CAD 基本操作

图 1-2 下拉菜单

3. 工具栏

工具栏由一系列形象化的图标按钮集合构成，每一个图标按钮表示一条 AutoCAD 命令。单击图标按钮，可执行对应的命令。如果把光标移动到某个图标按钮上，稍停顿片刻，即在该图标一侧显示该图标按钮的名称（称为工具提示），同时在状态栏中，显示对应的说明和命令名。

在系统默认情况下，可以看到绘图区顶部的"标准"、"样式"、"图层"、"对象特性"工具栏和位于绘图区两侧的"绘图"工具栏和"修改"工具栏（图 1-1）。

1）工具栏的"隐藏"与"显示"

AutoCAD 提供了 30 种工具栏，我们可以隐藏某些工具栏，也可以将自己常用的其他工具栏显示出来。最常用的方法是：将光标放在任意一个工具栏的图标上，单击鼠标右键，然后在菜单中工具栏名称前面用"√"符号选取所需的工具栏，该工具栏将显示出来；去掉工具栏名称前面"√"符号，工具栏将隐藏。

2）工具栏的"移动"与"弹出"

系统默认的工具栏一般不移动它们，若要移动某个工具栏，可以将光标指向工具栏的空白处，按住鼠标左键并拖动光标，将工具栏移动到绘图区外的其他地方，也可拖动到绘图区中，形成浮动工具栏。

有些图标按钮的右下角带有一个小三角（称为下拉弹出式图标按钮），按住（注意：不是单击）鼠标左键不放，会弹出相应的工具栏，将光标移动到某一图标按钮上再松开，该图标按钮就变为当前图标按钮。单击当前图标按钮，便可执行相应命令。

3）工具栏的"浮动"与"固定"

工具栏可以在绘图区"浮动"，此时显示该工具栏标题，并可关闭该工具栏，用鼠标可以拖动浮动工具栏到图形区边界，使它变为固定工具栏，此时该工具栏标题隐藏。也可以把固定工具栏拖出，使它成为浮动工具栏。

4. 绘图区

绘图区是显示绘制图形和编辑图形对象的区域。进入绘图状态时，在绘图区显示十字光标("十字"分别与当前坐标系的 X 轴、Y 轴方向平行)，由鼠标等定点设备控制。当移动定点设备时，十字光标的位置也相应地移动。十字光标的大小（相对于屏幕）由系统变量 CURSORSIZE 控制。当光标移出绘图区指向工具栏、菜单等项时，光标显示为箭头形式。

在绘图区左下角显示坐标系图标，系统默认坐标系原点（0，0）是图幅左下角点，但应注意坐标系可以自定义改变。

5. 命令窗口

```
命令: 指定对角点:
命令: _erase 找到 1 个
命令:
```

命令窗口位于绘图区下方，是输入命令以及信息显示的地方，也称为命令提示区。绘图时应该时刻注意命令窗口的信息提示，尽量避免错误操作。

6. 状态栏

```
133.3547, 0.2062 , 0.0000   捕捉 栅格 正交 极轴 对象捕捉 对象追踪 DYN 线宽 模型
```

状态栏位于工作界面的底部，用来显示当前的操作状态。

左端的数字显示的是绘图区光标定位点的坐标 X、Y、Z，向右侧依次有"捕捉"、"栅格"、"正交"、"极轴"、"对象捕捉"、"对象追踪"、"DYN"、"线宽"和"模型"9个绘图模式开关按钮，用鼠标单击这些开关按钮，按键凹陷为打开状态，凸起则为关闭状态。

7. "模型/布局"选项卡

该选项卡用来控制绘图工作是在模型空间还是在图纸空间进行。系统默认在模型空间进行绘图工作，单击"布局1"或者"布局2"选项卡可以进入图纸空间，图纸空间主要完成打印输出图形的布局。如果进入了图纸空间，单击"模型"选项卡，可以返回模型空间。如果鼠标指向任意一个选项卡单击右键，可以使用弹出的右键菜单新建、删除、重命名、移动或复制布局，也可以进行页面设置等操作。

三、退出 CAD

退出 CAD 的方法有四种，可以任选其一：

（1）鼠标单击标题栏最右上方的关闭按钮 ✕ ；

(2) 文件(F) 菜单，单击"退出（X）"选项；
(3) 命令行键盘输入"QUIT"，再按【Enter】键；
(4) 按【Ctrl】键+Q。

技 能 操 作

一、命令的使用

1. 命令的执行方法

命令可以通过"菜单"、工具栏中的"图标"按钮和"命令行"直接输入来执行。执行命令的方式各有特色，工作效率各有高低，在工作中可以选择一种，也可以相互配合使用。

（1）"菜单"执行命令：用鼠标从下拉菜单中单击要使用的命令。

（2）"图标"执行命令：用鼠标在工具栏上单击代表相应命令的图标按钮。

（3）"命令行"执行命令：在命令窗口 命令: 的状态下直接用键盘输入英文命令名（或者输入命令的缩写字），然后按【Enter】键。输入命令的字符可以不区分大小写。

2. 命令的终止

在正常完成一条命令之后，命令会自动终止。但是也可能在命令执行的任何时刻终止命令的执行，方法如下：

（1）按【Esc】键终止命令的执行。

（2）光标在绘图区时，右键单击，弹出"快捷菜单"，在菜单中选中"取消"，终止命令的执行。

（3）也可以按【Enter】键、【Space】（空格）键终止命令的执行。

3. 重复使用命令

若在一个命令执行完毕后，还要再次重复执行该命令，可使用如下方法：

（1）命令行中，在 命令: 的提示下直接按【Enter】键或【Space】键，就可以重复刚使用过的命令。

（2）光标在绘图区单击鼠标右键，弹出"快捷菜单"，选取"第一行"就可以重复刚使用过的命令。

（3）光标在命令窗口单击鼠标右键，弹出"快捷菜单"，第一行"近期使用的命令（E）"的子菜单中选取要重复使用的命令。

4. 透明命令

有的命令不仅可以直接在命令行中使用，而且还可以在其他命令的执行过程中插入执行，该命令结束后系统继续执行原命令，这种可以嵌套在其他命令中使用的命令称为透明命令。例如：。

执行方法如下：

（1）直接执行：

① 下拉"菜单"中直接选取相应的命令；

② "工具栏"中直接单击相应命令的图标按钮；

③ "命令行"中直接输入"单引号+命令",再按【Enter】键。

透明命令的内容执行完成之后,按【Esc】键结束操作。

(2)"状态栏"执行:鼠标左键单击状态栏 |捕捉| 栅格| 正交| 极轴| 对象捕捉| 对象追踪| DYN| 线宽| 模型| 中的按钮,执行和终止相应的命令。

操作练习 1:视图平移

执行命令有三种方法,可任选其一:

- 在工具栏中单击:"标准"图标按钮 ;
- 在下拉菜单选取: 视图(V) → 平移(P) → "实时";
- 在键盘输入命令:PAN(或者 P) → 【Enter】键。

命令执行时,绘图区光标变成一只"小手",按住鼠标左键上下、左右移动鼠标进行平行移动视图,松开鼠标视图停止移动。终止"视图平移",按【Esc】键即可。

操作练习 2:视图缩放

执行命令有三种方法,可任选其一:

- 在工具栏中单击:"标准"图标按钮 ;
- 在下拉菜单选取: 视图(V) → 缩放(Z) → "实时(R)";
- 在键盘输入命令:ZOOM(或者 Z) → 【Enter】键。

命令执行时,绘图区光标变成一个"放大镜",推动鼠标滚轮进行视图的放大和缩小。终止"视图缩放",按【Esc】键即可。

二、图形文件的基本操作

1. 新建图形文件

执行命令有三种方法,可任选其一:

- 在工具栏中单击:"标准"图标按钮 ;
- 在下拉菜单选取: 文件(F) → 新建(N)…;
- 在键盘输入命令:NEW → 【Enter】键。

命令执行时,弹出对话框(图 1-3),选中 acadiso.dwt ,鼠标单击 打开(O) ,一张新的"图纸"就打开了。

2. 保存图形文件

执行命令有三种方法,可任选其一:

- 在工具栏中单击:"标准"图标按钮 ;
- 在下拉菜单选取: 文件(F) → 保存(S);
- 在键盘输入命令:QSAVE(或者 SAVE) → 【Enter】键。

若文件已经命名,则 AutoCAD 自动保存;若文件未命名(即为缺省名 drawing1.dwg),则系统调用"图形另存为"对话框(图 1-4),在 保存于(I): 我的文档

▼ 中,点击小黑三角,选择图形文件要保存盘符地址;在 文件名(N): Drawing1.dwg

▼ 中,输入文件名(默认格式.dwg);单击 保存(S) ,由我们命名的图形文件就保存好了。此时工作界面"标题栏"方括号中将显示我们命名的文件名。

CAD 基本操作

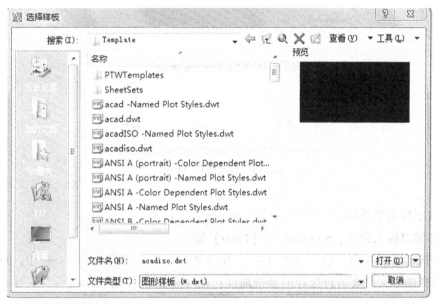

图 1-3 新建图形对话框

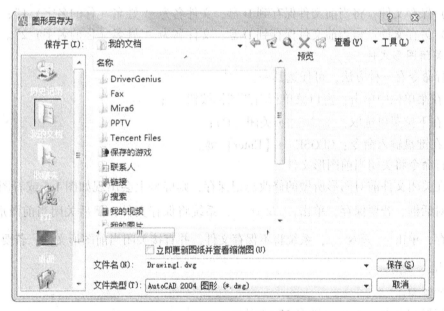

图 1-4 "图形另存为"对话框

若在关闭文件前忘记保存,则屏幕上会出现如图 1-5 所示对话框,若要保存,单击"是";若不保存,单击"否";若要继续绘图,单击"取消"。

3. 另存图形文件

执行命令有两种方法,可任选其一:

图 1-5　系统警告对话框

- 在下拉菜单选取：文件(F) → 另存为（A）…；
- 在键盘输入命令：SAVEAS → 【Enter】键。

命令执行时，弹出对话框（图 1-4），在 保存于(I)： 桌面 ▼ 中，点击小黑三角，选择图形文件要另行保存的盘符地址；在 文件名(N)： 地形图.dwg ▼ 中，输入新的文件名（默认格式 .dwg）；单击 保存(S) ，系统又把当前图形文件更名重新保存好了。此时，工作界面标题栏方括号中将显示新的文件名。

操作练习：

（1）保存文件：将当前文件保存到 D 盘，文件名为 " 姓名（你的名字）1 "；

（2）另存文件：将当前文件保存到 D 盘，文件名为 " 姓名（你的名字）2 "。

4. 关闭图形文件

执行命令有三种方法，可任选其一：

- 在菜单栏中单击：窗口菜单行右侧图标按钮 × ；
- 在下拉菜单选取：文件(F) → 关闭（C）；
- 在键盘输入命令：CLOSE → 【Enter】键。

执行命令将关闭当前图形文件。

若在关闭文件前对图形所做的修改忘记保存，则屏幕上会出现如图 1-5 或者图 1-6 所示警告对话框，若要保存，单击 是(Y) ，系统将保存文件，然后关闭当前图形文件；若不保存，单击 否(N) ，系统将不保存文件，并直接关闭当前图形文件；若要继续绘图，单击 取消 。

操作练习：

关闭保存在 D 盘上的 " 姓名2 " 文件。

5. 打开图形文件

执行命令有三种方法，可任选其一：

- 在工具栏中单击："标准"图标按钮 ；
- 在下拉菜单选取：文件(F) → 打开（O）…；
- 在键盘输入命令：OPEN → 【Enter】键。

图 1-6 系统警告对话框

执行命令时,弹出对话框(图 1-7),在 搜索(I): 本地磁盘(E:) ▼ 中点击小黑三角,选择要打开图形文件所在的盘符地址;在"名称"列表中双击要打开图形文件所在的"文件夹",再在"名称"列表中点击要打开图形文件的文件名,此时在"文件名(N)"中将出现要打开图形文件的文件名,点击 打开(O) ▼ ,一张已保存的图形文件就被打开了。

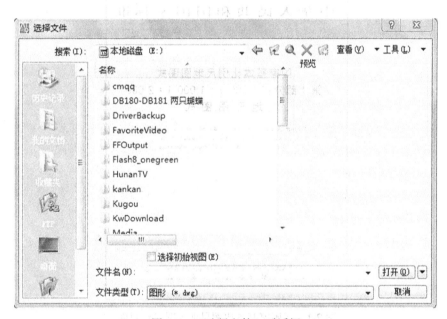

图 1-7 "选择文件"对话框

操作练习:
打开保存在 D 盘上的"姓名 2"文件。

项目一 居民地的绘制

根据《国家基本比例尺地图图式》GB/T20257.1—2007（图2-1）要求，居民地是大比例尺地形图上的主要地物要素，测绘居民地时要准确反映实地各个房屋的外围轮廓和建筑特征。房屋的轮廓线一般以墙基外角连线为准，都是标准的几何图形，而且绝大多数是矩形，所以我们是以房屋墙基外角为特征点进行测量的。房屋一般不综合，应逐个绘制。不同层数、不同结构性质、主要房屋和附加房屋都应分割绘制。

图2-1 《国家基本比例尺地图图式》封面

在实际测量中，如果房屋的轮廓线是由多个矩形组合而成，就要测量房屋的所有特征点（为多点房屋）；如果房屋的轮廓线为矩形，测量房屋的三个特征点就可以了（为三点房屋）；有时由于多种原因，无法测量到房屋的三个特征点，只能测量房屋的两个特征点，此时就要再加测出房屋的长度或者宽度（为两点房屋）。下面根据实际测量特征点的情况叙述AutoCAD绘制房屋的方法。

任务1 多点房屋的绘制

☞ **学习目标：**

掌握图层操作、坐标输入和绘制多段线的方法。能按实测坐标用"多段线"在指定的"图层"绘制多点房屋。

技 能 先 导

一、图层的基本操作

绘制地形图需要图纸，图层相当于没有厚度的透明图纸，测量的地物、地貌就要绘制到图层上面，我们把不同的地物、地貌绘制到不同图层，绘制哪种地物、地貌时，就把哪一图层设置为当前图层。一张地形图需要许多图层，这许多图层就像重叠在一起的透明纸，构成了一张完整的地形图。

1. 创建图层

创建图层的方法有三种，可以任选其一：

- 在工具栏中单击："图层"图标按钮 ；
- 在下拉菜单选取：格式(O) → 图层（L）…；
- 在键盘输入命令：LAYER（或者 LA）→【Enter】键。
- 系统执行命令后，将弹出"图层特性管理器"对话框，如图2-2所示。

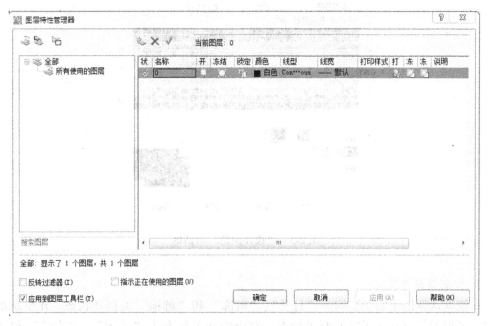

图2-2 "图层特性管理器"对话框

"图层特性管理器"对话框中间的图层列表框中列出了图层名及图层的特性。系统默认图层为"0",颜色为"白色",线型为"实线",线宽为"默认"值,处于打开状态。

1) 创建

单击对话框上中部"新建图层"按钮，创建一个名称为"图层1"的图层。继续单击"新建图层"按钮,依次可以创建"图层2","图层3",…的图层。

2) 命名

根据在图层中所绘制的内容给图层命名,或者修改原图层名称。图层名称是使用图层的唯一标识,是图层的名字。图层的名称可以在创建该图层时设置,也可以修改。

方法：鼠标单击 名称 图标下面的要命名或者要修改的图层,在文字编辑框 图层1 中输入新的图层名称即可。输入的图层名中不能有"＊"、"！"和空格,也不能重名。

2. 修改图层颜色

新创建的图层系统默认为"白色"（如果绘图区的背景为白色时,新创建的图层颜色为黑色）,如果要修改图层颜色,单击"图层特性管理器"对话框中该图层的颜色图标 白色,系统弹出"选择颜色"对话框（图2-3）,单击所需颜色的图标,所选的颜色名和颜色号将显示在"选择颜色"对话框下部的"颜色"文字编辑框中,并在右侧图标中显示所选中的颜色,然后单击"选择颜色"对话框底部的 确定 按钮,接受选择并返回"图层特性管理器"对话框。

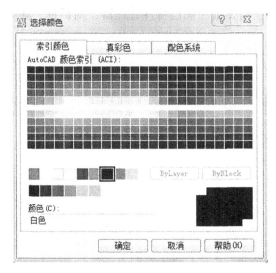

图2-3 "选择颜色"对话框

3. 控制图层开关

系统默认新创建的图层均为"打开"、"解冻"和"解锁"的打开状态。在绘制地形图时,可根据需要改变图层的开关状态,对应的开关状态为"关闭"、"冻结"和"加锁"。如果要改变其开关状态,则只需单击相应的图标按钮即可。

1) 开关状态（ ♀ / ♀ ）

在"图层特性管理器"对话框中，"开"对应的列是"小灯泡"图标。如果灯泡颜色是黄色，表示对应图层是打开的；如果是灰色，则表示对应图层是关闭的。单击"小灯泡"图标，可以实现打开或关闭图层的切换。

如果图层被打开，该图层上的图形可以在显示器上显示，也可以在输出设备上打印；如果图层关闭，则该图层上的图形被隐藏起来不能在显示器上显示，也不能打印输出。

如果关闭当前层，则 AutoCAD 会显示如图 2-4 所示对话框，警告正在关闭当前层。

图 2-4　警告信息

2) 冻结/解冻（ ✺ / ○ ）

在"图层特性管理器"对话框中，"冻结"列对应的是太阳或者雪花图标。太阳图标表示所对应的图层没有冻结；雪花图标则表示相应的图层被冻结。单击这些图标，可实现图层冻结与解冻的切换。

如果图层被冻结，该图层上的全部图形都消失不可见，也不能打印输出，而且也不能参加图形之间的操作；如果图层被解冻，则该图层的图形将显示出来，可以参加图形之间的操作，也可以打印输出。

我们不能冻结当前图层，也不能将冻结图层改为当前图层。如果要将当前图层冻结，AutoCAD 会显示警告信息（图 2-5）；如果要将冻结层改为当前层，也会显示警告信息（图 2-6）。

图 2-5　警告信息

图 2-6　警告信息

3) 锁定/解锁（ 🔒 / 🔓 ）

在"图层特性管理器"对话框中,"锁定"列对应的是关闭或打开的小锁图标。单击这些图标,可实现图层锁定或解锁的切换。

锁定状态并不影响该图层上图形的显示,但不能编辑锁定图层上的图形。如果锁定的是当前图层,则仍然可以在该图层上绘图。此外,我们还可以在锁定的图层上使用查询命令和对象捕捉功能;解除锁定状态,可以编辑该图层上的图形。

4. 设置当前图层

如果要在某个图层上绘图,首先要将它设置为当前图层。当前图层可以理解为所有"透明图纸"中最上面的那张。AutoCAD中只有一个当前图层,所有的绘图操作均在当前图层上进行。

如果要把某个图层设置为当前图层,可以在"图层特性管理器"对话框中选择要设置为当前的图层 居民地 ,然后单击"图层特性管理器"对话框上中部的"当前" ✓ 按钮,就将该图层选中为当前图层 ✓居民地 。此时,该图层的图层名就会出现在"图层特性管理器"对话框上部 当前图层:居民地 的显示行上。然后鼠标单击 确定 按钮,系统将把所选中的图层设置为当前图层。

当将一个关闭图层设置为当前图层后,系统将自动将该图层打开。

5. 删除图层

不使用的多余图层,可以把它删除掉。方法是:在"图层特性管理器"对话框中选中一个或多个图层 铁路 ,然后单击"图层特性管理器"对话框上中部的"删除" ✗ 按钮,系统将从图层列表选中选择要删除的图层 铁路 ,然后鼠标单击 确定 按钮,系统将删除所选中的图层。

如果要从列表框中选中多个图层,要先按住【Ctrl】键,然后再选取。

6. 用"图层"工具栏管理图层

"图层"工具栏如图2-7所示。

图2-7 "图层"工具栏

(1)单击"图层"工具栏上左侧的 ≋ 图标按钮,将激活"图层"命令,弹出"图层特性管理器"对话框,如图2-2所示。可以进行新建、修改、设置当前、删除图层等操作。

(2)单击黑色的小三角打开下拉"图层列表"。在"图层列表"中,可以进行相应的操作。

① 设置当前图层:下拉"图层列表"中选中一个图层,将它设置为当前图层,选中后,该图层名显示在工具栏窗口上。

② 控制图层开关:下拉"图层列表"中选中,单击任意图层控制开关状态图标,改变该图层的开关状态。

(3) 单击"图层"工具栏上的 图标按钮，然后选择图形，就将该图形的图层设置为当前图层，该图层名显示在工具栏窗口上。

(4) 单击"图层"工具栏上的 图标按钮，将使上一次使用的图层设置为当前图层。

7. 用"对象特征"工具栏管理当前图形

"对象特征"工具栏（图2-8）用来改变当前图形的颜色、线型和线宽特征，改变后图形的这些特征不再受图层的控制。当前图形是指被选中的图形和将要绘制的图形。

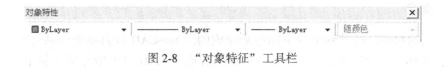

图 2-8　"对象特征"工具栏

在"对象特征"工具栏"颜色控制"下拉列表中选择某种颜色，可改变以后要绘制图形（即当前图形）的颜色，但并不改变图层的颜色。

单击黑色的小三角，打开下拉"颜色列表"，如图2-9所示。在"颜色列表"中可以单击所需要的颜色，即被选中。下拉"颜色列表"中"ByLayer"（随图层）选项表示所希望的颜色是按图层本身的颜色来定。"ByBlock"（随图块）选项表示所希望的颜色是按图块的颜色来定。如果选择以上两者以外的颜色，随后所绘的图形的颜色将是独立的，不会随图层的变化而改变。

图 2-9　"颜色列表"选项框

选择下拉"颜色列表"中的"选择颜色…"选项，将弹出"选择颜色"对话框，如图2-3所示，可以从中选择一种颜色作为当前图形的颜色。

技能训练：

(1) 新建图层：

图 层 名	颜　　色
居民地	品红色
道　路	黄色

图 层 名	颜 色
水 系	蓝色
铁 路	红色

(2) 设置当前图层：将"居民地"图层置为当前图层。

(3) 删除图层：将"铁路"图层删除。

二、坐标

地形图的绘制是通过测量的坐标点来完成的。AutoCAD 有直角坐标系（笛卡儿坐标系）和极坐标系，绘制地形图工作中图形的位置通过 CAD 直角坐标系（笛卡儿坐标系）来确定；地物符号可以通过直角坐标系（笛卡儿坐标系）或者极坐标系来绘制。

1. 坐标系

1）世界坐标系

世界坐标系（World Coordinate System，WCS），是 AutoCAD 的基本坐标系，是系统默认的坐标系，存在于任何一个图形之中，它由三个相互垂直并相交的坐标轴 X、Y、Z 组成，其坐标原点和坐标轴方向都不会改变。世界坐标系在默认情况下，X 轴正方向水平向右，Y 轴正方向垂直向上，Z 轴正方向垂直屏幕指向屏幕外，WCS 坐标轴的交汇处显示"□"形标记（图 2-10），坐标原点位于绘图区的左下角，所有的位移都是相对于原点计算的，并且沿 X 轴正向及 Y 轴正向的位移规定为正方向。

2）用户坐标系

用户坐标系（User Coordinate System，UCS）。AutoCAD 提供了可以改变坐标原点位置和坐标轴方向的坐标系。UCS 中坐标轴 X、Y、Z 之间仍然互相垂直，但坐标轴的交汇处没有"□"形标记，如图 2-11 所示。可以使用"UCS"命令来对 UCS 进行定义、保存、恢复和移动等一系列操作。如果在 UCS 下想要参照世界坐标系 WCS 指定点，在坐标值前加星号"*"。

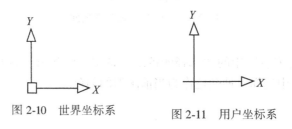

图 2-10　世界坐标系　　　图 2-11　用户坐标系

2. 坐标类型

1）直角坐标系

直角坐标系又称为笛卡儿坐标系，由一个原点（坐标为 (0, 0)）和两个通过原点且相互垂直的坐标轴构成，如图 2-12 所示。其中，水平方向的坐标轴为 X 轴，以向右为其正方向；垂直方向的坐标轴为 Y 轴，以向上为其正方向。平面上任何一点 P 都可以由 X

轴和 Y 轴的坐标所定义，即用一对坐标值 (x, y) 来定义一个点。

2) 极坐标系

极坐标系是由一个极点和一个极轴构成（图 2-13），极轴的方向为水平向右。平面上任何一点 P 都可以由该点到极点的连线长度 L (>0) 和连线与极轴的交角 α（极角，逆时针方向为

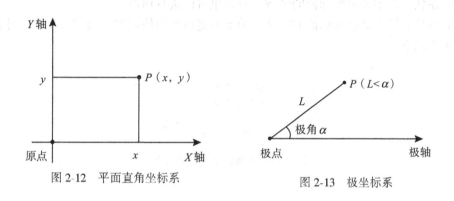

图 2-12 平面直角坐标系　　　　图 2-13 极坐标系

3) 相对坐标

在绘制地物符号时，我们需要直接通过点与点之间的相对位移来绘制图形，而不必指定每个点的绝对坐标。所谓相对坐标，就是某点与相对点的相对位移值，系统中相对坐标用"@"标识。使用相对坐标时，可以使用直角坐标（笛卡儿坐标）(@ x, y)，也可以使用极坐标 (@ L < α)，根据具体情况而定。

例如，某一直线的起点坐标为 (10, 15)、终点坐标为 (50, 45)，则终点相对于起点的相对坐标为 (@40, 30)，用相对极坐标表示应为 (@50<37)。

3. 坐标的输入

执行相应命令之后，直接用键盘在"命令行" 命令： 中输入点的坐标。

(1) 绝对直角坐标： 命令：10,15 ；

(2) 绝对极坐标： 命令：18<56 ；

(3) 相对直角坐标： 命令：@40,30 ；

(4) 相对极坐标： 命令：@50<37 。

4. 坐标值的显示

在屏幕底部状态栏中显示当前光标所处位置的坐标值，该坐标值有三种显示状态，如图 2-14 所示。

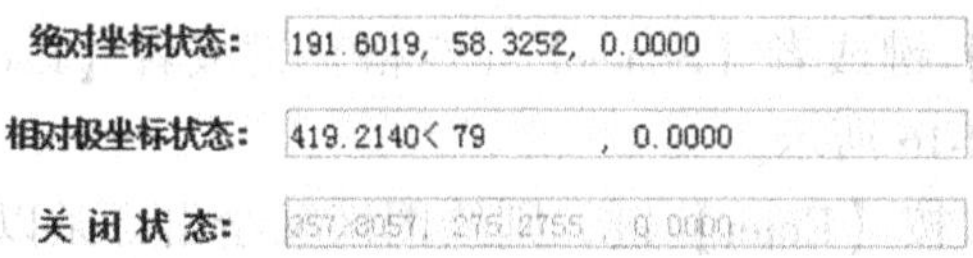

绝对坐标状态： 191.6019, 58.3252, 0.0000

相对极坐标状态： 419.2140< 79　　, 0.0000

关闭状态： 357.8057, 275.2755, 0.0000

图 2-14 坐标值的显示

(1) 绝对坐标状态：显示光标所在位置的坐标。
(2) 相对极坐标状态：在相对于前一点来指定第二点时可使用此状态。
(3) 关闭状态：颜色变为灰色，并"冻结"关闭时所显示的坐标值。
我们可以根据需要在这三种状态之间进行切换，方法有如下三种：
(1) 连续按【F6】键，可以进行状态之间的相互切换。
(2) 在状态栏中显示坐标值的区域，双击也可以进行切换。
(3) 在状态栏中显示坐标值的区域，单击右键可弹出快捷菜单（图2-15），可在菜单中选择所需状态。

图2-15 坐标值显示快捷菜单

三、绘多段线

用多段线绘直线。执行绘多段线命令的方法有三种，可以任选其一：
- 在工具栏中单击："绘图"图标按钮 ；
- 在下拉菜单选取：绘图(D) → 多段线（P）；
- 在键盘输入命令：PLINE（或者PL）→【Enter】键。

执行命令：
(1) 命令窗口显示：

命令：_pline

指定起点：

键盘输入"直线起点的坐标"，按【Enter】键，绘图区绘出直线的起点。
(2) 命令窗口显示：

指定下一个点或 [圆弧(A)/半宽(H)/长度(L)/放弃(U)/宽度(W)]：

键盘输入"直线终点的坐标"，按【Enter】键。绘图区绘出直线的终点。
如果坐标输入错误，可以放弃。键盘输入"U"，按【Enter】键，则可放弃上一点，再重新输入坐标。
(3) 命令窗口显示：

指定下一点或 [圆弧(A)/闭合(C)/半宽(H)/长度(L)/放弃(U)/宽度(W)]：

如果直接按【Enter】键或者【Space】（空格）键或者【Esc】键，结束绘制，绘图区绘出一条直线，如图2-16所示。
如果继续输入坐标，按【Enter】键，则绘图区又绘出一条以上一点为起点，该点为终点的直线，此时绘图区显示一条折线，如图2-17所示。
(4) 命令窗口显示：

任务1 多点房屋的绘制

```
指定下一点或 [圆弧(A)/闭合(C)/半宽(H)/长度(L)/放弃(U)/宽度(W)]:
```

如果输入坐标，按【Enter】键，则继续绘制折线。

(5) 命令窗口显示：

```
指定下一点或 [圆弧(A)/闭合(C)/半宽(H)/长度(L)/放弃(U)/宽度(W)]:
```

如果直接按【Enter】键或者【Space】（空格）键或者【Esc】键，结束绘制，如图 2-18 所示。

如果输入"C"，按【Enter】键，绘图区绘出由以上 4 点组成的闭合图形，如图 2-19 所示，同时结束绘制。

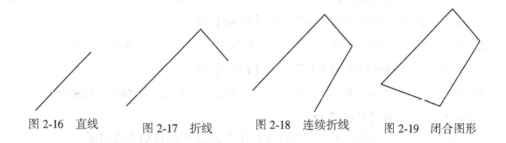

图 2-16 直线　　图 2-17 折线　　图 2-18 连续折线　　图 2-19 闭合图形

技能训练：
(1) 绘制单一直线：
    39.9，67.0
    98.0，127.8
(2) 绘折线：
    106.4，58.3
    164.5，119.1
    187.4，93.9
(3) 绘连续折线：
    207.3，66.7
    265.4，127.5
    288.3，102.3
    256.2，51.1
(4) 绘闭合图形：
    318.0，53.4
    376.1，114.2
    399.0，89.0
    366.9，37.8

工 作 流 程

测量上采用的平面直角坐标系与笛卡儿坐标系相同，但坐标轴互换，即纵轴为 X 轴，横轴为 Y 轴。测量所得到的坐标在应用 AutoCAD 绘图前，必须将纵横坐标进行转换。本书中所用到的绝对直角坐标都是经 X、Y 轴转换后的坐标值。

一、绘制多点房

（1）用绘制"多段线"命令的三种方法之一输入命令。

（2）在命令窗口 命令:_pline 指定起点: 的提示下，键盘输入"房屋一个特征点坐标值"，按【Enter】键。

（3）在 指定下一个点或 [圆弧(A)/半宽(H)/长度(L)/放弃(U)/宽度(W)]: 的提示下，依次输入"房屋特征点测量坐标"，按【Enter】键。

（4）在 指定下一点或[圆弧(A)/闭合(C)/半宽(H)/长度(L)/放弃(U)/宽度(W)]: 的提示下，依次输入"房屋特征点测量坐标"，按【Enter】键。

（5）在 指定下一点或[圆弧(A)/闭合(C)/半宽(H)/长度(L)/放弃(U)/宽度(W)]: 的提示下，依次输入"房屋特征点测量坐标"，按【Enter】键。

（6）在 指定下一点或[圆弧(A)/闭合(C)/半宽(H)/长度(L)/放弃(U)/宽度(W)]: 的提示下，键盘输入"C"，按【Enter】键。

四点矩形房屋就绘制完毕了，按照此工作流程继续绘制其他多点房屋。

例：实地测量房屋四个角点的坐标为：（265.1，113.6）、（363.5，59.4）、（350.8，36.2）、（252.2，90.2），绘制四点矩形房屋。

绘制流程：

（1）在命令窗口 命令: 的提示下，键盘输入"PL"，按【Enter】键。

（2）在 指定起点: 的提示下，键盘输入"265.1，113.6"，按【Enter】键。

（3）在 指定下一个点或 [圆弧(A)/半宽(H)/长度(L)/放弃(U)/宽度(W)]: 的提示下，键盘输入"363.5，59.4"，按【Enter】键。

（4）在 指定下一点或[圆弧(A)/闭合(C)/半宽(H)/长度(L)/放弃(U)/宽度(W)]: 的提示下，键盘输入"350.8，36.2"，按【Enter】键。

（5）在 指定下一点或[圆弧(A)/闭合(C)/半宽(H)/长度(L)/放弃(U)/宽度(W)]: 的提示下，键盘输入"252.2，90.2"，按【Enter】键。

（6）在 指定下一点或[圆弧(A)/闭合(C)/半宽(H)/长度(L)/放弃(U)/宽度(W)]: 的提示下，键盘输入"C"，按【Enter】键。

四点矩形房屋绘制完毕。

二、技能训练

1. 创建图层

图层名：居民地；品红色

2. 四点矩形房

（1）168.3，316.8

　　364.7，290.4

342.9, 129.0
　　　146.6, 155.4
　(2) 73.5, 597.6
　　　253.5, 573.3
　　　260.5, 625.4
　　　80.5, 649.6
　(3) 130.7, 1022.5
　　　118.9, 935.1
　　　298.9, 910.8
　　　310.7, 998.3
3. 多点房
　(1) 725.2, 164.5
　　　817.1, 152.1
　　　832.9, 269.2
　　　921.6, 257.2
　　　895.1, 61.0
　　　714.6, 85.3
　(2) 905.0, 662.2
　　　974.7, 652.8
　　　1004.5, 874.4
　　　865.2, 893.1
　　　857.1, 833.0
　　　926.7, 823.6
　(3) 599.9, 657.4
　　　733.5, 639.4
　　　729.2, 607.4
　　　806.9, 596.9
　　　820.7, 699.3
　　　609.4, 727.7
　(4) 562.5, 515.6
　　　554.9, 458.8
　　　620.1, 449.9
　　　617.4, 430.2
　　　663.3, 424.0
　　　665.0, 436.4
　　　780.6, 420.8
　　　790.2, 492.5
　　　674.7, 508.1
　　　676.3, 520.5

630.4，526.7
627.7，506.9
(5) 337.2，764.4
374.7，759.4
374.0，754.1
499.0，737.3
499.7，742.5
548.5，736.0
534.7，633.6
480.1，641.0
482.3，657.1
325.5，678.2

4. 保存

D 盘，文件名：学号+名字+居民地 A

任务2　三点房屋的绘制

☞ **学习目标：**

掌握图形对象的选择与删除、捕捉与追踪及构造线的绘制方法。能按实测坐标用"多段线"利用"追踪"和"捕捉"模式或者利用"辅助线"绘制三点房屋。

技 能 先 导

一、图形的选择

对已经绘制在"绘图区"的图形，无论是整体还是局部，要想对它们进行任何操作，首先必须将它们选择上，否则无法进行操作。

1. 直接选取

这是默认的选择方式。使用时，只需将拾取框（光标）移动到希望选择的图形对象上，单击鼠标即可。图形对象被选择后，则以虚线的形式显示，如图 2-20 所示。这种选取方法一次只能选取一个对象。

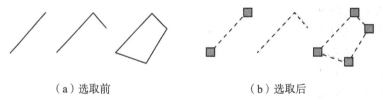

（a）选取前　　　　　　　　（b）选取后

图 2-20　直接选取

2. 全部选取

在进行操作时,如果要选取全部的对象,则在命令行"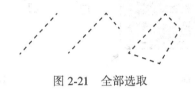"的提示下,输入"ALL"后按【Enter】键,将自动选中屏幕上所有对象,如图 2-21 所示。

图 2-21 全部选取

3. 矩形窗口选取

1) 部分选取

将光标移至图形对象的左上方(如图 2-22(a)箭头指向处),按住鼠标左键,向右下方拖动,屏幕出现一个实矩形框,如图 2-22(a)所示,单击鼠标,在矩形框内的对象被选中,而矩形框外以及与矩形框边缘相交的对象则不被选中。如图 2-22(b)所示,左边的两个图形对象在矩形选择框内,就被选取上了;右边的一个图形对象在矩形框边缘,就没有被选取上。

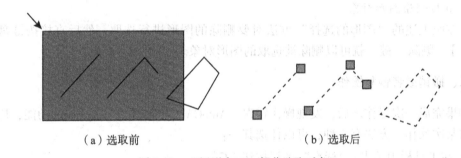

(a)选取前　　　　　　　　　　(b)选取后

图 2-22 "矩形窗口"部分选取对象

2) 全部选取

将光标移至图形对象的右下方(如图 2-22(a)箭头指向处),按住鼠标左键,向左上方拖动,屏幕出现一个虚矩形框,如图 2-22(a)所示,单击鼠标,不仅矩形框内的对象被选中,而且与矩形框边缘相交的对象也均被选中。如图 2-23(b)所示,三个图形对象在矩形选择框边缘,都被选取上了。

二、图形的删除

"删除"命令就相当于手工绘图时使用的橡皮擦,它可以擦去绘制错误的图形,也可以擦去多余的点、线等,即可以删除图形对象。

1. 用命令删除图形对象

删除图形对象命令的方法有三种,可以任选其一:

- 在工具栏中单击:"修改"图标按钮 ;

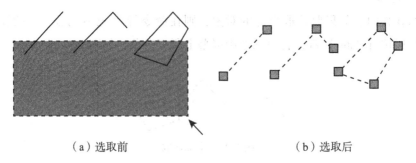

（a）选取前　　　　　　　　　（b）选取后

图 2-23　"矩形窗口"全部选取对象

- 在下拉菜单选取：修改(M) → 删除（E）；
- 在键盘输入命令：ERASE（或者 E）→【Enter】键。

命令输入后：命令行出现提示"选择对象："，此时绘图区的十字光标就变成一个活动的小方框"□"，这个小方框叫"对象拾取框"，用它按照上述的"图形的选择"方法对要删除的图形进行选取，命令行继续出现提示"选择对象："，如果要删除的图形对象已经选取完毕，按【Enter】键，之后就可以删除被选取的图形对象。

2. 直接删除图形对象

先按照上述的"图形的选择"方法对要删除的图形进行选取，然后直接按键盘上的【Delete】（删除）键，就可以删除被选取的图形对象。

三、撤销或者恢复操作

如果完成一次操作之后，发现操作错误，AutoCAD 有撤销上一次操作的功能，用于及时修改某次操作。方法有三种，可以任选其一：

- 在工具栏中单击："标准"图标按钮 ；
- 在下拉菜单选取：编辑(E) → 放弃（U）；
- 在键盘输入命令：U →【Enter】键。

"撤销"命令可以连续操作，即可以逐步顺序撤销有关的操作（但不能跳跃撤销某次操作），直至起始状态。

如果在撤销操作时，撤销多了，AutoCAD 还有恢复上一次撤销的功能，方法有三种，可以任选其一：

- 在工具栏中单击："标准"图标按钮 ；
- 在下拉菜单选取：编辑(E) → 重做（R）；
- 在键盘输入命令：REDO →【Enter】键。

"恢复"命令用于恢复撤销的上一次操作的命令，连续使用可逐步顺序恢复撤销了的有关的操作，但不能跳跃恢复撤销了的某次操作，且只能在"撤销"命令之后使用。用于及时修改某次操作。

四、对象捕捉

在绘制地形图的时候,如果使用"对象捕捉"模式,可以快速、准确地确定图形对象上特殊点的位置,而不需要知道坐标,从而提高绘图的效率和精确度。

"对象捕捉"命令是 AutoCAD 的透明命令。当光标捕捉到特殊位置点之后,会显示相应的标记。特殊位置点捕捉的名称、图标、命令、标记和功能列于表 2-1 中。

表 2-1 特殊位置点捕捉

名称	图标	命令	标记	功 能
端点		END	□	线段或圆弧的端点
中点		MID	△	线段或圆弧的中点
交点		INT	×	线段、圆弧或圆的交点
外观交点		APP	⊠	图形对象在视图平面上的交点
延长线		EXT	---	指定对象延长线上的点
圆心		CET	○	圆或圆弧的圆心
象限点		QUA	◇	距离光标最近的圆或圆弧上可见部分象限点,即圆周上 0°、90°、180°、270°点位置
切点		TAN	⊽	最后生成的一个点到选中圆或圆弧上引切线的切点位置
垂足		PER	⊢	在线段、圆、圆弧或它们延长线上捕捉一个点,使之与最后生成的点连线与该线段、圆或圆弧正交
平行线		PAR	//	绘制与指定对象平行的对象
插入点		INS	⊡	文本对象或块的插入点
节点		NOD	⊗	捕捉用 POINT 和 DIVIDE 等命令生成的点
最近点		NEA	⊠	离拾取点最近的线段、圆、圆弧等对象上的点
无		NON		取消捕捉对象模式

1. 临时捕捉

捕捉命令每使用一次就要重新启动,即一次命令只能捕捉一个点,因此又称为一次性捕捉。

图形对象临时捕捉的方法有如下三种,可以任选其一:

1)工具栏方式

在执行其他命令时,从"对象捕捉"工具栏中单击对应的图标按钮,如图 2-24 所示,完成一次"对象捕捉"的操作。当把鼠标放在"对象捕捉"工具栏某一图标上时,就会显示出捕捉功能的提示，然后根据提示操作即可。

图 2-24 "对象捕捉"工具栏

2）快捷菜单方式

在执行其他命令时，按【Shift】+鼠标右键，弹出"对象捕捉"快捷菜单，菜单中列出了 AutoCAD 提供的对象捕捉模式，如图 2-25 所示。鼠标选取菜单中对应的选项，完成一次"对象捕捉"的操作。

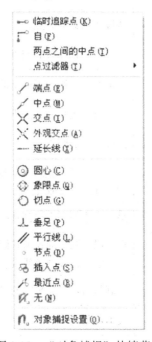

图 2-25 "对象捕捉"快捷菜单

3）命令方式

执行其他命令时，在命令行中输入相应的命令，如表 2-1 所示，按【Enter】键，完成一次"对象捕捉"的操作。

2. 自动捕捉

这是一种智能捕捉方法，捕捉命令只使用一次就可一直捕捉。使用时分如下三步：

1）打开

打开图形对象自动捕捉的方法有两种，可以任选其一：

（1）鼠标单击状态栏中的 对象捕捉 选项卡，使它呈凹陷状态 对象捕捉 ，就打开了 AutoCAD 的自动捕捉模式。

（2）键盘上直接按【F3】功能键，打开 AutoCAD 的自动捕捉模式，此时"状态栏"

中 对象捕捉 选项卡呈凹陷状态。

2）设置

设置图形对象自动捕捉的方法有五种，可以任选其一：

（1）光标放在状态栏 对象捕捉 选项卡上，单击鼠标右键，弹出菜单，再单击菜单中"设置（S）…"，弹出"草图设置"对话框，如图2-25所示。

（2）鼠标单击"对象捕捉"工具栏中的 图标，弹出"草图设置"对话框（如图2-26所示）。

（3）从下拉菜单 工具(T) 中选取"草图设置（F）…"，弹出"草图设置"对话框，如图2-26所示。

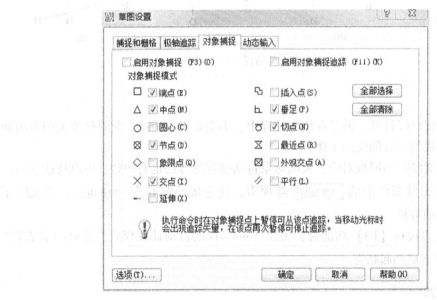

图 2-26 "草图设置"对话框

（4）在命令行中输入 DSETTINGS（或者 OSNAP、或者 DS）命令，按【Enter】键，弹出"草图设置"对话框，如图2-26所示。

（5）按【Shift】+鼠标右键，弹出"对象捕捉"快捷菜单，选取"对象捕捉设置（O）…"弹出"草图设置"对话框，如图2-26所示。

3）选取

在"草图设置"对话框（图2-26）中，单击 对象捕捉 选中它，在" ☑启用对象捕捉"前面方框里打"√"，设置自动捕捉，然后在" 对象捕捉模式 "选项中，按照需要设置捕捉模式，即在捕捉模式前面的方框里打"√"，然后鼠标单击 确定 。

如果要设置所有的捕捉模式，就用鼠标单击 全部选择 ，然后再单击 确定 。

如果要取消所有的捕捉模式，就用鼠标单击 全部清除 ，然后再单击 确定 。

技能训练：

(1) 用"多段线"命令绘两条直线 AB、CD，如图 2-27（a）所示。
(2) 再绘一条垂直于 AD 的直线 EF，垂足为 F 点，如图 2-27（b）所示。
(3) 连接 AG，G 是 CD 直线的中点，如图 2-27（c）所示。
(4) 绘 BH 直线，BH 通过 D 点，H 为 BD 延长线与 AG 延长线的交点，如图 2-27（d）所示。

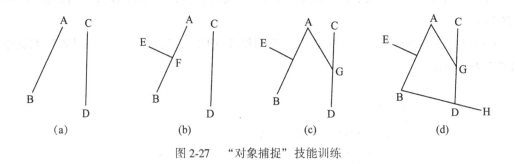

图 2-27 "对象捕捉"技能训练

4）关闭

如果自动捕捉已经打开，但是在绘图过程中，不需要进行捕捉，此时就要关闭自动捕捉，以免它干扰我们正常的绘图工作。

与打开图形对象自动捕捉对应，关闭对象自动捕捉的方法也有两种，可以任选其一：

(1) 鼠标单击状态栏中的 对象捕捉 选项卡，使它成凸起状态 对象捕捉 ，就关闭了 AutoCAD 的自动捕捉模式。

(2) 键盘上直接按【F3】功能键，关闭 AutoCAD 的自动捕捉模式，此时"状态栏"中 对象捕捉 选项卡成凸起状态。

五、对象追踪

"对象追踪"模式，可以自动追踪记忆同一命令操作中光标所经过的捕捉点，从而以其中某一捕捉点的 X 或 Y 坐标控制所需要选择的定位点。

"对象追踪"必须与"对象捕捉"配合使用，从对象的捕捉点开始追踪之前，必须先设置"对象捕捉"，这样才能从对象的捕捉点进行追踪。

设置图形对象追踪的方法是：鼠标单击状态栏中的 对象追踪 选项卡，使它呈凹陷状态 对象追踪 ，就打开了 AutoCAD 的对象追踪模式。

在进行对象追踪时，光标要在相应的位置晃动，光标出现了纵横的"橡皮线"，找好位置，单击鼠标确定。

技能训练：

追踪：(1) 中点延长线、交点延长线、垂足点延长线；
(2) 两条直线的交点、两条线的垂足。

六、绘构造线

向两个方向无限延伸的直线称为构造线，构造线可以用作绘制图形时的辅助线。使用该命令，可以按指定通过点的方式绘出一条或者一组无穷长的直线。

执行绘构造线命令的方法有三种，可以任选其一：

- 在工具栏中单击："绘图"图标按钮 ╱ ；
- 在下拉菜单选取：绘图(D) → 构造线（T）；
- 在键盘输入命令：XLINE（或者 XL）→【Enter】键。

例：用绘"构造线"命令选择"偏移（O）"绘制某直线的平行线。

执行命令：

(1) 命令窗口显示：

命令：_xline 指定点或 [水平(H)/垂直(V)/角度(A)/二等分(B)/偏移(O)]：

键盘输入"O"，按【Enter】键。

(2) 命令窗口显示：

指定偏移距离或 [通过(T)]<通过>：

键盘输入"T"，按【Enter】键（或者直接按【Enter】键）。

(3) 命令窗口显示：

选择直线对象：

用光标（此时光标为一个活动的小方框"□"）选取一条直线，单击"确定"，此直线变成虚线，而光标立即变成十字"+"，且在光标上出现一条平行于刚才选取的直线的无穷长的平行线。

(4) 命令窗口显示：

指定通过点：

用光标捕捉一个点，单击鼠标确定，立即在此点上绘出一条平行与被选取直线的平行线。光标又恢复成小方框"□"。

(5) 命令窗口显示：

选择直线对象：

按【Enter】键绘制结束，即绘出一条无穷长的平行线。

如果重复（3）、（4）步，可以继续绘制重新选取直线的无穷长的"平行线"，直至结束。

技能训练：

用绘"构造线"命令按指定的点，绘制直线的平行辅助线。

(1) 用"多段线"命令绘两条直线 AB、CD，如图 2-28（a）所示。
(2) 用"构造线"命令。

在 指定点或 [水平(H)/垂直(V)/角度(A)/二等分(B)/偏移(O)]：的提示下，键盘输入"O"，按【Enter】键。

在 指定偏移距离或 [通过(T)]<通过>：的提示下，键盘输入"T"，按【Enter】

键（或者直接按【Enter】键）。

在 选择直线对象: 的提示下，用光标单击 AB 直线。

在 指定通过点: 的提示下，用光标捕捉 D 点，单击鼠标确定，如图 2-28（b）所示。

在 选择直线对象: 的提示下，用光标单击 CD 直线。

在 指定通过点: 的提示下，用光标捕捉 B 点，单击鼠标确定，如图 2-28（c）所示。

在 指定通过点: 的提示下，按【Enter】键。

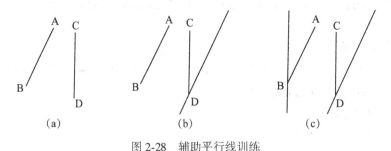

图 2-28　辅助平行线训练

工作流程

一、绘制三点房

1. "捕捉追踪"方法

实测矩形房屋三个角点坐标为：(88.2, 119.0)；(101.0, 142.5)；(199.6, 88.5)，绘制房屋。

(1) 用绘制"多段线"命令的三种方法之一输入命令。

(2) 在 命令: _pline 指定起点: 的提示下，键盘输入房屋特征点 1 的测量坐标"88.2, 119.0"，按【Enter】键。

(3) 在 指定下一个点或 [圆弧(A)/半宽(H)/长度(L)/放弃(U)/宽度(W)]: 的提示下，键盘依次输入房屋特征点 2 的测量坐标"101.0, 142.5"，按【Enter】键。

(4) 在 指定下一点或[圆弧(A)/闭合(C)/半宽(H)/长度(L)/放弃(U)/宽度(W)]: 的提示下，键盘依次输入房屋特征点 3 的测量坐标"199.6, 88.5"，按【Enter】键，如图 2-29（a）所示。

(5) 鼠标单击状态栏中的 对象捕捉 选项卡，使它呈凹陷状态 对象捕捉，打开自动捕捉。

(6) 光标放在状态栏 对象捕捉 选项卡上，单击鼠标右键，弹出菜单，再单击菜单中"设置(S)…"，弹出"草图设置"对话框。

(7) 在"草图设置"对话框中，单击 对象捕捉 选中，然后在 对象捕捉模式 选项中，选取"端点" ☐ ☑端点(E) 和"垂足" ☐ ☑垂足(P)，鼠标单击 确定 。

(8) 鼠标单击状态栏中的 对象追踪 选项卡，使它成凹陷状态 对象追踪 ，打开对象追踪模式。

(9) 光标捕捉特征点1，此时在1点上出现一个小"十"字，且有一条"橡皮线"通过1点（图2-29（b））；光标再捕捉特征点3，此时在3点上也出现一个小"十"字，也有一条"橡皮线"通过3点（图2-29（c））；向外拖拉鼠标，直至1点和3点上都出现垂足标记 ☐ （图2-29（d）），单击鼠标，此时绘出房屋特征点4（图2-29（e））。

(10) 在 指定下一点或[圆弧(A)/闭合(C)/半宽(H)/长度(L)/放弃(U)/宽度(W)]: 的提示下，键盘输入"C"，按【Enter】键。

三点矩形房屋绘制完毕（图2-29（f）），按照此工作流程继续绘制其他三点房屋。

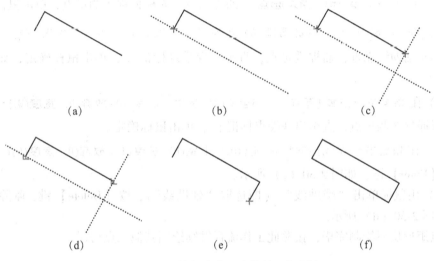

图2-29 "捕捉追踪"法绘制三点房屋

2."辅助线"方法

实测矩形房屋三个角点坐标为：（183.2，262.2）；（163.6，227.5）；（249.2，179.1），绘制房屋。

(1) 用绘制"多段线"命令的三种方法之一输入命令。

(2) 在 命令：_pline 指定起点： 的提示下，键盘输入房屋特征点1的测量坐标"183.2，262.2"，按【Enter】键。

(3) 在 指定下一个点或[圆弧(A)/半宽(H)/长度(L)/放弃(U)/宽度(W)]: 的提示下，键盘依次输入房屋特征点2的测量坐标"163.6，227.5"，按【Enter】键。

(4) 在 指定下一点或[圆弧(A)/闭合(C)/半宽(H)/长度(L)/放弃(U)/宽度(W)]: 的提示下，键盘依次输入房屋特征点3的测量坐标"249.2，179.1"，按【Enter】键。

(5) 在 指定下一点或[圆弧(A)/闭合(C)/半宽(H)/长度(L)/放弃(U)/宽度(W)]: 的提示下，按【Enter】键，如图2-30（a）所示。

(6) 用绘制"构造线"命令的三种方法之一输入命令。

(7) 在 指定点或 [水平(H)/垂直(V)/角度(A)/二等分(B)/偏移(O)]: 的提示下,键盘输入"O",按【Enter】键。

(8) 在 指定偏移距离或 [通过(T)]<通过>: 的提示下,键盘输入"T",按【Enter】键。

(9) 在 选择直线对象: 的提示下,用光标单击 12 测量点房边直线。

(10) 在 指定通过点: 的提示下,用光标捕捉 3 点,单击鼠标确定。

(11) 在 选择直线对象: 的提示下,按【Enter】键(图 2-30(b)),绘出一条辅助线。

(12) 用绘制"多段线"命令的三种方法之一输入命令。

(13) 在 命令:_pline 指定起点: 的提示下,光标捕捉 1 测量点,单击鼠标确定。

(14) 在 指定下一个点或[圆弧(A)/半宽(H)/长度(L)/放弃(U)/宽度(W)]: 的提示下,光标向辅助线靠近,捕捉垂足点,直至出现垂足标记 ┗,单击鼠标确定,如图 2-29(c)所示。

(15) 在 指定下一点或[圆弧(A)/闭合(C)/半宽(H)/长度(L)/放弃(U)/宽度(W)]: 的提示下,光标捕捉 3 测量点,直至出现端点标记 □,单击鼠标确定。

(16) 在 指定下一点或[圆弧(A)/闭合(C)/半宽(H)/长度(L)/放弃(U)/宽度(W)]: 的提示下,按【Enter】键,如图 2-30(c)所示。

(17) 用鼠标单击"辅助线"(即选取"辅助线"),按【Delete】键,删除"辅助线",如图 2-30(d)所示。

三点矩形房屋绘制完毕,按照此工作流程继续绘制其他三点房屋。

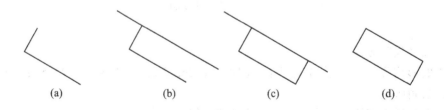

图 2-30 "辅助线"法绘制三点房屋

二、技能训练

1. 打开

D 盘,文件名:学号+名字+居民地 A

2. 设置

"居民地"图层设置当前

3. "捕捉追踪"方法绘制三点房屋
(1) 353.7，584.0
    500.0，564.0
    482.4，433.9
(2) 246.6，521.9
    239.6，469.8
    59.6，494.1
(3) 398.1，986.4
    386.3，899.0
    566.3，874.7
(4) 819.3，929.6
    639.3，953.8
    627.5，866.4
4. "辅助线"方法绘制三点房屋
(1) 108.7，859.2
    101.7，807.1
    271.7，782.9
(2) 384.8，859.2
    555.4，836.3
    547.8，782.9
(3) 800.9，801.3
    793.3，748.0
    623.3，772.2
(4) 86.7，162.0
    47.7，168.0
    60.9，312.2
5. 继续保存

任务3　两点房屋的绘制

☞ 学习目标：

掌握直线和构造线的绘制方法。能按实测坐标用"直线"并利用"辅助线"绘制两点房屋。

技 能 先 导

一、绘直线

执行"绘直线"命令的方法有三种，可以任选其一：
- 在工具栏中单击："绘图"图标按钮 ✎；

- 在下拉菜单选取：绘图(D) → 直线（L）；
- 在键盘输入命令：LINE（或者 L）→【Enter】键。

执行命令：

（1）命令窗口显示：

命令：_line 指定第一点：

键盘输入"直线起点的坐标"，按【Enter】键，绘图区绘出直线的起点。

（2）命令窗口显示：

指定下一点或 [放弃(U)]：

键盘输入"直线终点的坐标"（如果输入"U"时，则是放弃上一点）。按【Enter】键，绘图区绘出直线的终点。

（3）命令窗口显示：

指定下一点或 [放弃(U)]：

如果直接按【Enter】键或者按【Space】（空格）键或者按【Esc】键，结束绘制，绘图区绘出一条直线，如图 2-31 所示。

（4）如果继续输入坐标，按【Enter】键，则绘图区又绘出一条以上一点为起点，该点为终点的直线，此时绘图区显示一条折线，如图 2-32 所示。

（5）命令窗口显示：

指定下一点或 [闭合(C)/放弃(U)]：

如果输入坐标，按【Enter】键，则继续绘折线，如图 2-33 所示。

（6）命令窗口显示：

指定下一点或 [闭合(C)/放弃(U)]：

如果直接按【Enter】键或者【Space】（空格）键或者【Esc】键，结束绘制。

（7）如果输入"C"，按【Enter】键，绘图区绘出由以上四点组成的闭合图形，如图 2-34 所示，同时结束绘制。

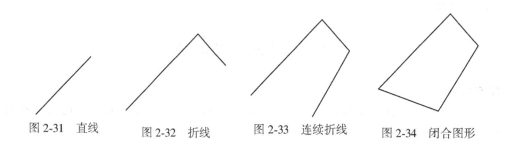

图 2-31　直线　　　图 2-32　折线　　　图 2-33　连续折线　　　图 2-34　闭合图形

注意：按此命令连续绘制的多条直线段虽然首尾相连，但每一段直线都是一个独立的对象，可以进行单独的编辑操作。

技能训练：

矩形房屋的四个角点坐标分别为：

238.0，400.8

344.2, 344.9
316.3, 291.8
210.1, 347.8

按实测坐标绘制房屋。

二、绘构造线

使用该命令可以按指定距离绘出一条或者一组无穷长的直线。

执行绘构造线命令的三种方法任选其一：

- 在工具栏中单击："绘图"图标按钮 ╱ ；
- 在下拉菜单选取：绘图(D) → 构造线（T）；
- 在键盘输入命令：XLINE（或者 XL）→【Enter】键。

用绘"构造线"命令选择"偏移（O）"绘制某直线的平行线。

执行命令：

(1) 命令窗口显示：

`命令：_xline 指定点或 [水平(H)/垂直(V)/角度(A)/二等分(B)/偏移(O)]:`

键盘输入"O"，按【Enter】键。

(2) 命令窗口显示：

`指定偏移距离或 [通过(T)] <通过>:`

键盘输入"长度（即构造线的偏移量）"，按【Enter】键。

(3) 命令窗口显示：

`选择直线对象：`

用光标（此时光标为一个活动的小方框"□"）选取一条直线，鼠标单击"确定"，此直线变成虚线，而光标立即变成十字"+"。

(4) 命令窗口显示：

`指定向哪侧偏移：`

将光标移动到要绘制平行线一方，单击鼠标确定，立即绘出一条平行于被选取直线，且间隔"长度"（偏移量）的平行直线。光标又恢复成小方框"□"。

(5) 命令窗口显示：

`选择直线对象：`

按【Esc】键，绘制结束。

如果重复（3）、（4）步，可以继续绘制重新选取直线的无穷长的"平行线"，直至结束。

技能训练：

绘制直线的平行线：

(1) 绘制一条直线：起点坐标为（318.8，118.5）；终点坐标为（459.2，230.4）。
(2) 绘制平行线：向东南方向，距离已绘直线 80。

工 作 流 程

一、绘制两点房屋

实测矩形房屋两个角点坐标为：(291.4，155.3)；(377.0，106.9)，向东北方向房宽 40m，绘制房屋。

(1) 用绘制"直线"命令的三种方法之一输入命令。

(2) 在 命令：_line 指定第一点： 的提示下，键盘输入房屋特征点 1 的测量坐标 "291.4，155.3"，按【Enter】键。

(3) 在 指定下一点或 [放弃(U)]： 的提示下，键盘输入房屋特征点 2 测量坐标 "377.0，106.9"，按【Enter】键。

(4) 在 指定下一点或 [放弃(U)]： 的提示下，按【Enter】键，绘出房屋的一条边线，如图 2-35（a）所示。

(5) 用绘制"构造线"命令的三种方法之一输入命令。

(6) 在 指定点或 [水平(H)/垂直(V)/角度(A)/二等分(B)/偏移(O)]： 的提示下，键盘输入"O"，按【Enter】键。

(7) 在 指定偏移距离或 [通过(T)] <通过>： 的提示下，键盘输入实测的房宽 "40"，按【Enter】键。

(8) 在 选择直线对象： 的提示下，将光标移到绘出的房屋边线上，单击鼠标确定。

(9) 在 指定向哪侧偏移： 的提示下，将光标移动到绘出的房屋边线的北方，单击鼠标确定。

(10) 在 选择直线对象： 的提示下，按【Esc】键，绘出一条平行于房屋边线，间隔 40 的"辅助线"，如图 2-35（b）所示。

(11) 用绘制"直线"命令的三种方法之一输入命令。

(12) 在 命令：_line 指定第一点： 的提示下，光标捕捉 2 测量点，单击鼠标确定。

(13) 在 指定下一点或 [放弃(U)]： 的提示下，用鼠标移动光标向"辅助线"靠近，捕捉垂足点，直至出现垂足标记 ┗，单击鼠标确定（此点为第 3 点）。

(14) 在 指定下一点或 [放弃(U)]： 的提示下，按【Enter】键，绘出房屋的另一条边线，如图 2-35（c）所示。

(15) 用绘制"直线"命令的三种方法之一输入命令。

(16) 在 命令：_line 指定第一点： 的提示下，光标捕捉 1 点，单击鼠标确定。

(17) 在 指定下一点或 [放弃(U)]： 的提示下，用鼠标移动光标向"辅助线"靠近，捕捉"垂足"点，直至出现"垂足"标记 ┗，单击鼠标确定。

(18) 在 指定下一点或 [放弃(U)]： 的提示下，用鼠标移动光标向"3 点"靠近，捕捉"端点"点，直至出现"端点"标记 □，单击鼠标确定。

(19) 在 指定下一点或 [闭合(C)/放弃(U)]： 的提示下，按【Enter】键，绘出房屋的另两条边线,如图 2-35(d)所示。

(20) 在命令窗口 |命令:| 的提示下,将光标移到"辅助线"上,单击鼠标选中,按【Delete】键,删除"辅助线"。

实测两点矩形房屋绘制完毕,如图 2-35(e)所示。按照此工作流程继续绘制其他两点房屋。

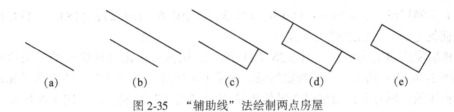

图 2-35 "辅助线"法绘制两点房屋

二、技能训练

1. 打开

D 盘,文件名:学号+名字+居民地 A

2. 设置

"居民地"图层设置当前

3. 绘制两点房屋

(1) 87.9,704.6
　　267.9,680.4
　　向北　房宽 50 米

(2) 963.9,571.4
　　935.2,358.8
　　向西　房宽 80 米

(3) 869.2,922.5
　　1008.4,903.7
　　向南　房宽 20 米

(4) 934.9,648.1
　　926.6,586.6
　　向东　房宽 30 米

4. 继续保存

任务 4　房屋的封闭

☞ **学习目标:**

掌握多段线的编辑方法。能将所绘制的房屋图形编辑成闭合的轮廓线。

技能先导:"合并"多段线

(1) 实测房屋三点坐标为:(69.2,86.5);(81.5,107.6);(134.0,77.0),用多段线"捕捉追踪"方法绘制三点房屋。

(2) 实测房屋三点坐标为:(191.3,75.9);(191.3,51.8);(253.6,51.8),用多段线"辅助线"方法绘制三点房屋。

(3) 实测房屋三点坐标为:(90.0,141.3);(104.6,164.2);(183.3,114.1),用直线"捕捉追踪"方法绘制三点房屋。

三栋房屋绘制完成后,如图 2-36 (a) 所示,用鼠标单击每栋房屋的一条边进行选取,如图 2-36 (b) 所示,查看选取结果,房屋 1 是通过"多段线"一次命令绘出的,它是一个整体的图形对象,而房屋 2 虽然也是用"多段线"绘制,但它用了两次绘"多段线"的命令,就形成了两个图形对象;而房屋 3 虽然是用"直线"命令一次完成,但是"直线"本身每一段都是一个独立的图形对象。

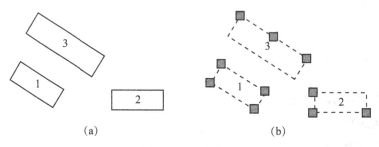

图 2-36 三点房屋

用编辑"多段线"中的"合并"功能,可以将数条首尾相连的多段线或非多段线转换成一条封闭的多段线。

执行编辑多段线命令的方法有三种,可以任选其一:

- 在工具栏中单击:"修改Ⅱ"图标按钮;
- 在下拉菜单选取: 修改(M) → 对象 (O) → 多段线 (P);
- 在键盘输入命令:PEDIT (或者 PE) → 【Enter】键。

执行命令:

(1) 命令窗口显示:

选择多段线或 [多条(M)]:

用鼠标单击一条线段,选取后此线段成虚线。

如果选取的是非多段线,命令窗口显示 是否将其转换为多段线? <Y> ,键盘输入"Y",按【Enter】键;或者直接按【Enter】键。

(2) 命令窗口显示:

输入选项 [闭合(C)/合并(J)/宽度(W)/ … /放弃(U)]:

键盘输入"J",按【Enter】键。此时,被选取的线段恢复成实线。

任务4 房屋的封闭

(3) 命令窗口显示：

选择对象：

鼠标依次单击要与上述被选取线段合并的线段，被选取的线段都成虚线。

(4) 命令窗口显示：

选择对象：

按【Enter】键。

(5) 命令窗口显示：

输入选项 [闭合(C)/合并(J)/宽度(W)/…/放弃(U)]：

按【Enter】键。

操作结束，已将首尾相连的数条多段线或非多段线转换成了一条封闭的多段线。

工 作 流 程

一、将房屋2封闭

(1) 用编辑"多段线"命令的三种方法之一输入命令。

(2) 在 选择多段线或 [多条(M)]： 的提示下，用鼠标单击房屋2的一条边，如图2-37（a）所示。

(3) 在 输入选项 [闭合(C)/合并(J)/宽度(W)/…/放弃(U)]： 的提示下，键盘输入"J"，按【Enter】键，如图2-37（b）所示。

(4) 在 选择对象： 的提示下，用鼠标单击对面一条边，如图2-37（c）所示。

(5) 在 选择对象： 的提示下，按【Enter】键。

(6) 在 输入选项 [闭合(C)/合并(J)/宽度(W)/…/放弃(U)]： 的提示下，按【Enter】键。

操作结束，用鼠标单击房屋2的任意一边查看（图2-37（d）），已将房屋2转换成了一条封闭的多段线。

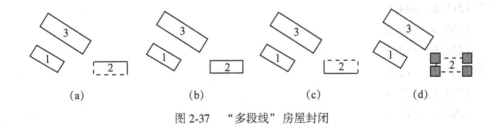

图 2-37 "多段线"房屋封闭

二、将房屋3封闭

(1) 用编辑"多段线"命令的三种方法之一输入命令。

（2）在 选择多段线或 [多条(M)]: 的提示下，用鼠标单击房屋3的一条边，如图2-38（a）所示。

（3）在 是否将其转换为多段线? <Y> 的提示下，按【Enter】键，如图2-38（b）所示。

（4）在 输入选项 [闭合(C)/合并(J)/宽度(W)/…/放弃(U)]: 的提示下，键盘输入"J"，按【Enter】键。

（5）在 选择对象: 的提示下，用鼠标依次单击另外三条边，如图2-38（c）所示。

（6）在 选择对象: 的提示下，按【Enter】键，如图2-38（d）所示。

（7）在 输入选项 [闭合(C)/合并(J)/宽度(W)/…/放弃(U)]: 的提示下，按【Enter】键。

操作结束，用鼠标单击房屋3的任意一边查看（图2-38（d）），已将房屋3转换成了一条封闭的多段线。

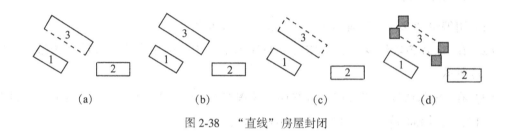

图2-38 "直线"房屋封闭

三、技能训练

1. 新建图形文件

（1）创建图层。

居民地；白色，设置当前

（2）用多段线"辅助线"法，绘制三点房屋，并进行封闭。

① 1215.6，424.8
　 1150.5，310.0
　 1428.6，152.3

② 1053.1，712.8
　 1238.5，607.6
　 1184.9，513.2

③ 972.8，562.5
　 908.7，449.5
　 1097.8，342.3

④ 763.4，681.3
　 926.5，588.8

任务4 房屋的封闭

861.3，473.9

（3）用"直线"连续绘制多点房屋，并进行封闭。

① 1387.3，753.4
   1231.8，479.2
   1513.6，319.5
   1596.6，465.8
   1541.0，497.3
   1509.9，598.1
   1546.7，663.0

② 994.9，968.6
   946.5，883.4
   890.9，914.9
   826.3，801.0
   985.7，710.6
   1023.0，776.3
   1134.3，713.3
   1209.9，846.7

③ 618.7，1035.4
   719.9，980.6
   744.9，1026.9
   729.1，1035.5
   746.3，1067.4
   762.2，1058.8
   782.1，1095.6
   681.0，1150.4

④ 821.4，792.3
   980.8，701.9
   949.5，646.8
   861.9，696.5
   873.2，716.5
   801.5，757.2

（4）用直线"辅助线"法绘制两点房屋，并进行封闭。

① 1343.6，775.7
   1264.8，636.8
   向西，房宽90米

② 350.4，942.4
   613.6，793.1
   向南，房宽145米

③ 669.3，891.3

569.2，948.0

向北，房宽 65 米

④ 523.2，1238.5

409.8，1038.5

向东，房宽 120 米

(5) 保存 D 盘，文件名：学号+名字+居民地 B。

2. 打开图形文件

D 盘，"学号+名字+居民地 A"文件，将图形文件中所有房屋进行封闭，继续保存。

任务 5　房屋的注记

☞ **学习目标：**

掌握文字的标注、修改、复制、缩放、平移与旋转的方法。能在正确的位置对房屋进行注记。

技 能 先 导

一、文字标注

对绘制好的图形进行注解说明，就要注记文字和数字，AutoCAD 提供了在绘图区书写文字、数字的功能。在绘图区写入文字、数字对象为文字标注。

执行文字标注的命令有三种，可以任选其一：

- 在工具栏中单击："文字"图标按钮 A_I；
- 在下拉菜单选取：绘图(D) → 文字（X）→ 单行文字（S）；
- 在键盘输入命令：DTEXT（或 TEXT、或者 DT）→【Enter】键。

执行命令：

(1) 命令窗口显示：

指定文字的起点或 [对正(J)/样式(S)]:

移动十字光标在绘图区要书写文字的地方单击鼠标；或者键盘输入"文字位置的坐标"，按【Enter】键。

(2) 命令窗口显示：

指定高度 <2.5000>:

键盘输入文字的高度，按【Enter】键；或者按文字的高度直接用鼠标在绘图区单击。

(3) 命令窗口显示：

指定文字的旋转角度 <0>:

按【Enter】键。

此时，绘图区出现一个小矩形，其中有一个闪耀的光标，直接输入文字。随着文字的输入小矩形逐渐拉长，按【Enter】键，闪耀的光标移到下一行，继续输入文字，直至文字输入完毕，连续按【Enter】键两次。

按此命令输入的文字每一行都是一个文字对象,可以独立进行各种操作。

技能训练:

(1) 绘图区书写"高等职业教育",水平字列(一个对象),字高 100,旋转 0。

(2) 绘图区书写"图书馆",垂直字列(将成为三个对象),字高 80,旋转 0。

二、文字修改

如果标注的文字出现错误,AutoCAD 提供了可以对它进行修改,使之正确的功能。

执行文字修改的命令有三种,可以任选其一:

在工具栏中单击:"文字"图标按钮 A/;

在下拉菜单选取: 修改(M) → 对象(O) →文字(T) → 编辑(E) …;

在键盘输入命令:DDEDIT(或者 ED) →【Enter】键。

执行命令,光标将变成小方框:

(1) 命令窗口显示:

选择注释对象或 [放弃(U)]:

将小方框光标移至要修改的文字对象上面,单击鼠标。

此时,被选取的文字对象外围出现一个矩形,而且原来文字对象后面出现了蓝色背景。

(2) 在矩形中键盘输入新文字,按【Enter】键。此时,新输入的文字替换了原有的文字。

(3) 命令窗口显示:

选择注释对象或 [放弃(U)]:

按【Enter】键。

文字修改完毕。

技能训练:

将"高等职业教育"修改为"教学做一体化"。

三、文字复制

如果要标注或者绘制多个相同的对象,为了提高绘图的效率,AutoCAD 提供了复制对象的功能。可以先标注或者绘制一个对象,其他文字或者图形可以通过复制完成。

执行复制的命令有三种,可以任选其一:

- 在工具栏中单击:"修改"图标按钮 ;
- 在下拉菜单选取: 修改(M) → 复制(Y);
- 在键盘输入命令:COPY(或者 CO、或 CP) →【Enter】键。

执行命令,光标将变成小方框。

(1) 命令窗口显示:

选择对象:

移动光标至要复制的对象上,单击鼠标进行选取,可以连续选取多个对象,被选取的对象变"虚"。

(2) 命令窗口显示：

`选择对象：`

按【Enter】键。

(3) 命令窗口显示：

`指定基点或 [位移(D)] <位移>：`

光标移动到被选取对象的某个具体位置（此位置一定要选择好，它是后续进行复制的"基点"），单击鼠标，被选取的对象全部以被选基点为中心"吸"在"十"字光标上。

(4) 命令窗口显示：

`指定第二个点或 <使用第一个点作为位移>：`

在绘图区单击鼠标，被选取的对象就被复制到该点上了。可以继续单击鼠标进行复制，直至复制完毕。

(5) 命令窗口显示：

`指定第二个点或 [退出(E)/放弃(U)] <退出>：`

按【Enter】键。

完成对象的复制操作。

技能训练：

(1) 复制一个"教学做一体化"（复制基点为字串中心）。

(2) 复制两个"图书馆"（三个字要一起选中，复制基点为"书"字中心。）。

四、文字缩放

如果标注的文字对象或者绘制的图形对象，大小不合适，可以通过 AutoCAD 提供的缩放功能，改变文字或者图形对象的大小。

执行缩放的命令有三种，可以任选其一：

- 在工具栏中单击："修改"图标按钮 `□`；
- 在下拉菜单选取：`修改(M)` → 缩放(<u>L</u>)；
- 在键盘输入命令：SCALE（或者 SC）→【Enter】键。

执行命令，光标将变成小方框：

(1) 命令窗口显示：

`选择对象：`

移动光标至要缩放的对象上，单击鼠标进行选取，可以连续选取多个对象，被选取的对象变"虚"。

(2) 命令窗口显示：

`选择对象：`

按【Enter】键。

(3) 命令窗口显示：

`点：`

光标移动到被选取对象的某个具体位置（此位置一定要选择好，它是后续进行缩放的"基点"），单击鼠标，被选取的对象全部以被选基点为中心"吸"在"十"字光标周围。

(4) 命令窗口显示：

`指定比例因子或 [复制(C)/参照(R)] <4.0000>:`

键盘输入要缩放的比例（大于 1 为放大，小于 1 为缩小），按【Enter】键。
以所选基点为中心的缩放操作完成。

技能训练：
(1) 将一个"教学做一体化"按比例因子 0.5 进行缩放（缩放基点为字串中心）。
(2) 将一个"图书馆"按比例因子 1.5 进行缩放（三个字要一起选中）。

五、文字平移

如果标注的文字对象或者绘制的图形对象，位置不合适，可以通过 AutoCAD 提供的平移功能，改变文字或者图形对象的位置。

执行平移的命令有三种，可以任选其一：
- 在工具栏中单击："修改"图标按钮 ✥；
- 在下拉菜单选取：修改(M) → 移动（V）；
- 在键盘输入命令：MOVE（或者 M）→【Enter】键。

执行命令，光标将变成小方框：

(1) 命令窗口显示：

`选择对象:`

移动光标至要平移的对象上，单击鼠标进行选取，可以连续选取多个对象，被选取的对象变"虚"。

(2) 命令窗口显示：

`选择对象:`

按【Enter】键。

(3) 命令窗口显示：

`指定基点或 [位移(D)] <位移>:`

光标移动到被选取对象的某个具体位置（此位置一定要选择好，它是后续进行平移的"基点"），单击鼠标，被选取的对象全部以被选基点为中心"吸"在"十"字光标上。

(4) 命令窗口显示：

`指定第二个点或 <使用第一个点作为位移>:`

在绘图区单击鼠标，被选取的对象就被平行移动到该点上了。
完成对象的平移操作。

技能训练：
将没有进行缩放的"图书馆"平移成雁行字列（以"书"字为中心，"图"字向左平移，"馆"向右平移，平移之后三个字间距相等，字中心在一条斜线上。）。

六、文字旋转

如果标注的文字对象或者绘制的图形对象，方向不合适，可以通过 AutoCAD 提供的旋转功能，改变文字或者图形对象的方向。

执行旋转的命令有三种，可以任选其一：

- 在工具栏中单击："修改"图标按钮 ⟳；
- 在下拉菜单选取：修改(M) → 旋转（R）；
- 在键盘输入命令：ROTATE（或者 RO）→【Enter】键。

执行命令，光标将变成小方框：

（1）命令窗口显示：

选择对象：

移动光标至要旋转的对象上，单击鼠标进行选取，可以连续选取多个对象，被选取的对象变"虚"。

（2）命令窗口显示：

选择对象：

按【Enter】键。

（3）命令窗口显示：

指定基点：

光标移动到被选取对象的某个具体位置（此位置一定要选择好，它是后续进行旋转的"基点"），单击鼠标，被选取的对象全部以被选基点为圆心"吸"在"十字"光标上转动。

（4）命令窗口显示：

指定旋转角度，或 [复制(C)/参照(R)] <270>：

键盘输入要旋转的角度（水平字列：水平从东开始，逆时针旋转为"正"，反之为"负"；竖直字列：竖直从北开始，逆时针旋转为"正"，反之为"负"），按【Enter】键。

以所选基点为圆心的旋转操作完成。

技能训练：

（1）将没有缩放的"教学做一体化"以字串中心为基点旋转 20°。

（2）将经过缩放的"图书馆"以字串中心为基点旋转-10°。

工 作 流 程

一、房屋注记

绘制房屋

    8.5, 481.0

      456.8

       6.3

      444.5

任务5　房屋的注记————————————————————————— 47

　　　　　147.3，231.9
　　　　　226.6，221.2
　　(3)　304.0，209.2
　　　　　347.7，168.2
　　　　　429.9，255.6
　　(4)　444.8，393.0
　　　　　415.1，397.0
　　　　　406.8，335.5

2．房屋注记

(1) 文字标注命令三种方法任选其一。

(2) 在 指定文字的起点或 [对正(J)/样式(S)]: 的提示下，移动十字光标在绘图区适当位置单击鼠标。

(3) 在 指定高度 <2.5000>: 的提示下，键盘输入"10"，按【Enter】键。

(4) 在 指定文字的旋转角度 <0>: 的提示下，按【Enter】键。

(5) 在"闪耀"的光标处，键盘输入"1"，按【Enter】键；键盘输入"2"，按【Enter】键；键盘输入"3"，按【Enter】键；键盘输入"4"，按【Enter】键。再按【Enter】键。

(6) 平移命令三种方法任选其一。

(7) 在 选择对象: 的提示下，用光标单击"1"字。

　　在 选择对象: 的提示下，按【Enter】键。

(8) 在 指定基点或 [位移(D)] <位移>: 的提示下，光标移动到"1"字的中心，单击鼠标。

(9) 在 指定第二个点或 <使用第一个点作为位移>: 的提示下，移动"1"字到房屋上单击鼠标。

　　重复 (6)~(9)，将"2"字、"3"字、"4"字都移动到房屋上，如图2-39 (a) 所示。

(10) 文字标注命令三种方法任选其一。

(11) 在 指定文字的起点或 [对正(J)/样式(S)]: 的提示下，移动十字光标到"房屋1"上，单击鼠标，按【Enter】键。

　　在 指定高度 <2.5000>: 的提示下，键盘输入"30"，按【Enter】键。

　　在 指定文字的旋转角度 <0>: 的提示下，按【Enter】键。

　　在"闪耀"的光标处，键盘输入"教学楼"，按【Enter】键，再按【Enter】键。

(12) 文字标注命令三种方法任选其一。

(13) 在 指定文字的起点或 [对正(J)/样式(S)]: 的提示下，移动十字光标到"房屋2"上，单击鼠标，按【Enter】键。

　　在 指定高度 <2.5000>: 的提示下，键盘输入"30"，按【Enter】键。

在 指定文字的旋转角度 <0>: 的提示下，按【Enter】键。

在"闪耀"的光标处，键盘输入"体"，按【Enter】键；输入"育"，按【Enter】键；输入"馆"，按【Enter】键，再按【Enter】键，如图 2-39（b）所示。

（14）旋转命令三种方法任选其一。

（15）在 选择对象: 的提示下，用光标单击"体"。

在 选择对象: 的提示下，用光标单击"育"。

在 选择对象: 的提示下，用光标单击"馆"。

在 选择对象: 的提示下，按【Enter】键。

（16）在 指定基点 提示下，光标移动到"育"字的中心，单击鼠标。

在 指定旋转角度，或 [复制(C)/参照(R)] <270>: 的提示下，键盘输入"-8"，按【Enter】键。

（17）缩放命令三种方法任选其一。

（18）在 选择对象: 的提示下，用光标单击"教学楼"。

在 选择对象: 的提示下，按【Enter】键。

在 指定基点 的提示下，光标移动到"学"字的中心，单击鼠标。

在 指定比例因子或 [复制(C)/参照(R)] <4.0000>: 的提示下，键盘输入"0.8"，按【Enter】键，如图 2-39（c）所示。

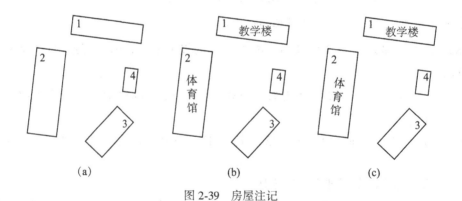

图 2-39　房屋注记

二、技能训练

（1）打开。

⌐盘，文件名：学号+名字+居民地 A

　　创建图层。

　　　注记，白色，置于当前

　　　　编号"1"，"2"，…，"10"（字高 15），如图 2-40（a）所示。

② 将"1"房屋加注"少年宫"(横排、字高40);

将"4"房屋加注"教育局"(竖排、字高35);

将"7"房屋加注"旅游学校"(横排、字高35);

③ 将"3"房屋加注"砖"(字高20);

将"8"房屋加注"砼"(字高20)如图2-40(b)所示。

④ 将"1"房屋东北角高程注记"138.5"(字高10);

将"2"房屋东南角高程注记"138.6"(字高10);

将"11"房屋东南角高程注记"138.1"(字高10);

将"6"房屋东北角高程注记"138.4"(字高10),如图2-40(c)所示。

⑤ 将"少年宫"按"指定比例因子"放大1.5倍。

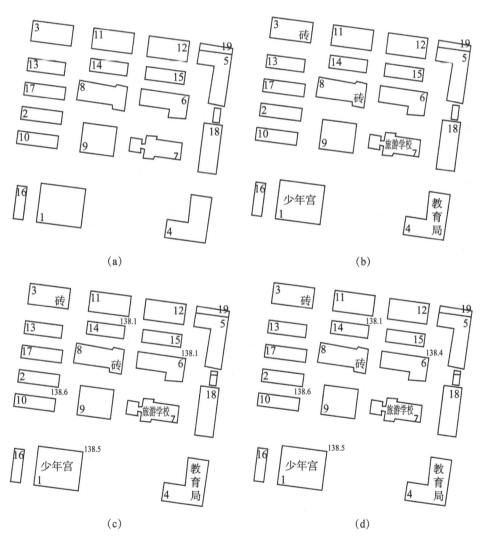

图2-40 房屋注记

⑥ 将"旅游学校"旋转"-10"度。
⑦ 修改"6"的高程注记"127.0",如图 2-40(d)所示。
(4) 原名保存。
(5) 再"另存为",D 盘,文件名:学号+名字+居民地 C。

项目二 道桥的绘制

任务 1 市政道路的绘制

☞ 学习目标：

掌握绘制"圆弧线"及用"多段线"绘制"直线—圆弧—直线"的方法；掌握镜像对象和修剪对象的方法。能按实测坐标用"多段线"在指定的"图层"绘制市政道路。

技 能 先 导

一、"直线—圆弧—直线"的绘制

执行绘多段线命令的方法有三种，可以任选其一：
- 在工具栏中单击："绘图"图标按钮 ⤴ ；
- 在下拉菜单选取：绘图(D) → 多段线（P）；
- 在键盘输入命令：PLINE（或者 PL）→【Enter】键。

执行命令：

(1) 命令窗口显示：

```
命令：_pline
指定起点：
```

键盘输入直线起点的坐标，按【Enter】键，绘图区绘出直线的起点。

(2) 命令窗口显示：

```
指定下一个点或 [圆弧(A)/半宽(H)/长度(L)/放弃(U)/宽度(W)]：
```

键盘输入直线的另一点坐标，按【Enter】键，绘图区绘出一条直线。

(3) 命令窗口显示：

```
指定下一点或 [圆弧(A)/闭合(C)/半宽(H)/长度(L)/放弃(U)/宽度(W)]：
```

键盘输入"A"，按【Enter】键，直线绘制结束，开始绘制圆弧线。

(4) 命令窗口显示：

```
指定圆弧的端点或[角度(A)/圆心(CE)/闭合(CL)/ … /放弃(U)/宽度(W)]：
```

键盘输入圆弧终点的坐标，按【Enter】键，绘图区绘出圆弧线。

(5) 命令窗口显示：

```
指定圆弧的端点或
[角度(A)/圆心(CE)/ … /直线(L)/ … /放弃(U)/宽度(W)]：
```

键盘输入"L",按【Enter】键,圆弧线绘制结束,又重新开始绘制直线。

(6)命令窗口显示:

指定下一点或 [圆弧(A)/闭合(C)/半宽(H)/长度(L)/放弃(U)/宽度(W)]:

键盘输入直线点的坐标,按【Enter】键,绘图区又绘出直线。

(7)命令窗口显示:

指定下一点或 [圆弧(A)/闭合(C)/半宽(H)/长度(L)/放弃(U)/宽度(W)]:

按【Enter】键,结束绘制。

绘图区绘出一条连续的"直线—圆弧—直线",如图3-1所示。

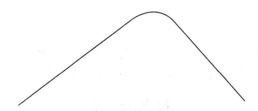

图 3-1 多段线绘制"直线—圆弧—直线"

技能训练:

绘制"直线—圆弧—直线"。

坐标:518.8, 322.3   Z
　　　835.1, 624.2   ZY
　　　1022.5, 647.2   YZ
　　　1466.1, 373.5   Z

(1)在命令窗口 命令: 的提示下,键盘输入"PL",按【Enter】键。

(2)在 指定起点: 的提示下,键盘输入直线点坐标"518.8, 322.3",按【Enter】键。

(3)在 指定下一个点或[圆弧(A)/半宽(H)/长度(L)/放弃(U)/宽度(W)]: 的提示下,键盘输入"直圆"点坐标"835.1, 624.2",按【Enter】键。

(4)在 指定下一点或[圆弧(A)/闭合(C)/半宽(H)/长度(L)/放弃(U)/宽度(W)]: 的提示下,键盘输入"A",按【Enter】键。

(5)在 [角度(A)/圆心(CE)/闭合(CL)/…/放弃(U)/宽度(W)]: 的提示下,键盘输入"圆直"点坐标"1022.5, 647.2",按【Enter】键。

(6)在 [角度(A)/圆心(CE)/… /直线(L)/… /放弃(U)/宽度(W)]: 的提示下,键盘输入"L",按【Enter】键。

(7)在 指定下一点或[圆弧(A)/闭合(C)/半宽(H)/长度(L)/放弃(U)/宽度(W)]: 的提示下,键盘输入直线点的坐标"1466.1, 373.5",按【Enter】键。

(8)在 指定下一点或[圆弧(A)/闭合(C)/半宽(H)/长度(L)/放弃(U)/宽度(W)]: 的提

示下,按【Enter】键。

绘制结束,在绘图区绘出一条连续的"直线—圆弧—直线",如图 3-1 所示。

二、镜像对象

"镜像"命令可以复制与所选取对象对称的对象,即以相反方向绘制所选对象。

执行"镜像"命令的方法有三种,可以任选其一:

- 在工具栏中单击:"修改"图标按钮 ⚠ ;
- 在下拉菜单选取:修改(M) → 镜像(I);
- 在键盘输入命令:MIRROR(或者 MI)→【Enter】键。

执行命令:

(1) 命令窗口显示:

选择对象:

移动小方框光标,选取要镜像的图形对象,单击鼠标确定。被选取的图形对象变虚。

(2) 命令窗口显示:

选择对象:

可以继续移动小方框光标,继续选取对象,再按【Enter】键;如果不需要选取了,就直接按【Enter】键。

(3) 命令窗口显示:

指定镜像线的第一点:

键盘输入坐标或者移动"十"字光标用鼠标在绘图区内单击。

(4) 命令窗口显示:

指定镜像线的第二点:

键盘输入坐标或者移动"十"字光标,用鼠标在绘图区内单击。

这两点构成一条直线,它是镜像的对称轴。

(5) 命令窗口显示:

要删除源对象吗?[是(Y)/否(N)]<N>:

按【Enter】键。

镜像结束,绘出与被选图形对象完全一样的对称图形。

技能训练:

通过"镜像"绘制如图 3-2(a)所示的对称图形。

(1) 在命令窗口 命令: 的提示下,鼠标单击"修改"工具栏中的 ⚠ 图标按钮。

(2) 在命令窗口 选择对象: 的提示下,移动小方框光标到图 3-2(a)所示的图形上,单击鼠标确定,如图 3-2(b)所示。

(3) 在命令窗口 选择对象: 的提示下,按【Enter】键。

(4) 在命令窗口 指定镜像线的第一点: 的提示下,移动"十"字光标,用鼠标在绘图区内单击确定,如图 3-2(c)所示。

(5) 在命令窗口 指定镜像线的第二点: 的提示下,移动"十"字光标,用鼠标在绘图区内单击确定，如图3-2（b）所示。

（6）在命令窗口 要删除源对象吗？[是(Y)/否(N)] <N>: 的提示下，按【Enter】键。

操作结束，绘出与原三角形完全一样的对称三角形，如图3-2（d）所示。

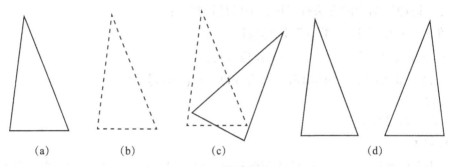

图3-2 图形被镜像的效果

三、绘制圆弧

执行绘圆弧命令的方法有三种，可以任选其一：
- 在工具栏中单击："绘图"图标按钮 ⌒ ；
- 在下拉菜单选取：绘图(D) → 圆弧（A）→ "起点、端点、方向"（D）；
- 在键盘输入命令：ARC（或者A）→【Enter】键。

执行命令：

（1）命令窗口显示：

指定圆弧的起点或 [圆心(C)]:

键盘输入"圆弧起点的坐标"，按【Enter】键，绘图区绘出圆弧的起点。

（2）命令窗口显示：

指定圆弧的第二个点或 [圆心(C)/端点(E)]:

键盘输入"E"，按【Enter】键。

（3）命令窗口显示：

指定圆弧的端点:

键盘输入"圆弧端点的坐标"，按【Enter】键，绘图区绘出圆弧的端点。

（4）命令窗口显示：

指定圆弧的圆心或 [角度(A)/方向(D)/半径(R)]:

键盘输入"D"，按【Enter】键，"十"字光标从圆弧的起点拉出一条切线。

（5）命令窗口显示：

指定圆弧的起点切向:

移动"十"字光标，观察绘图区所绘出的圆弧，直至所绘圆弧的方向正确、弧度满意，单击鼠标确定。

圆弧绘制结束。

技能训练：

圆弧起点坐标（663.7，410.9），终点坐标（823.0，493.9），绘制圆弧线。

（1）在命令窗口 |命令：| 的提示下，键盘输入"A"，按【Enter】键。

（2）在 |指定圆弧的起点或[圆心(C)]：| 的提示下，键盘输入圆弧起点坐标"663.7，410.9"，按【Enter】键。

（3）在 |指定圆弧的第二个点或[圆心(C)/端点(E)]：| 的提示下，键盘输入"E"，按【Enter】键。

（4）在 |指定圆弧的端点：| 的提示下，键盘输入圆弧终点坐标"823.0，493.9"，按【Enter】键。

（5）在 |指定圆弧的圆心或[角度(A)/方向(D)/半径(R)]：| 的提示下，键盘输入"D"，按【Enter】键。

（6）在 |指定圆弧的起点切向：| 的提示下，向圆弧上方移动"十"字光标，观察绘图区所绘出的圆弧，单击鼠标确定。

绘制结束，在绘图区绘出一条光滑的圆弧线。

四、修剪对象

"修剪"命令可以将指定的线性对象修剪到指定的边界，即"剪掉"多余的线段。

执行"修剪"命令的方法有三种，可以任选其一：

- 在工具栏中单击："修改"图标按钮 ；
- 在下拉菜单选取：修改(M) → 修剪(T)；
- 在键盘输入命令：TRIM（或者TR）→【Enter】键。

执行命令：

(1) 命令窗口显示：

|当前设置：投影=UCS，边=无
选择剪切边…
选择对象或 <全部选择>：|

移动小方框光标到要修剪到的边界对象上，单击鼠标确定。被选取的边界对象变虚。

注意：使用"修剪"命令时，如果在按下【Shift】键的同时选择对象，则执行"延伸"命令（延伸命令后续介绍）；使用延伸命令时，如果在按下【Shift】键的同时选择对象，则执行"修剪"命令。

(2) 命令窗口显示：

|选择对象：|

可以继续移动小方框光标，选取要修剪到的边界对象，再按【Enter】键；如果不需要，就直接按【Enter】键。

(3) 命令窗口显示：

|选择要修剪的对象，或按住 Shift 键选择要延伸的对象，或
[栏选(F)/窗交(C)/投影(P)/边(E)/删除(R)/放弃(U)]：|

移动小方框光标到要修剪的线性对象，单击鼠标，被选取的线性对象就沿着步骤（1）、（2）所选取的边界被剪掉了。

（4）命令窗口显示：

> 选择要修剪的对象，或按住 Shift 键选择要延伸的对象，或
> [栏选(F)/窗交(C)/投影(P)/边(E)/删除(R)/放弃(U)]:

继续移动小方框光标到要修剪的线性对象，单击鼠标继续"修剪"，直至"修剪"完毕，按【Enter】键。

技能训练：

绘制如图 3-3（a）所示的四条直线。

（1）在命令窗口 命令: 的提示下，鼠标单击"修改"工具栏中的 ⊣⁄⊢ 图标按钮。

（2）在 选择对象或 <全部选择>: 的提示下，移动小方框光标，选取"12"直线，单击鼠标。

（3）在 选择对象: 的提示下，移动小方框光标，选取"34"直线，单击鼠标。

（4）在 选择对象: 的提示下，按【Enter】键，如图 3-3（b）所示。

（5）在 选择要修剪的对象，或按住 Shift 键选择要延伸的对象，或 [栏选(F)/窗交(C)/投影(P)/边(E)/删除(R)/放弃(U)]: 的提示下，移动小方框光标到"56"直线"6"端，单击鼠标。

（6）在 选择要修剪的对象，或按住 Shift 键选择要延伸的对象，或 [栏选(F)/窗交(C)/投影(P)/边(E)/删除(R)/放弃(U)]: 的提示下，移动小方框光标到"78"直线中部，单击鼠标。

（7）在 选择要修剪的对象，或按住 Shift 键选择要延伸的对象，或 [栏选(F)/窗交(C)/投影(P)/边(E)/删除(R)/放弃(U)]: 的提示下，按【Enter】键，如图 3-3（c）所示，修剪完毕。

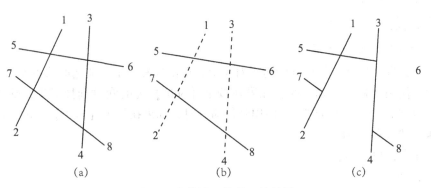

图 3-3 直线被"修剪"的效果

工作流程

在大比例尺地形图中，市政道路都是按比例实测的，特征点均是道路的边缘，将所测

的特征点按实际情况连线即可，但道路转弯处应为曲线。

一、实测两边双线道路的绘制

道路一侧实测坐标
200.3，166.2 Z
246.0，213.0 ZY
256.1，212.8 YZ
296.0，173.1 Z
道路另一侧实测坐标
306.6，185.2 Z
266.6，224.8 ZY
266.3，234.7 YZ
313.9，283.2 Z

1. 创建图层

图层名：道路，黄色。

2. 先绘出道路一侧

（1）在命令窗口 命令: 的提示下，用绘制"多段线"命令的三种方法之一输入命令。

（2）在 指定起点: 的提示下，键盘输入道路直线点坐标"200.3，166.2"，按【Enter】键。

（3）在 指定下一个点或[圆弧(A)/半宽(H)/长度(L)/放弃(U)/宽度(W)]: 的提示下，键盘输入道路"直圆"点坐标"246.0，213.0"，按【Enter】键。

（4）在 指定下一点或[圆弧(A)/闭合(C)/半宽(H)/长度(L)/放弃(U)/宽度(W)]: 的提示下，键盘输入"A"，按【Enter】键。

（5）在 [角度(A)/圆心(CE)/闭合(CL)/…/放弃(U)/宽度(W)]: 的提示下，键盘输入道路"圆直"点坐标"256.1，212.8"，按【Enter】键。

（6）在 [角度(A)/圆心(CE)/…/直线(L)/…/放弃(U)/宽度(W)]: 的提示下，键盘输入"L"，按【Enter】键。

（7）在 指定下一点或[圆弧(A)/闭合(C)/半宽(H)/长度(L)/放弃(U)/宽度(W)]: 的提示下，键盘输入道路直线点坐标"296.0，173.1"，按【Enter】键。

（8）在 指定下一点或[圆弧(A)/闭合(C)/半宽(H)/长度(L)/放弃(U)/宽度(W)]: 的提示下，按【Enter】键。

绘制结束，在绘图区绘出市政道路的另一侧，如图3-4（a）所示。

3. 保存

D盘，文件名：学号+名字+道桥。

4. 再绘制道路的另一侧

（1）在命令窗口 命令: 的提示下，用绘制"多段线"命令的三种方法之一输入命令。

（2）在 指定起点: 的提示下，键盘输入道路直线点坐标"306.6，185.2"，按【Enter】键。

（3）在 指定下一个点或 [圆弧(A)/半宽(H)/长度(L)/放弃(U)/宽度(W)]: 的提示下，键盘输入道路"直圆"点坐标"266.6，224.8"，按【Enter】键。

（4）在 指定下一点或[圆弧(A)/闭合(C)/半宽(H)/长度(L)/放弃(U)/宽度(W)] 的提示下，键盘输入"A"，按【Enter】键。

（5）在 [角度(A)/圆心(CE)/闭合(CL)/ … /放弃(U)/宽度(W)]: 的提示下，键盘输入道路"圆直"点坐标"266.3，234.7"，按【Enter】键。

（6）在 [角度(A)/圆心(CE)/ … /直线(L)/ … /放弃(U)/宽度(W)]: 的提示下，键盘输入"L"，按【Enter】键。

（7）在 指定下一点或[圆弧(A)/闭合(C)/半宽(H)/长度(L)/放弃(U)/宽度(W)] 的提示下，键盘输入道路直线点坐标"313.9，283.2"，按【Enter】键。

（8）在 指定下一点或[圆弧(A)/闭合(C)/半宽(H)/长度(L)/放弃(U)/宽度(W)] 的提示下，按【Enter】键。

5. 注记

黄河街。

6. 继续保存

绘制结束，如图3-4（b）所示。

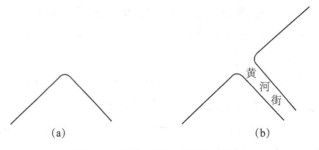

图3-4 实测双侧市政道路的绘制

二、技能训练

（1）打开"学号+名字+居民地B"文件。

（2）创建"道路"图层，品红色，设置当前。

（3）绘制实测两边双线市政道路。

①540.5，1266.8　Z
　793.8，1125.2　ZY
　817.5，1063.0　YZ

708.0, 865.7   ZY
641.4, 846.4   YZ
381.6, 996.5   ZY
369.3, 1041.2   YZ
487.8, 1252.6   ZY
540.5, 1266.8   Y
②964.6, 1037.2 Z
1687.4, 629.3   ZY
1723.1, 546.9   YZ
1591.1, 307.8   ZY
1539.6, 289.8   YZ
770.8, 736.8   ZY
757.3, 785.1   YZ
893.6, 1024.0   ZY
964.6, 1037.2   Y
③193.0, 742.1   Z
311.7, 941.5   ZY
356.6, 953.2   YZ
616.4, 803.1   ZY
632.9, 735.8   YZ
524.7, 555.7   Z
④599.4, 513.7   Z
702.1, 689.7   ZY
750.7, 702.2   YZ
1522.4, 260.3   ZY
1532.6, 206.7   YZ
1434.6, 44.1   Z

(4) 继续保存。

三、实测单侧双线道路的绘制

1. 先绘出道路一侧

工作流程与"实测两边双线道路的绘制"相同，参见"实测两边双线道路的绘制"的工作流程。

2. 绘制道路的另一侧

市政道路另一侧的绘制，应按照外业观测时给出的条件，先绘出直线，然后修改路的转角。

1)"镜像"法

如果对侧的路缘与实测的一侧完全相同，可以采用"镜像"法。

如图 3-4 所示，外业实际丈量向西侧路宽 24 米，绘制西侧道路。

(1) 打开图形文件：D 盘"学号+名字+道桥"。

(2) "道路"图层设置当前。

(3) 在命令窗口 命令: 的提示下，鼠标单击"绘图"工具栏中的 ╱ 图标按钮。

(4) 在 指定点或 [水平(H)/垂直(V)/角度(A)/二等分(B)/偏移(O)]: 的提示下，键盘输入"O"，按【Enter】键。

在 指定偏移距离或 [通过(T)] <通过>: 的提示下，键盘输入"12"，按【Enter】键。

在 选择直线对象: 的提示下，移动小方框光标到东侧路缘线上，单击鼠标确定，如图 3-5（a）所示。

在 指定向哪侧偏移: 的提示下，将光标移动到道路西侧，单击鼠标确定，如图 3-5（b）所示，绘出"镜像"辅助轴线。

在 选择直线对象: 的提示下，按【Enter】键。

(5) 在命令窗口 命令: 的提示下，键盘输入"L"，按【Enter】键。

(6) 在 LINE 指定第一点: 的提示下，鼠标在"镜像"辅助轴线西边单击，确定直线的起点。

在 指定下一点或 [放弃(U)]: 的提示下，鼠标在"镜像"辅助轴线东边单击，确定直线的终点。在"镜像"辅助轴线上绘出一条"短直线"，它与"镜像"辅助轴的交点作为第一个"镜像"点。

在 指定下一点或 [放弃(U)]: 的提示下，按【Enter】键。

(7) 在命令窗口 命令: 的提示下，键盘输入"L"，按【Enter】键。

(8) 在 LINE 指定第一点: 的提示下，鼠标在"镜像"辅助轴线西边单击，确定直线的起点。

在 指定下一点或 [放弃(U)]: 的提示下，鼠标在"镜像"辅助轴线东边单击，确定直线的终点。在"镜像"辅助轴线上又绘出一条短直线，它与"镜像"辅助轴的交点作为第二个"镜像"点。

在 指定下一点或 [放弃(U)]: 的提示下，按【Enter】键，如图3-5（c）所示。

(9) 在命令窗口 命令: 的提示下，鼠标单击"修改"工具栏中的 ⚠ 图标按钮。

(10) 在 选择对象: 的提示下，移动小方框光标到南边道路图形上，单击鼠标确定。

在 选择对象: 的提示下，移动小方框光标到北边道路图形上，单击鼠标确定。

在 选择对象: 的提示下，按【Enter】键，如图 3-5（d）所示。

在 指定镜像线的第一点: 的提示下，移动"十"字光标捕捉第一个"镜像"点，单击鼠标确定。

在 指定镜像线的第二点: 的提示下，移动"十"字光标捕捉第二个"镜像"点，单击鼠标确定。

在 要删除源对象吗？[是(Y)/否(N)] <N>: 的提示下，按【Enter】键，如图 3-5

(e) 所示。

(11) 在命令窗口 命令： 的提示下，光标直接选取,"镜像"辅助轴线和两条"短直线"，按【Delete】键，删除"镜像"辅助轴线和两条"短直线"。

市政道路绘制完毕，如图 3-5（f）所示。

(12) 继续保存。

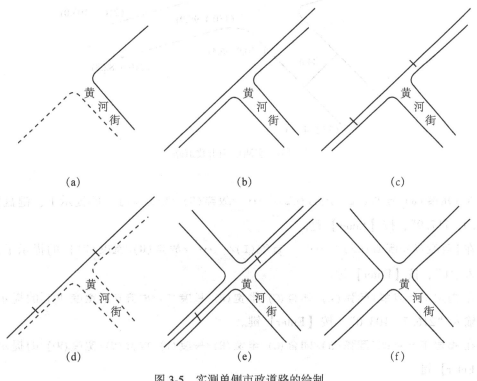

图 3-5 实测单侧市政道路的绘制

2)"直线圆弧"法

如果对侧的路缘与实测的一侧不完全相同，如图 3-6 所示，可以采用"直线圆弧"法。

如图 3-6 所示，外业观测数据列于图中，绘制市政道路。

(1) 打开图形文件：D 盘"学号+名字+道桥"。

(2)"道路"图层设置当前。

(3) 在命令窗口 命令： 的提示下，键盘输入"PL"，按【Enter】键。

在 指定起点： 的提示下，键盘输入"200.3，166.2"，按【Enter】键。

在 指定下一个点或 [圆弧(A)/半宽(H)/长度(L)/放弃(U)/宽度(W)]： 的提示下，键盘输入"161.1，126.8"，按【Enter】键。

在 指定下一点或[圆弧(A)/闭合(C)/半宽(H)/长度(L)/放弃(U)/宽度(W)]：的提示下，键盘输入"A"，按【Enter】键。

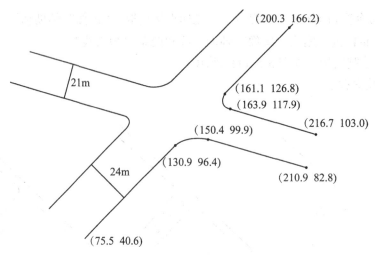

图 3-6　实测单侧市政道路

在 [角度(A)/圆心(CE)/闭合(CL)/ … /放弃(U)/宽度(W)]: 的提示下，键盘输入"163.9，117.9"，按【Enter】键。

在 [角度(A)/圆心(CE)/ … /直线(L)/ … /放弃(U)/宽度(W)]: 的提示下，键盘输入"L"，按【Enter】键。

在 指定下一点或[圆弧(A)/闭合(C)/半宽(H)/长度(L)/放弃(U)/宽度(W)]: 的提示下，键盘输入"216.7，103.0"，按【Enter】键。

在 指定下一点或[圆弧(A)/闭合(C)/半宽(H)/长度(L)/放弃(U)/宽度(W)]: 的提示下，按【Enter】键。

(4) 继续保存。

(5) 在命令窗口 命令: 的提示下，键盘输入"PL"，按【Enter】键。

在 指定起点: 的提示下，键盘输入"210.9，82.8"，按【Enter】键。

在 指定下一个点或 [圆弧(A)/半宽(H)/长度(L)/放弃(U)/宽度(W)]: 的提示下，键盘输入"150.4，99.9"，按【Enter】键。

在 指定下一点或[圆弧(A)/闭合(C)/半宽(H)/长度(L)/放弃(U)/宽度(W)]: 的提示下，键盘输入"A"，按【Enter】键。

在 [角度(A)/圆心(CE)/闭合(CL)/ … /放弃(U)/宽度(W)]: 的提示下，键盘输入"130.9，96.4"，按【Enter】键。

在 [角度(A)/圆心(CE)/ … /直线(L)/ … /放弃(U)/宽度(W)]: 的提示下，键盘输入"L"，按【Enter】键。

在 指定下一点或[圆弧(A)/闭合(C)/半宽(H)/长度(L)/放弃(U)/宽度(W)]: 的提示下，键盘输入"75.5，40.6"，按【Enter】键。

在 |指定下一点或[圆弧(A)/闭合(C)/半宽(H)/长度(L)/放弃(U)/宽度(W)]:| 的提示下，按【Enter】键。

（6）继续保存，如图3-7（a）所示。

（7）在命令窗口 |命令:| 的提示下，鼠标单击"绘图"工具栏中的 ╱ 图标按钮。

在 |指定点或 [水平(H)/垂直(V)/角度(A)/二等分(B)/偏移(O)]:| 的提示下，键盘输入"O"，按【Enter】键。

在 |指定偏移距离或 [通过(T)] <通过>:| 的提示下，键盘输入"24"，按【Enter】键。在 |选择直线对象:| 的提示下，移动小方框光标到东侧路缘线上，单击鼠标确定。

在 |指定向哪侧偏移:| 的提示下，将光标移动到道路西侧，单击鼠标确定。

在 |选择直线对象:| 的提示下，按【Enter】键。绘出一条南北方向的"辅助线"。

（8）在命令窗口 |命令:| 的提示下，鼠标单击"绘图"图标按钮 ╱。

在 |指定点或 [水平(H)/垂直(V)/角度(A)/二等分(B)/偏移(O)]:| 的提示下，键盘输入"O"，按【Enter】键。

在 |指定偏移距离或 [通过(T)] <通过>:| 的提示下，键盘输入"21"，按【Enter】键。

在 |选择直线对象:| 的提示下，移动小方框光标到东北方位道路的南路缘线上，单击鼠标确定。

在 |指定向哪侧偏移:| 的提示下，将光标移动到道路南边，单击鼠标确定。绘出第一条东西方向的"辅助线"。

（9）在 |选择直线对象:| 的提示下，移动小方框光标到东西方向的"辅助线"上，单击鼠标确定。

在 |指定向哪侧偏移:| 的提示下，将光标移动到东西方向"辅助线"的北边，单击鼠标确定。绘出第二条东西方向的"辅助线"。

在 |选择直线对象:| 的提示下，按【Enter】键。

（10）继续保存，如图3-7（b）所示。

（11）在命令窗口 |命令:| 的提示下，键盘输入"L"，按【Enter】键。

在 |LINE 指定第一点:| 的提示下，鼠标在相交"辅助线"一侧单击，确定直线的起点。

在 |指定下一点或 [放弃(U)]:| 的提示下，鼠标在相交"辅助线"另一侧单击，确定直线的终点。

在 |指定下一点或 [放弃(U)]:| 的提示下，按【Enter】键。在两条相交"辅助线"上绘出一条短直线，如图3-7（c）所示。

（12）在命令窗口 |命令:| 的提示下，键盘输入"L"，按【Enter】键。

在 |LINE 指定第一点:| 的提示下，鼠标在相交"辅助线"一侧单击，确定直线的起

点。

在 |指定下一点或 [放弃(U)]:| 的提示下，鼠标在相交"辅助线"另一侧单击，确定直线的终点。

在 |指定下一点或 [放弃(U)]:| 的提示下，按【Enter】键。在两条相交"辅助线"上又绘出一条短直线，如图3-7（c）所示。

（13）继续保存。

（14）在命令窗口 |命令:| 的提示下，键盘输入"A"，按【Enter】键。

在 |指定圆弧的起点或 [圆心(C)]:| 的提示下，光标捕捉一条东西方向"辅助线"与短直线的交点，单击鼠标确定。

在 |指定圆弧的第二个点或 [圆心(C)/端点(E)]:| 的提示下，键盘输入"E"，按【Enter】键。

在 |指定圆弧的端点:| 的提示下，光标捕捉南北方向"辅助线"与短直线的交点，单击鼠标确定。

在 |指定圆弧的圆心或 [角度(A)/方向(D)/半径(R)]:| 的提示下，键盘输入"D"，按【Enter】键。

在 |指定圆弧的起点切向:| 的提示下，移动"十"字光标，捕捉东西方向与南北方向两条"辅助线"的交点，单击鼠标确定，绘出一条圆弧线，如图3-7（d）所示。

（15）在命令窗口 |命令:| 的提示下，键盘输入"A"，按【Enter】键。

在 |指定圆弧的起点或 [圆心(C)]:| 的提示下，光标捕捉另一条东西方向"辅助线"与短直线的交点，单击鼠标确定。

在 |指定圆弧的第二个点或 [圆心(C)/端点(E)]:| 的提示下，键盘输入"E"，按【Enter】键。

在 |指定圆弧的端点:| 的提示下，光标捕捉南北方向"辅助线"与短直线的交点，单击鼠标确定。

在 |指定圆弧的圆心或 [角度(A)/方向(D)/半径(R)]:| 的提示下，键盘输入"D"，按【Enter】键。

在 |指定圆弧的起点切向:| 的提示下，移动"十"字光标，捕捉东西方向与南北方向两条"辅助线"的交点，单击鼠标确定，绘出另一条圆弧线，如图3-7（d）所示。

（16）继续保存。

（17）在命令窗口 |命令:| 的提示下，鼠标单击"修改"工具栏中的 ⊬ 图标按钮。

在 |选择对象或 <全部选择>:| 的提示下，移动小方框光标到一条短直线上，单击鼠标确定。

在 |选择对象:| 的提示下，移动小方框光标到另一条短直线上，单击鼠标确定。

在 |选择对象:| 的提示下，按【Enter】键，如图3-7（e）所示。

在 |选择要修剪的对象，或按住 Shift 键选择要延伸的对象，或 [栏选(F)/窗交(C)/投影(P)/边(E)/删除(R)/放弃(U)]:| 的提示下，移动

小方框光标到南北方向"辅助线"的中部,单击鼠标。

在 `选择要修剪的对象,或按住 Shift 键选择要延伸的对象,或 [栏选(F)/窗交(C)/投影(P)/边(E)/删除(R)/放弃(U)]:` 的提示下,移动小方框光标到一条东西方向"辅助线"的东部,单击鼠标。

在 `选择要修剪的对象,或按住 Shift 键选择要延伸的对象,或 [栏选(F)/窗交(C)/投影(P)/边(E)/删除(R)/放弃(U)]:` 的提示下,移动小方框光标到另一条东西方向"辅助线"的东部,单击鼠标。

在 `选择要修剪的对象,或按住 Shift 键选择要延伸的对象,或 [栏选(F)/窗交(C)/投影(P)/边(E)/删除(R)/放弃(U)]:` 的提示下,按【Enter】键。如图 3-7 (f) 所示,剪掉多余的"辅助线"。

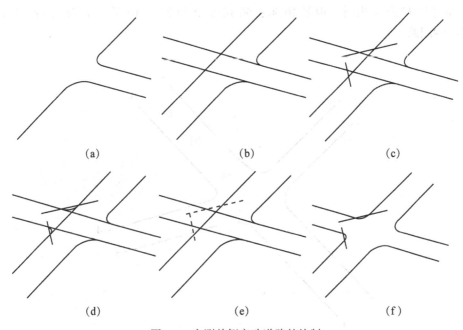

图 3-7 实测单侧市政道路的绘制

(18) 继续保存。

(19) 在命令窗口 `命令:` 的提示下,光标直接选取两条短直线,按【Delete】键。删除两条短直线。

"辅助线"的长短按照其他外业测量的数据进行处理。

(20) 用"编辑多段线"功能,将所绘制的各段道路边缘线"合并"成一条连续的多段线。

实测单侧双线道路绘制完毕,如图 3-6 所示。

四、技能训练

如图 3-8 所示,在 D 盘"学号+名字+道桥"图形文件"道路"图层上,绘制市政道路,并保存。

实测 12 路缘坐标

317.1, 415.1 Z
355.9, 377.6 ZY
372.2, 377.8 YZ
422.1, 429.5 Z

实测 34 路缘坐标

442.2, 415.5 Z
392.4, 364.1 ZY
394.5, 356.7 YZ
460.8, 338.0 Z

78 路缘与 12 路缘相同,相距 16 米;56 路缘距 34 路缘 16 米,距 78 路缘 24 米。道路注记:砂阳路。

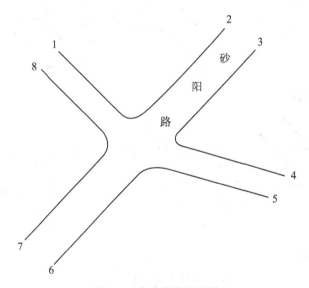

图 3-8 市政道路的绘制

任务 2 公路的绘制

☞ 学习目标:

掌握偏移对象和圆弧的绘制方法。能按实测坐标在指定的"图层"绘制普通公路。

技 能 先 导

一、偏移对象

"偏移"命令可以创建与所选取的线条图形平行的新图形。

执行"偏移"命令的方法有三种,可以任选其一:
- 在工具栏中单击:"修改"图标按钮 ⟲;
- 在下拉菜单选取:修改(M) → 偏移(S);
- 在键盘输入命令:OFFSET(或者 O)→【Enter】键。

1. 按照距离偏移

执行命令:

(1) 命令窗口显示:

`指定偏移距离或 [通过(T)/删除(E)/图层(L)] <通过>:`

键盘输入要偏移的"距离",按【Enter】键。

(2) 命令窗口显示:

`选择要偏移的对象,或 [退出(E)/放弃(U)] <退出>:`

移动小方框光标,选取要偏移的线条图形对象,单击鼠标。被选取的图形对象变虚。

(3) 命令窗口显示:

`指定要偏移的那一侧上的点,或 [退出(E)/多个(M)/放弃(U)] <退出>:`

移动"十"字光标到要偏移的一侧,单击鼠标确定。

(4) 命令窗口显示:

`选择要偏移的对象,或 [退出(E)/放弃(U)] <退出>:`

可以继续选取线条图形进行偏移,否则,按【Enter】键。

偏移结束,绘出与被选对象一样的、且有一定距离的平移图形。

技能训练:

(1) 绘制一条多段线,如图 3-9(a)所示。

(2) 在命令窗口 `命令:` 的提示下,鼠标单击"修改"工具栏中的 ⟲ 图标按钮。

(3) 在 `指定偏移距离或 [通过(T)/删除(E)/图层(L)] <通过>:` 提示下,键盘输入"20",按【Enter】键。

(4) 在 `选择要偏移的对象,或 [退出(E)/放弃(U)] <退出>:` 的提示下,移动小方框光标到"多段线"上,单击鼠标确定。

(5) 在 `指定要偏移的那一侧上的点,或[退出(E)/多个(M)/放弃(U)]<退出>` 的提示下,移动"十"字光标到"多段线"一侧,单击鼠标确定。

(6) 在 `选择要偏移的对象,或 [退出(E)/放弃(U)] <退出>:` 的提示下,按【Enter】键。

如图 3-9(b)所示为通过"距离偏移"的多段线。

2. 按照特定点偏移

执行命令:

(1) 命令窗口显示:

`指定偏移距离或 [通过(T)/删除(E)/图层(L)] <通过>:`

键盘输入"T",按【Enter】键。

(2) 命令窗口显示:

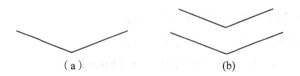

图 3-9 按距离"偏移"的多段线

选择要偏移的对象，或 [退出(E)/放弃(U)] <退出>：

移动小方框光标，选取要偏移的线条图形对象，单击鼠标确定。被选取的图形对象变虚。

（3）命令窗口显示：

指定通过点或 [退出(E)/多个(M)/放弃(U)] <退出>：

移动"十"字光标到偏移的"特定点"上，单击鼠标确定。

（4）命令窗口显示：

选择要偏移的对象，或 [退出(E)/放弃(U)] <退出>：

可以继续选取线条图形进行偏移，否则，按【Enter】键。

偏移结束，绘出与被选对象一样且通过"特定点"的平移图形。

技能训练：

（1）绘制一条多段线和一个三角形，如图 3-10（a）所示。

（2）在命令窗口 命令： 的提示下，鼠标单击"修改"工具栏中的 图标按钮。

（3）在 指定偏移距离或 [通过(T)/删除(E)/图层(L)] <通过>： 的提示下，键盘输入"T"，按【Enter】键。

（4）在 选择要偏移的对象，或 [退出(E)/放弃(U)] <退出>： 的提示下，移动小方框光标到"多段线"上，单击鼠标确定。

（5）在 指定通过点或 [退出(E)/多个(M)/放弃(U)] <退出>： 的提示下，移动"十"字光标捕捉"三角形"顶点，单击鼠标确定。

（6）在 选择要偏移的对象，或 [退出(E)/放弃(U)] <退出>： 的提示下，按【Enter】键。

如图 3-10（b）所示为通过"特定点偏移"的多段线。

图 3-10 按特定点"偏移"的多段线

二、绘制圆弧

执行绘圆弧命令的方法有三种，可以任选其一：
- 在工具栏中单击："绘图"图标按钮 ⌒；
- 在下拉菜单选取：绘图(D) → 圆弧（A）→ "三点"（P）；
- 在键盘输入命令：ARC（或者 A）→【Enter】键。

执行命令：
（1）命令窗口显示：
指定圆弧的起点或 [圆心(C)]：
键盘输入圆弧起点的坐标，按【Enter】键，绘图区绘出圆弧的起点。
（2）命令窗口显示：
指定圆弧的第二个点或 [圆心(C)/端点(E)]：
键盘输入圆弧上一点坐标，按【Enter】键，绘图区绘出一条活动的圆弧。
（3）命令窗口显示：
指定圆弧的端点：
键盘输入圆弧端点的坐标，按【Enter】键，绘图区绘出一条固定的圆弧线。
圆弧绘制结束。

技能训练：

按下列坐标绘制圆弧线：
(1) 140.2，187.1
　　181.9，221.2
　　199.0，204.8
(2) 235.3，200.1
　　256.7，218.7
　　282.8，206.3
(3) 172.1，143.2
　　217.5，158.0
　　266.1，143.9
(4) 281.7，148.4
　　278.3，145.5
　　285.1，146.0

工 作 流 程

普通公路测量时，一般是实测路缘线，如果公路等级不高，路面也不宽，一般是实测路中线。对于大比例尺地形图，普通公路一般用双线比例符号或者用双线带状线性半依比例符号表示；对于中小比例尺地形图，普通公路一般用单线带状线性半依比例符号表示。

一、双线普通公路的绘制

实测公路路缘坐标，转弯处一般测量3点，用圆弧线表示。

1. 路身的绘制

普通公路南侧路缘坐标

366.6, 323.9 Z
685.2, 397.1 Z
930.6, 448.0 ZY
1230.1, 467.1 Y
1459.5, 409.8 YZ
1743.3, 275.2 Z
1998.1, 152.4 Z
2236.1, 85.6 ZY
2439.4, 77.9 YZ
2754.5, 108.4 Z
3007.5, 131.2 Z

路宽 24 米

（1）新建一个图形文件。

（2）创建图层：公路，白色。

（3）在命令窗口 |命令：| 的提示下，键盘输入"PL"，按【Enter】键。

在 |指定起点| 的提示下，键盘输入"366.6, 323.9"，按【Enter】键。

在 |指定下一个点或 [圆弧(A)/半宽(H)/长度(L)/放弃(U)/宽度(W)]:| 的提示下，键盘输入"685.2, 397.1"，按【Enter】键。

在 |指定下一点或[圆弧(A)/闭合(C)/半宽(H)/长度(L)/放弃(U)/宽度(W)]| 的提示下，键盘输入"930.6, 448.0"，按【Enter】键。

（4）在 |指定下一点或[圆弧(A)/闭合(C)/半宽(H)/长度(L)/放弃(U)/宽度(W)]| 的提示下，键盘输入"A"，按【Enter】键。

在 [角度(A)/圆心(CE)/闭合(CL)/…/放弃(U)/宽度(W)]: 的提示下，键盘输入"1230.1, 467.1"，按【Enter】键。

在 [角度(A)/圆心(CE)/闭合(CL)/…/放弃(U)/宽度(W)]: 的提示下，键盘输入"1459.5, 409.8"，按【Enter】键。

（5）在 [角度(A)/圆心(CE)/…/直线(L)/…/放弃(U)/宽度(W)]: 的提示下，键盘输入"L"，按【Enter】键。

在 |指定下一点或[圆弧(A)/闭合(C)/半宽(H)/长度(L)/放弃(U)/宽度(W)]:| 的提示下，键盘输入"1743.3, 275.2"，按【Enter】键。

在 |指定下一点或[圆弧(A)/闭合(C)/半宽(H)/长度(L)/放弃(U)/宽度(W)]:| 的提示下，键盘输入"1998.1, 152.4"，按【Enter】键。

（6）在 |指定下一点或[圆弧(A)/闭合(C)/半宽(H)/长度(L)/放弃(U)/宽度(W)]:| 的提示下，键盘输入"A"，按【Enter】键。

在 指定下一点或[圆弧(A)/闭合(C)/半宽(H)/长度(L)/放弃(U)/宽度(W)] 的提示下，键盘输入"2236.1，85.6"，按【Enter】键。

在 [角度(A)/圆心(CE)/闭合(CL)/ … /放弃(U)/宽度(W)]: 的提示下，键盘输入"2439.4，77.9"，按【Enter】键。

（7）在 [角度(A)/圆心(CE)/ … /直线(L)/ … /放弃(U)/宽度(W)] 的提示下，键盘输入"L"，按【Enter】键。

在 指定下一点或[圆弧(A)/闭合(C)/半宽(H)/长度(L)/放弃(U)/宽度(W)] 的提示下，键盘输入"2754.5，108.4"，按【Enter】键。

在 指定下一点或[圆弧(A)/闭合(C)/半宽(H)/长度(L)/放弃(U)/宽度(W)] 的提示下，键盘输入"3007.5，131.2"，按【Enter】键。

（8）在 指定下一点或[圆弧(A)/闭合(C)/半宽(H)/长度(L)/放弃(U)/宽度(W)] 的提示下，按【Enter】键。如图3-11（a）所示，绘出公路的南侧路缘线。

（9）保存：D盘，"学号+姓名+路桥"。

（10）在命令窗口 命令: 的提示下，鼠标单击"修改"工具栏中的 图标按钮。

（11）在 指定偏移距离或 [通过(T)/删除(E)/图层(L)] <通过>: 的提示下，键盘输入"24"，按【Enter】键。

（12）在 选择要偏移的对象，或 [退出(E)/放弃(U)] <退出>: 的提示下，移动小方框光标到绘出的"路缘线"上，单击鼠标确定。

（13）在 指定要偏移的那一侧上的点，或[退出(E)/多个(M)/放弃(U)] <退出>: 的提示下，移动"十"字光标到"路缘线"北侧，单击鼠标确定。

（14）在 选择要偏移的对象，或 [退出(E)/放弃(U)] <退出>: 的提示下，按【Enter】键。如图3-11（b）所示，双线普通公路绘制完毕。

（15）继续保存。

(a)　　　　　　　　　　　　(b)

图3-11　双线普通公路的绘制

2. 岔路口的绘制

普通公路北侧路缘坐标　　　　　岔路口坐标

1037.5，1358.8　Z　　　　　　1460.3，1116.7　ZY

1364.8，1192.5　Z　　　　　　1473.1，1097.1　Y

1476.4，1135.7　ZY　　　　　 1470.0，1074.0　YZ

1494.7，1128.3　Y

1518.1，1124.8　YZ

1669.0，1139.9　Z　　　　　　　1529.2，1101.7　ZY
1785.3，1153.1　ZY　　　　　　1506.4，1089.5　Y
1799.1，1152.0　Y　　　　　　　1491.1，1068.7　YZ
1815.3，1145.3　YZ
1882.3，1103.9　Z

（1）打开 D 盘，"学号+姓名+路桥"图形文件。

（2）将"公路"图层置于当前。

（3）按实际测量坐标用"多段线"绘出公路北侧路缘线，如图 3-12（a）所示。

（4）在命令窗口 命令: 的提示下，键盘输入"A"，按【Enter】键。

在 指定圆弧的起点或 [圆心(C)]: 的提示下，键盘输入"1460.3，1116.7"，按【Enter】键。

在 指定圆弧的第二个点或 [圆心(C)/端点(E)]: 的提示下，键盘输入"1473.1，1097.1"，按【Enter】键。

在 指定圆弧的端点: 的提示下，键盘输入"1470.0，1074.0"，按【Enter】键。绘出西侧公路岔路口转弯的路缘线，如图 3-12（b）所示。

（5）在命令窗口 命令: 的提示下，鼠标单击"修改"工具栏中的 图标按钮。

在 指定偏移距离或 [通过(T)/删除(E)/图层(L)] <通过>: 的提示下，键盘输入"T"，按【Enter】键。

在 选择要偏移的对象，或 [退出(E)/放弃(U)] <退出>: 的提示下，移动小方框光标到已绘出的公路北侧路缘线上，单击鼠标确定。

在 指定通过点或 [退出(E)/多个(M)/放弃(U)] <退出>: 的提示下，移动"十"字光标捕捉岔路圆弧线的端点，单击鼠标确定，如图 3-12（c）所示。

在 选择要偏移的对象，或 [退出(E)/放弃(U)] <退出>: 的提示下，按【Enter】键。

（6）在命令窗口 命令: 的提示下，鼠标单击"修改"工具栏中的 图标按钮。

在 选择对象或 <全部选择>: 的提示下，移动小方框光标，选取绘出的圆弧线，单击鼠标确定。

在 选择对象: 的提示下，按【Enter】键。

在 选择要修剪的对象，或按住 Shift 键选择要延伸的对象，或 [栏选(F)/窗交(C)/投影(P)/边(E)/删除(R)/放弃(U)]: 的提示下，移动小方框光标到偏移路缘线的东部，单击鼠标确定，剪掉多余的偏移路缘线，如图 3-12（d）所示。

在 选择要修剪的对象，或按住 Shift 键选择要延伸的对象，或 [栏选(F)/窗交(C)/投影(P)/边(E)/删除(R)/放弃(U)]: 的提示下，按【Enter】键。

（7）在命令窗口 命令: 的提示下，鼠标单击"绘图"工具栏中的 图标按钮。

在 |指定圆弧的起点或 [圆心(C)]:| 的提示下，键盘输入"1529.2，1101.7"，按【Enter】键。

在 |指定圆弧的第二个点或 [圆心(C)/端点(E)]:| 的提示下，键盘输入"1506.4，1089.5"，按【Enter】键。

在 |指定圆弧的端点:| 的提示下，键盘输入"1491.1，1068.7"，按【Enter】键。绘出东侧公路岔路口转弯的路缘线，如图3-12（e）所示。

（8）在命令窗口 |命令:| 的提示下，鼠标单击"修改"工具栏中的 图标按钮。

在 |指定偏移距离或 [通过(T)/删除(E)/图层(L)] <通过>:| 的提示下，键盘输入"T"，按【Enter】键。

在 |选择要偏移的对象，或 [退出(E)/放弃(U)] <退出>:| 的提示下，移动小方框光标到绘出的公路北侧路缘线上，单击鼠标确定。

在 |指定通过点或 [退出(E)/多个(M)/放弃(U)] <退出>:| 的提示下，移动"十"字光标捕捉新绘出的岔路圆弧线的端点，单击鼠标确定，如图3-12（f）所示。

在 |选择要偏移的对象，或 [退出(E)/放弃(U)] <退出>:| 的提示下，按【Enter】键。

（9）在命令窗口 |命令:| 的提示下，鼠标单击"修改"工具栏中的 图标按钮。

在 |选择对象或 <全部选择>:| 的提示下，移动小方框光标，选取新绘出的圆弧线，单击鼠标。

在 |选择对象:| 的提示下，按【Enter】键。

在 |选择要修剪的对象，或按住 Shift 键选择要延伸的对象，或 [栏选(F)/窗交(C)/投影(P)/边(E)/删除(R)/放弃(U)]:| 的提示下，移动小方框光标到偏移路缘线的西部，单击鼠标确定，剪掉多余的偏移路缘线，如图3-12（g）所示。

在 |选择要修剪的对象，或按住 Shift 键选择要延伸的对象，或 [栏选(F)/窗交(C)/投影(P)/边(E)/删除(R)/放弃(U)]:| 的提示下，按【Enter】键。

（10）查看偏移后的路缘线，转弯处是否顺畅，如果不是，可以按照"市政道路"的处理方法，将其修剪成圆弧线。

（11）将独立的路缘线用"编辑多段线"功能，"合并"成一条连续的多段线。

有岔路口的公路绘制完毕，如图3-12（g）所示。

（12）继续保存。

二、技能训练

实测普通公路西南路缘坐标和岔路口坐标，在D盘"学号+姓名+路桥"图形文件"公路"图层上，绘制双线普通公路，并保存。

1870.3，1086.0　Z　　　　　　岔路口坐标
1961.8，1029.9　ZY　　　　1974.4，1050.5　ZY

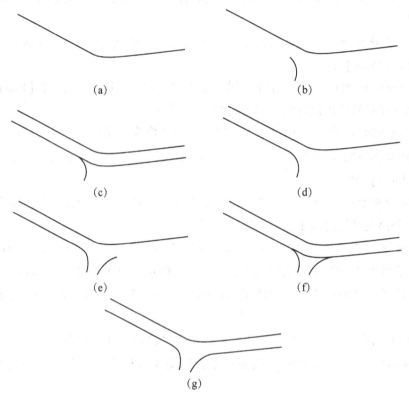

图 3-12 有"岔路"双线普通公路的绘制

1987.0, 1009.7　Y	1990.0, 1043.9　Y
2001.9, 990.9　YZ	2006.9, 1042.6　YZ
2051.4, 916.0　Z	2112.2, 1060.7　Z
2127.9, 800.3　Z	
2184.2, 700.9　ZY	2025.7, 998.3　ZY
2240.2, 609.0　Y	2023.4, 1012.3　Y
2315.2, 528.2　YZ	2033.0, 1022.7　YZ
2498.8, 367.9　Z	2116.3, 1037.0　Z
2688.2, 193.1　Z	

三、单线普通公路的绘制

实测公路路中线坐标,转弯处需要用圆弧线表示。

376.7, 2561.3　Z

671.6, 2404.7　Z　　　　　　　　岔路口坐标

829.1, 2321.1　ZY　　　　　　　829.1, 2321.1　ZY

1095.0, 2237.5　Y　　　　　　　1122.0, 2081.7　Y

1488.9, 2237.5　YZ　　　　　　1190.6, 1977.6　YZ

2355.5，2390.0 Z　　　　　　1295.7，1740.6 Z

（1）打开 D 盘，"学号+姓名+路桥"图形文件。

（2）"公路"图层置于当前。

（3）按实测坐标用"多段线"绘出道路中线，如图 3-13（a）所示。

（4）在命令窗口 命令: 的提示下，键盘输入"PL"，按【Enter】键。在 指定起点: 的提示下，键盘输入"829.1，2321.1"，按【Enter】键。

（5）在 指定下一点或[圆弧(A)/半宽(H)/长度(L)/放弃(U)/宽度(W)]: 的提示下，键盘输入"A"，按【Enter】键。

（6）在 指定圆弧的端点或[角度(A)/圆心(CE)/闭合(CL)/方向(D)/…/放弃(U)/宽度(W)]: 的提示下，键盘输入"D"，按【Enter】键。

（7）在 指定圆弧的起点切向: 的提示下，移动"十"字光标至路中线的延长线方向，单击鼠标确定。

（8）在 指定圆弧的端点: 的提示下，键盘输入"1122.0，2081.7"，按【Enter】键。

（9）在 指定圆弧的端点或[角度(A)/圆心(CE)/闭合(CL)/方向(D)/…/放弃(U)/宽度(W)]: 的提示下，键盘输入"1190.6，1977.6"，按【Enter】键。

（10）在 指定圆弧的端点或[角度(A)/圆心(CE)/闭合(CL)/方向(D)/…/放弃(U)/宽度(W)]: 的提示下，键盘输入"L"，按【Enter】键。

（11）在 指定下一点或[圆弧(A)/闭合(C)/半宽(H)/长度(L)/放弃(U)/宽度(W)]: 的提示下，键盘输入"1295.7，1740.6"，按【Enter】键。

（12）在 指定下一点或[圆弧(A)/闭合(C)/半宽(H)/长度(L)/放弃(U)/宽度(W)]: 的提示下，按【Enter】键，如图 3-13（b）所示。

（13）继续保存。

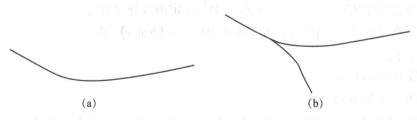

图 3-13　有"岔路"单线普通公路的绘制

四、技能训练

实测公路路中线坐标，在 D 盘"学号+姓名+路桥"图形文件，"公路"图层上绘制单线普通公路，并保存。

2355.5, 2390.0 Z	岔路口坐标
2914.5, 2488.3 ZY	2914.5, 2488.3 ZY
3414.1, 2502.9 Y	3549.9, 2721.8 Y
3861.5, 2288.3 YZ	3920.4, 2972.0 YZ
4249.0, 1888.1 Z	4436.3, 3397.2 Z

任务3 铁路的绘制

☞ 学习目标：

掌握定距等分点的绘制及多段线宽度的设置方法；能按实测坐标在指定的"图层"绘制铁路。

技 能 先 导

一、定距等分点

1. 设置点样式

"点样式"就是在绘图区所绘出"点"的形状。如果把"点"用作绘图时的定位"辅助点"，就要明显易见。

执行设置点样式命令的方法有两种，可以任选其一：

- 在下拉菜单选取：格式(O) → 点样式（P）…；
- 在键盘输入命令：DDPTYPE → 【Enter】键。

系统执行命令后，弹出"点样式"对话框，如图3-14所示。

用光标选择所需要的"点样式"，单击鼠标选中，按 确定 按钮。

2. 绘制定距等分点

定距等分点是在指定的图形对象上从起点开始按分段长度等间距创建点。

执行定距等分点命令的方法有两种，可以任选其一：

- 在下拉菜单选取：绘图(D) → 点（O）→ 定距等分（M）；
- 在键盘输入命令：MEASURE（或者ME）→ 【Enter】键。

执行命令：

(1) 命令窗口显示：

选择要定距等分的对象：

移动小方框光标到要绘制"定距等分点"的图形对象上，单击鼠标确定（被选中的图形对象变虚）。

(2) 命令窗口显示：

指定线段长度或 [块(B)]：

键盘输入要等分的长度，按【Enter】键。

在被选取的图形对象上从起点开始绘出了距离间隔相等的点。

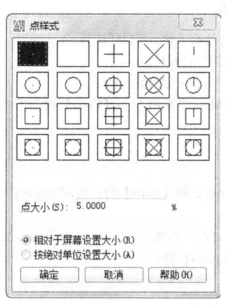

图 3-14 "点样式"对话框

技能训练：

为了便于观察"辅助点"，则把"点"设置成"×"样式。

(1) 在命令窗口 命令: 的提示下，键盘输入"DDPTYPE"，按【Enter】键。

(2) 将对话框中 ![×] 选中，按 确定 按钮。

(3) 绘制一条"直线"。

(4) 在命令窗口 命令: 的提示下，键盘输入"ME"，按【Enter】键。

(5) 在 选择要定距等分的对象: 的提示下，移动小方框光标到绘制的直线上，单击鼠标确定（被选的直线变虚线）。

(6) 在 指定线段长度或 [块(B)]: 的提示下，键盘输入"20"，按【Enter】键。

在直线上端开始绘出了距离间隔 20 的等距辅助点，如图 3-15 所示。

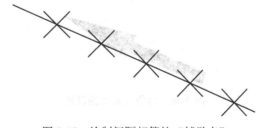

图 3-15 绘制间隔相等的"辅助点"

二、多段线宽度的设置

执行绘多段线命令的方法有三种，可以任选其一：

在工具栏中单击："绘图"图标按钮 ⤴；

在下拉菜单选取：绘图(D) → 多段线（P）；

在键盘输入命令：PLINE（或者 PL）→【Enter】键。

执行命令：

(1) 命令窗口显示：

指定起点：

键盘输入直线起点的坐标，按【Enter】键，绘图区绘出直线的起点。

(2) 命令窗口显示：

指定下一个点或 [圆弧(A)/半宽(H)/长度(L)/放弃(U)/宽度(W)]：

键盘输入"W"，按【Enter】键。

(3) 命令窗口显示：

指定起点宽度 <0.0000>：

键盘输入绘制线条起点的宽度，按【Enter】键。

(4) 命令窗口显示：

指定端点宽度 <5.0000>：

键盘输入绘制线条端点的宽度，按【Enter】键，"十"字光标拖出一条有宽度的直线。

(5) 命令窗口显示：

指定下一个点或 [圆弧(A)/半宽(H)/长度(L)/放弃(U)/宽度(W)]：

键盘输入直线终点坐标，按【Enter】键。

(6) 命令窗口显示：

指定下一点或 [圆弧(A)/闭合(C)/半宽(H)/长度(L)/放弃(U)/宽度(W)]：

按【Enter】键，绘图区绘出一条有宽度的直线。

技能训练：

绘制如图 3-16 所示的箭头。

图 3-16 多段线宽度的设置

(1) 在命令窗口 命令： 的提示下，键盘输入"PL"，按【Enter】键。

(2) 在 指定起点： 的提示下，键盘输入"97.2, 67.5"，按【Enter】键。

(3) 在 指定下一个点或[圆弧(A)/半宽(H)/长度(L)/放弃(U)/宽度(W)]: 的提示下,键盘输入 "W",按【Enter】键。

(4) 在 指定起点宽度 <0.0000>: 的提示下,键盘输入 "5",按【Enter】键。

在 指定端点宽度 <5.0000>: 的提示下,按【Enter】键。

(5) 在 指定下一个点或[圆弧(A)/半宽(H)/长度(L)/放弃(U)/宽度(W)]: 的提示下,键盘输入 "127.8,80.1",按【Enter】键。

(6) 在 指定下一点或[圆弧(A)/闭合(C)/半宽(H)/长度(L)/放弃(U)/宽度(W)]: 的提示下,键盘输入 "W",按【Enter】键。

(7) 在 指定起点宽度 <5.0000>: 的提示下,键盘输入 "10",按【Enter】键。

(8) 在 指定端点宽度 <10.0000>: 的提示下,键盘输入 "0",按【Enter】键。

(9) 在 指定下一点或[圆弧(A)/闭合(C)/半宽(H)/长度(L)/放弃(U)/宽度(W)]: 的提示下,键盘输入 "156.0,93.1",按【Enter】键。

(10) 在 指定下一点或[圆弧(A)/闭合(C)/半宽(H)/长度(L)/放弃(U)/宽度(W)]: 的提示下,按【Enter】键。

箭头绘制完毕。

工 作 流 程

一、依比例铁路的绘制

按标准铁轨(轨距为1.435m)以双线依比例尺表示,在铁轨上等距绘制垂直于铁轨的粗短直线。

铁路南侧铁轨坐标

340.0, 293.0   Z
353.7, 280.6   Z
362.7, 272.5   ZY
379.5, 261.8   Y
399.4, 255.0   YZ
413.7, 251.3   Z
425.6, 248.5   Z

(1) 打开:D盘,学号+姓名+道桥。

(2) 创建图层:铁路,红色,置于当前。

(3) 按一侧铁轨坐标,用"多段线"绘制一侧铁轨(工作流程与"公路绘制"相同)。

(4) 按照"2.87"向北偏移,绘制北侧铁轨。

(5) 按照"0.6"向铁轨两侧偏移绘制两条"辅助线"。

(6) 在命令窗口 命令: 的提示下,键盘输入 "DDPTYPE",按【Enter】键。

在对话框中选 ✕ ,按 确定 按钮。

(7) 在命令窗口 命令: 的提示下，键盘输入"ME"，按【Enter】键。

在 选择要定距等分的对象: 的提示下，移动小方框光标到最上部的"辅助线"上，单击鼠标确定。

在 指定线段长度或 [块(B)]: 的提示下，键盘输入"10"，按【Enter】键（如图 3-17（a）绘出辅助点）。

(8) 在命令窗口 命令: 的提示下，键盘输入"PL"，按【Enter】键。

在 指定起点: 的提示下，光标捕捉第一个"辅助点"（"×"节点），单击鼠标确定。

在 指定下一个点或[圆弧(A)/半宽(H)/长度(L)/放弃(U)/宽度(W)]: 的提示下，键盘输入"W"，按【Enter】键。

在 指定起点宽度 <0.0000>: 的提示下，键盘输入"0.4"，按【Enter】键。

在 指定端点宽度 <0.4000>: 的提示下，按【Enter】键。

在 指定下一个点或[圆弧(A)/半宽(H)/长度(L)/放弃(U)/宽度(W)]: 的提示下，光标向下移动，捕捉最下边"辅助线"上的垂足点，单击鼠标确定。

在 指定下一点或[圆弧(A)/闭合(C)/半宽(H)/长度(L)/放弃(U)/宽度(W)]: 的提示下，按【Enter】键，如图 3-17（b）所示。

(9) 在命令窗口 命令: 的提示下，键盘输入"PL"，按【Enter】键。

在 指定起点: 的提示下，光标捕捉第二个"辅助点"（"×"节点），单击鼠标确定。

在 指定下一个点或[圆弧(A)/半宽(H)/长度(L)/放弃(U)/宽度(W)]: 的提示下，光标向下移动，捕捉最下边"辅助线"上的垂足点，单击鼠标确定。

在 指定下一点或[圆弧(A)/闭合(C)/半宽(H)/长度(L)/放弃(U)/宽度(W)]: 的提示下，按【Enter】键。

重复操作，绘出两条"辅助线"之间的所有短直线，如图 3-17（c）所示。

(10) 在命令窗口 命令: 的提示下，直接选取所有的"辅助点"和"辅助线"，然后按【Delete】键（删除所有的"辅助点"和"辅助线"）。如图 3-17（d）所示，铁路绘制完毕。

(11) 继续保存。

二、技能训练

在 D 盘"学号+姓名+道桥"图形文件的"铁路"图层上，按实测铁路东侧铁轨坐标，绘制依比例标准铁路，并保存。

330.6, 295.7   Z
345.2, 281.5   Z
358.5, 270.3   ZY
379.2, 249.5   Y

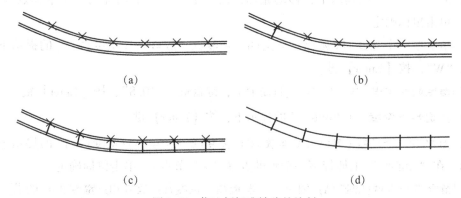

图 3-17 依比例标准铁路的绘制

393.5,227.7　YZ
404.7,199.6　Z
414.7,168.0　Z

三、半依比例铁路的绘制

中小比例尺地形图上的铁路用半依比例尺的"花线"表示,实测铁路中心线,半依比例地物符号。

实测铁路中心线坐标

3782.1,1290.6　Z
4016.9,1347.3　ZY
4295.2,1353.8　Y
4506.8,1311.1　YZ
4639.6,1281.4　Z

(1) 打开 D 盘"学号+姓名+路桥"图形文件。

(2) 创建图层:铁路,红色,置于当前。

(3) 按实测铁路中心线坐标,用"多段线"绘制铁轨"中心线"。

(4) 以"中心线"向两侧,偏移"0.4",绘制两条"辅助线"。

(5) 在命令窗口 命令: 的提示下,键盘输入"DDPTYPE",按【Enter】键。

在对话框中选 ✕ ,按 确定 按钮。

(6) 在命令窗口 命令: 的提示下,键盘输入"ME",按【Enter】键。

在 选择要定距等分的对象: 的提示下,移动小方框光标到"中心线"上,单击鼠标确定。

在 指定线段长度或 [块(B)]: 的提示下,键盘输入"10",按【Enter】键,如图 3-18(a)所示绘出"辅助点"。

(7) 在命令窗口 命令: 的提示下,键盘输入"PL",按【Enter】键。

在 |指定起点：| 的提示下，移动光标，在"中心线"上捕捉第一个辅助点（"×"节点），单击鼠标确定。

在 |指定下一个点或[圆弧(A)/半宽(H)/长度(L)/放弃(U)/宽度(W)]:| 的提示下，键盘输入"W"，按【Enter】键。

在 |指定起点宽度 <0.0000>:| 的提示下，键盘输入"0.8"，按【Enter】键。

在 |指定端点宽度 <0.8000>:| 的提示下，按【Enter】键。

在 |指定下一个点或[圆弧(A)/半宽(H)/长度(L)/放弃(U)/宽度(W)]:| 的提示下，移动光标，在"中心线"上捕捉下一个辅助点（"×"节点），单击鼠标确定。

在 |指定下一点或[圆弧(A)/闭合(C)/半宽(H)/长度(L)/放弃(U)/宽度(W)]:| 的提示下，按【Enter】键，如图 3-18（b）所示绘出短粗线。

（8）在命令窗口 |命令：| 的提示下，键盘输入"PL"，按【Enter】键。

在 |指定起点：| 的提示下，移动光标捕捉间隔一个"×"节点。

在 |指定下一个点或[圆弧(A)/半宽(H)/长度(L)/放弃(U)/宽度(W)]:| 的提示下，移动光标捕捉下一个"×"节点，单击鼠标确定。

在 |指定下一点或[圆弧(A)/闭合(C)/半宽(H)/长度(L)/放弃(U)/宽度(W)]:| 的提示下，按【Enter】键。

（9）重复（8）步操作，在"中心线"上绘出所有的间隔短粗线，如图 3-18（c）所示。

注意：铁路转弯处就不要直接捕捉下一个"×"节点，要关掉"捕捉"模式，在"中心线"上多选几点，再打开"捕捉"模式，捕捉下一个"×"节点，将"短粗线"绘制成圆弧线，如图 3-18（c）中的第二段。

（10）删除所有的"辅助点"和"中心辅助线"，如图 3-18（d）所示，铁路绘制完毕。

（11）继续保存。

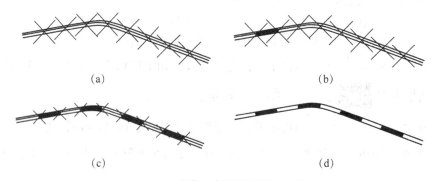

图 3-18 半依比例标准铁路的绘制

四、技能训练

在 D 盘"学号+姓名+路桥"图形文件的"铁路"图层上,按实测铁路中心线坐标,用"花线"绘制半依比例标准铁路,并保存。

2622.9,688.5   Z
2831.3,894.0   ZY
3130.2,1105.7 Y
3348.6,1186.1 YZ
3782.1,1290.6 Z

任务4 桥的绘制

☞ **学习目标:**

掌握用"构造线"等分角和"打断"线的方法。能按实测坐标在指定的图层绘制普通桥和过街天桥。

技 能 先 导

一、用"构造线"等分角

执行"绘构造线"命令的方法有三种,可以任选其一:
- 在工具栏中单击:"绘图"图标按钮 ✎ ;
- 在下拉菜单选取: 绘图(D) → 构造线(T);
- 在键盘输入命令:XLINE(或者 XL)→【Enter】键。

用"绘构造线"命令选择"二等分(B)"绘制某角的等分线。
执行命令:
(1) 命令窗口显示:

`命令:_xline 指定点或 [水平(H)/垂直(V)/角度(A)/二等分(B)/偏移(O)]:`

键盘输入"B",按【Enter】键。
(2) 命令窗口显示:

`指定角的顶点:`

"十"字光标捕捉角的顶点,单击鼠标确定。
(3) 命令窗口显示:

`指定角的起点:`

"十"字光标捕捉角一条边上的任意一点,单击鼠标确定。
(4) 命令窗口显示:

`指定角的端点:`

"十"字光标捕捉角另一条边上的任意一点,单击鼠标确定。
(5) 命令窗口显示:

指定角的起点：

按【Enter】键，即绘出一条无穷长的通过角顶点的角等分线。

技能训练：

用"绘构造线"命令绘制指定角的等分辅助线。

(1) 用"多段线"或者"直线"命令绘一条折线 ABC，如图 3-19（a）所示。

(2) 用"构造线"命令

在 指定点或 [水平(H)/垂直(V)/角度(A)/二等分(B)/偏移(O)]： 的提示下，键盘输入"B"，按【Enter】键。

(3) 在 指定角的顶点： 的提示下，"十"字光标捕捉"B"点，单击鼠标确定。

(4) 在 指定角的起点： 的提示下，"十"字光标捕捉"A"点，单击鼠标确定。

(5) 在 指定角的端点： 的提示下，"十"字光标捕捉"C"点，单击鼠标确定。

(6) 在 指定角的起点： 的提示下，按【Enter】键。

∠ABC 的等分辅助线绘制完毕，如图 3-19（b）所示。

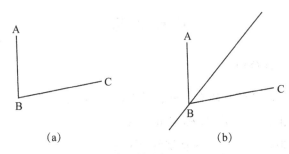

图 3-19　角的等分辅助线的绘制

二、"打断"对象

将一个线条图形在一个指定点处打断，分成两个线条图形。

执行"打断于点"命令的方法是：在工具栏中单击："修改"图标按钮 ▢。

执行命令：

(1) 命令窗口显示：

命令：_break 选择对象

移动小方框光标到要"打断"的线条上，单击鼠标确定。

(2) 命令窗口显示：

指定第一个打断点：

移动"十"字光标捕捉要"打断"的点，单击鼠标确定。

技能训练：

① 绘制一条直线，如图 3-20（a）所示。

② 选取它观察，是一个对象，如图 3-20（b）所示，按【Esc】键，取消"选取"。

③ 在命令窗口 命令: 的提示下,在"修改"工具栏中单击 图标按钮。

④ 在 命令:_break 选择对象 的提示下,移动小方框光标到直线上,单击鼠标确定。

⑤ 在 指定第一个打断点: 的提示下,移动"十"字光标捕捉直线上的一个点(在此点,将直线断开),单击鼠标确定。

⑥ 选取,观察,直线分成了两个对象,如图3-20(c)所示。

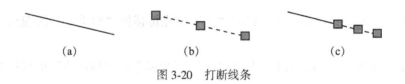

图 3-20 打断线条

工 作 流 程

地形图上普通桥的表示如图3-21所示,图3-21(a)为依比例绘制的,图3-21(b)为半依比例或不依比例绘制的。

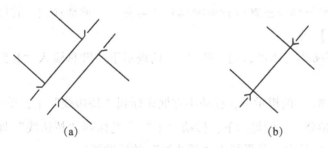

图 3-21 普通桥在地形图上的表示

一、依比例普通桥的绘制

在桥的两边实测了三点坐标:

桥一侧:(2406.4,481.9)和(2388.6,461.5);

桥另一侧:(2395.3,455.6)。

(1)打开D盘"学号+姓名+路桥"图形文件。

(2)创建图层:桥,黄色,设置当前。

(3)在命令窗口 命令: 的提示下,键盘输入"L",按【Enter】键。

在 指定第一点: 的提示下,键盘输入"2406.4,481.9",按【Enter】键。

在 指定下一点或 [放弃(U)]: 的提示下,键盘输入"2388.6,461.5",按【Enter】键(按实测坐标绘出桥一侧的"桥边线")。

在 指定下一点或 [放弃(U)]: 的提示下,按【Enter】键。

(4) 打开 对象捕捉 和 对象追踪，在所绘的"桥边线"两端绘短垂线，如图 3-22（a）所示。

(5) 在命令窗口 命令: 的提示下，键盘输入"XL"，按【Enter】键。

在 指定点或 [水平(H)/垂直(V)/角度(A)/二等分(B)/偏移(O)]: 的提示下，键盘输入"B"，按【Enter】键。

在 指定角的顶点: 的提示下，移动"十"字光标捕捉"桥边线"一个端点，单击鼠标确定。

在 指定角的起点: 的提示下，移动"十"字光标捕捉"短垂线"的端点，单击鼠标确定。

在 指定角的端点: 的提示下，移动"十"字光标追踪"桥边线"的延长线，单击鼠标确定。

在 指定角的端点: 的提示下，按【Enter】键。绘出一个"外角"的"角等分辅助线"。

用同样的操作流程，绘出"桥边线"另一端点"外角"的"角等分辅助线"，如图 3-22（b）所示。

(6) 在命令窗口 命令: 的提示下，键盘输入"XL"，按【Enter】键。

在 指定点或 [水平(H)/垂直(V)/角度(A)/二等分(B)/偏移(O)]: 的提示下，键盘输入"O"，按【Enter】键。

在 指定偏移距离或 [通过(T)] <通过>: 的提示下，键盘输入"1.5"，按【Enter】键。

在 选择直线对象: 的提示下，移动小方框光标到"桥边线"上，单击鼠标确定。

在 指定向哪侧偏移: 的提示下，移动"十"字光标到"桥边线"外侧，单击鼠标确定（如图 3-22（c）绘出一条平行于"桥边线"的辅助线）。

在 选择直线对象: 的提示下，按【Esc】键。

(7) 在命令窗口 命令: 的提示下，鼠标单击"修改"工具栏中的 -/- 图标按钮。

在 选择对象或 <全部选择>: 的提示下，移动小方框光标到"桥边线"上，单击鼠标确定。

在 选择对象: 的提示下，移动小方框光标到平行于"桥边线"的辅助线上，单击鼠标确定。

在 选择对象: 的提示下，按【Enter】键。

在 选择要修剪的对象，或按住 Shift 键选择要延伸的对象，或 [栏选(F)/窗交(C)/投影(P)/边(E)/删除(R)/放弃(U)]: 的提示下，分别移动小方框光标到两条"角等分辅助线"的两边上（"桥边线"和平行于"桥边线"的辅助线外侧），单击鼠标确定，剪掉多余的"角等分辅助线"，如图 3-22（d）所示。

在 选择要修剪的对象，或按住 Shift 键选择要延伸的对象，或 [栏选(F)/窗交(C)/投影(P)/边(E)/删除(R)/放弃(U)]: 的提示下，按

【Enter】键。

(8) 在命令窗口 |命令:| 的提示下，光标直接选取平行于"桥边线"的辅助线和两条"桥边线"两端的短垂线，按【Delete】键。删除所有的"辅助线"和短垂线，如图3-22 (e) 所示。

(9) 用"编辑多段线"功能，将"折线"合并成一体，绘出一侧"桥符号"。

(10) 在命令窗口 |命令:| 的提示下，键盘输入"CO"，按【Enter】键。

在 |选择对象:| 的提示下，移动小方框光标到绘出的"桥符号"上，单击鼠标确定。

在 |选择对象:| 的提示下，按【Enter】键。

在 |指定基点或 [位移(D)] <位移>:| 的提示下，移动"十"字光标捕捉"桥符号"的一个"折点"，单击鼠标确定。

在 |指定第二个点或 <使用第一个点作为位移>:| 的提示下，键盘输入"2395.3, 455.6"，按【Enter】键。

在 |指定第二个点或 [退出(E)/放弃(U)] <退出>:| 的提示下，按【Enter】键，如图3-22 (f) 所示，同方向复制出桥另一侧的"桥符号"。

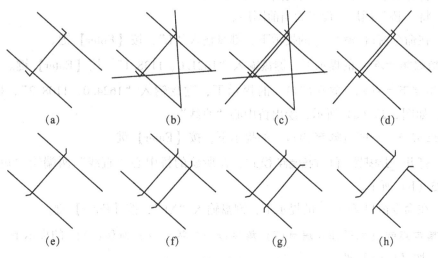

图3-22 依比例桥的绘制

(11) 在命令窗口 |命令:| 的提示下，鼠标单击"修改"工具栏中的 ⚏ 图标按钮。

在 |选择对象:| 的提示下，移动小方框光标到复制的"桥符号"上，单击鼠标确定。

在 |选择对象:| 的提示下，按【Enter】键。

在 |指定镜像线的第一点:| 的提示下，移动"十"字光标捕捉复制的"桥符号"上的一个"折点"，单击鼠标确定。

在 |指定镜像线的第二点:| 的提示下，移动"十"字光标捕捉复制的"桥符号"的另一个"折点"，单击鼠标确定。

在 |要删除源对象吗？[是(Y)/否(N)] <N>:| 的提示下，键盘输入"Y"，按【Enter】键。操作结束，绘出实测依比例桥，如图 3-22（g）所示。

（12）将"道路"相对"桥符号"进行"修剪"，如图 3-22（h）所示。

（13）继续保存。

二、技能训练

打开 D 盘"学号+姓名+道桥"图形文件，创建"桥、黄色"图层，并设置当前，按实测桥两侧的坐标，绘制普通桥符号，并保存。

（1）桥一侧测两点（341.7，300.5），（313.0，328.3），另一侧测一点（299.8，314.7）。

（2）桥一侧测两点（200.1，200.4），（188.9，188.9），另一侧测一点（206.7，172.7）。

三、半依比例普通桥的绘制

在桥的两端中心线上实测了两点坐标（1621.0，1138.1）和（1624.0，1108.2）。

（1）打开 D 盘"学号+姓名+路桥"图形文件。

（2）将"桥"图层，设置为当前图层。

（3）在命令窗口 |命令:| 的提示下，键盘输入"L"，按【Enter】键。

在 |指定第一点:| 的提示下，键盘输入"1621.0，1138.1"，按【Enter】键。

在 |指定下一点或 [放弃(U)]:| 的提示下，键盘输入"1624.0，1108.2"，按【Enter】键，如图 3-23（a）所示，绘出桥中心"直线"。

在 |指定下一点或 [放弃(U)]:| 的提示下，按【Enter】键。

（4）打开 |对象捕捉| 和 |对象追踪| 模式，在所绘的桥中心"直线"两端绘"短垂线"，如图 3-23（b）所示。

（5）在命令窗口 |命令:| 的提示下，键盘输入"XL"，按【Enter】键。

在 |指定点或 [水平(H)/垂直(V)/角度(A)/二等分(B)/偏移(O)]:| 的提示下，键盘输入"B"，按【Enter】键。

在 |指定角的顶点:| 的提示下，移动"十"字光标捕捉桥中心"直线"的一个端点，单击鼠标确定。

在 |指定角的起点:| 的提示下，移动"十"字光标捕捉"短垂线"端点，单击鼠标确定。

在 |指定角的端点:| 的提示下，移动"十"字光标追踪桥中心"直线"的延长线，单击鼠标确定（绘出一个"外角"的"角等分辅助线"）。

在 |指定角的端点:| 的提示下，移动"十"字光标捕捉桥中心"直线"的另一个端点，单击鼠标确定（绘出这个"内角"的"角等分辅助线"）。

在 |指定角的端点:| 的提示下，按【Enter】键，如图 3-23（c）所示。

用同样的操作流程，再绘出桥中心"直线"另一端点"内外角"的"角等分辅助线"，如图3-23（d）所示。

（6）在命令窗口 命令: 的提示下，键盘输入"XL"，按【Enter】键。

在 指定点或 [水平(H)/垂直(V)/角度(A)/二等分(B)/偏移(O)]: 的提示下，键盘输入"O"，按【Enter】键。

在 指定偏移距离或 [通过(T)] <通过>: 的提示下，键盘输入"1.5"，按【Enter】键。

在 选择直线对象: 的提示下，移动小方框光标到桥中心"直线"上，单击鼠标确定。

在 指定向哪侧偏移: 的提示下，移动"十"字光标到桥中心"直线"一侧，单击鼠标确定。

在 选择直线对象: 的提示下，移动小方框光标到桥中心"直线"上，单击鼠标确定。

在 指定向哪侧偏移: 的提示下，移动"十"字光标到桥中心"直线"另一侧，单击鼠标确定。

在 选择直线对象: 的提示下，按【Esc】键，如图3-23（e）所示，绘出两条平行于桥中心"直线"的"辅助线"。

（7）在桥中心"直线"两端的外侧，分别用"多段线"将一条"角等分辅助线"和一条"辅助线"的交点、桥中心"直线"端点、另外一条"角等分辅助线"和另一条"辅助线"的交点相连，绘出桥的符号。

（8）删掉所有的"辅助线"和短垂线，如图3-23（f）所示。

（9）继续保存。

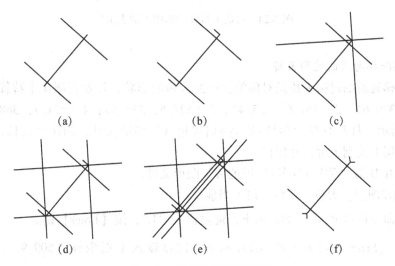

图3-23 半依比例桥的绘制

四、技能训练

(1) 打开 D 盘"学号+姓名+路桥"图形文件。
(2) 将"桥"图层设置当前。
(3) 按实测桥中心的坐标,绘制半依比例普通桥。
① (2204.6, 2363.4) 和 (2426.9, 2402.6)
② (3663.5, 2789.6) 和 (3813.0, 2890.3)
(4) 保存。

五、不依比例普通桥的绘制

当桥较小时,外业只实测桥的一个端点坐标或者一个桥中心点坐标,地形图上用不依比例符号表示。不依比例桥的绘制流程与半依比例普通桥的绘制流程相同,桥中心直线的走向垂直于所跨地物或者顺着通过桥的道路,长度只要超过所跨的地物即可。

六、过街天桥的绘制

地形图上过街天桥的表示如图 3-24 所示。

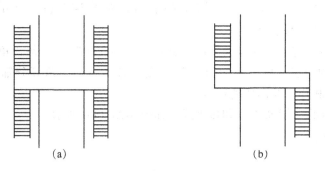

图 3-24 过街天桥在地形图上的表示

1. 双侧阶梯通道的过街天桥

双侧阶梯通道的过街天桥是对称的,按照天桥的形状,外业实测 4 个特征点的坐标:1 (509.9, 330.6); 2 (551.6, 325.4); 3 (527.5, 334.5); 4 (531.7, 368.2),如图 3-25 (a) 所示。打开 D 盘"学号+姓名+居民地 A"图形文件,创建"天桥,黄色"图层,在此图层上绘制天桥,并保存。

(1) 打开 D 盘"学号+姓名+居民地 A"图形文件。
(2) 创建图层:天桥,黄色,设置当前。
(3) 在命令窗口 命令: 的提示下,键盘输入"L",按【Enter】键。

在 命令:_line 指定第一点: 的提示下,键盘输入 1 点坐标"509.9, 330.6",按【Enter】键。

在 指定下一点或 [放弃(U)]: 的提示下,键盘输入 2 点坐标"551.6, 325.4",按

【Enter】键。

在|指定下一点或 [放弃(U)]:|的提示下，按【Enter】键。

（4）在命令窗口|命令:|的提示下，键盘输入"L"，按【Enter】键。

在|命令:_line 指定第一点:|的提示下，键盘输入 3 点坐标"527.5，334.5"，按【Enter】键。

在|指定下一点或 [放弃(U)]:|的提示下，键盘输入 4 点坐标"531.7，368.2"，按【Enter】键。

在|指定下一点或 [放弃(U)]:|的提示下，按【Enter】键，如图 3-25（b）绘出"12 直线"和"34 直线"。

（5）在命令窗口|命令:|的提示下，鼠标单击"修改"工具栏中的 ⚬ 图标按钮。

在|指定偏移距离或 [通过(T)/删除(E)/图层(L)]<通过>:|的提示下，键盘输入"T"，按【Enter】键。

在|选择要偏移的对象、或 [退出(E)/放弃(U)] <退出>:|的提示下，移动小方框光标到"12 直线"上，单击鼠标确定。

在|指定通过点或 [退出(E)/多个(M)/放弃(U)] <退出>:|的提示下，移动"十"字光标捕捉"34 直线"的"3 端点"，单击鼠标确定。

在|选择要偏移的对象、或 [退出(E)/放弃(U)] <退出>:|的提示下，按【Enter】键，如图 3-25（c）绘出"12 直线"的"偏移直线"。

（6）在命令窗口|命令:|的提示下，键盘输入"L"，按【Enter】键。

在|命令:_line 指定第一点:|的提示下，移动"十"字光标捕捉"12 直线"的"1 端点"，单击鼠标确定。

在|指定下一点或 [放弃(U)]:|的提示下，移动"十"字光标捕捉"偏移直线"的（1 点这端）端点，单击鼠标确定。

在|指定下一点或 [放弃(U)]:|的提示下，按【Enter】键，如图 3-25（d）绘出"端点直线"。

（7）在命令窗口|命令:|的提示下，鼠标单击"修改"工具栏中的 ✥ 图标按钮。

在|选择对象:|的提示下，移动光标到"端点直线"上，单击鼠标确定。

在|选择对象:|的提示下，按【Enter】键。

在|指定基点或 [位移(D)]<位移>:|的提示下，移动"十"字光标捕捉"34 直线"的"3 端点"，单击鼠标确定。

在|指定第二个点或 <使用第一个点作为位移>:|的提示下，移动"十"字光标捕捉"偏移直线"的另一个"端点"，单击鼠标确定，如图 3-25（e）将"端点直线"平移到中部。

（8）在命令窗口|命令:|的提示下，鼠标单击"修改"工具栏中的 ⊸ 图标按钮。

在|选择对象或 <全部选择>:|的提示下，移动小方框光标到移动后的"端点直线"

上，单击鼠标确定。

在 |选择对象:| 的提示下，移动小方框光标到"34 直线"上，单击鼠标确定。

在 |选择对象:| 的提示下，按【Enter】键。

在 |选择要修剪的对象，或按住 Shift 键选择要延伸的对象，或 [栏选(F)/窗交(C)/投影(P)/边(E)/删除(R)/放弃(U)]:| 的提示下，移动小方框光标到"偏移直线"的中部，单击鼠标，如图 3-25（f）将"偏移直线"中间部分剪掉。

在 |选择要修剪的对象，或按住 Shift 键选择要延伸的对象，或 [栏选(F)/窗交(C)/投影(P)/边(E)/删除(R)/放弃(U)]:| 的提示下，按【Enter】键。

（9）在命令窗口 |命令:| 的提示下，键盘输入"L"，按【Enter】键。

在 |命令: _line 指定第一点:| 的提示下，移动"十"字光标捕捉移动后"端点直线"的"内端点"，单击鼠标确定。

在 |指定下一点或 [放弃(U)]:| 的提示下，移动"十"字光标追踪"34 直线"的"平行线∥"、"中点△"及"垂足┗"，单击鼠标确定。

在 |指定下一点或 [放弃(U)]:| 的提示下，按【Enter】键，如图 3-25（g）绘出天桥的一半"边线"。

（10）在命令窗口 |命令:| 的提示下，键盘输入"DDPTYPE"，按【Enter】键。

将对话框中 |☒| 选中，按 |确定| 按钮。

在命令窗口 |命令:| 的提示下，键盘输入"ME"，按【Enter】键。

在 |选择要定距等分的对象:| 的提示下，移动小方框光标到半条"偏移直线"上（靠桥身一侧），单击鼠标确定。

在 |指定线段长度或 [块(B)]:| 的提示下，键盘输入"2"，按【Enter】键。

在命令窗口 |命令:| 的提示下，键盘输入"ME"，按【Enter】键。

在 |选择要定距等分的对象:| 的提示下，移动小方框光标到另半条"偏移直线"上（靠桥身一侧），单击鼠标确定。

在 |指定线段长度或 [块(B)]:| 的提示下，键盘输入"2"，按【Enter】键，在"偏移直线"上绘出"定距辅助点"，如图 3-25（h）所示。

（11）在命令窗口 |命令:| 的提示下，键盘输入"L"，按【Enter】键。

在 |命令: _line 指定第一点:| 的提示下，移动"十"字光标捕捉一个"定距辅助点"，单击鼠标确定。

在 |指定下一点或 [放弃(U)]:| 的提示下，移动"十"字光标捕捉"12 直线"的"垂足点"，单击鼠标确定（绘出一条"阶梯线"）。

在 |指定下一点或 [放弃(U)]:| 的提示下，按【Enter】键。

重复操作，绘出所有的"阶梯线"，如图 3-25（i）所示。

（12）在命令窗口 |命令：| 的提示下，删除所有的"定距辅助点"，如图 3-25（j）所示。

（13）在命令窗口 |命令：| 的提示下，鼠标单击"修改"工具栏中的 ⚐ 图标按钮。

在 |选择对象：| 的提示下，移动小方框光标"框选"除了"34 直线"以外的所有对象，单击鼠标确定，如图 3-25（k）所示。

在 |选择对象：| 的提示下，按【Enter】键。

在 |指定镜像线的第一点：| 的提示下，移动"十"字光标捕捉"34 直线"的中点，单击鼠标确定。

在 |指定镜像线的第二点：| 的提示下，移动"十"字光标捕捉天桥一半"边线"的内端点，单击鼠标确定。

在 |要删除源对象吗？[是(Y)/否(N)] <N>：| 的提示下，按【Enter】键，如图 3-25（l）所示。

（14）用"编辑多段线"功能分别将天桥内边线进行合并。

（15）继续保存。

如图 3-25（l）所示，双侧阶梯通道过街天桥绘制完毕。

2. 单侧阶梯通道的过街天桥

按照单侧阶梯通道过街天桥的形状，外业实测 5 个特征点的坐标：1（599.2，497.6），2（617.9，529.5），3（514.8，589.7），4（544.2，638.5），5（559.7，629.5），如图 3-26（a）所示。打开 D 盘"学号+姓名+居民地 B"图形文件，创建"天桥，黄色"图层，在此图层上绘制天桥，并保存。

（1）打开 D 盘"学号+姓名+居民地 B"图形文件。

（2）创建图层：天桥，黄色，设置当前。

（3）在命令窗口 |命令：| 的提示下，键盘输入"PL"，按【Enter】键。

在 |指定起点：| 的提示下，键盘输入"599.2，497.6"，按【Enter】键。

在 |指定下一点或[圆弧(A)/半宽(H)/长度(L)/放弃(U)/宽度(W)]：| 的提示下，键盘输入"617.9，529.5"，按【Enter】键。

在 |指定下一点或[圆弧(A)/闭合(C)/半宽(H)/长度(L)/放弃(U)/宽度(W)]：| 的提示下，键盘输入"514.8，589.7"，按【Enter】键。

在 |指定下一点或[圆弧(A)/闭合(C)/半宽(H)/长度(L)/放弃(U)/宽度(W)]：| 的提示下，键盘输入"544.2，638.5"，按【Enter】键。

在 |指定下一点或[圆弧(A)/闭合(C)/半宽(H)/长度(L)/放弃(U)/宽度(W)]：| 的提示下，按【Enter】键，如图 3-26（b）绘出天桥轮廓线。

（4）在命令窗口 |命令：| 的提示下，用鼠标单击"修改"工具栏中的 ⚐ 图标按钮。

在 |指定偏移距离或 [通过(T)/删除(E)/图层(L)] <通过>：| 的提示下，键盘输入"T"，按【Enter】键。

在 |选择要偏移的对象，或 [退出(E)/放弃(U)] <退出>：| 的提示下，移动小方框光

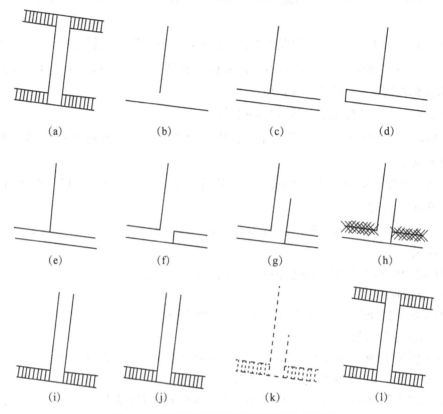

图 3-25 双侧阶梯通道过街天桥的绘制流程

标到绘出的天桥轮廓线上,鼠标单击确定。

在 |指定通过点或 [退出(E)/多个(M)/放弃(U)] <退出>:| 的提示下,键盘输入 "559.7,629.5",按【Enter】键。

在 |选择要偏移的对象,或 [退出(E)/放弃(U)] <退出>:| 的提示下,按【Enter】键。绘出天桥另一侧轮廓线,如图 3-26(c)所示。

(5) 在命令窗口 |命令:| 的提示下,鼠标单击"修改"工具栏中的 ☐ 图标按钮。

在 |命令: _break 选择对象| 的提示下,移动小方框光标到天桥轮廓线上,单击鼠标确定。

在 |指定第一个打断点:| 的提示下,移动"十"字光标捕捉"内转折点"(图 3-26(d)"十"字处),单击鼠标确定(轮廓线在此点被剪断)。

(6) 在命令窗口 |命令:| 的提示下,鼠标单击"修改"工具栏中的 ☐ 图标按钮。

在 |命令: _break 选择对象| 的提示下,移动小方框光标到另一条天桥轮廓线上,单击鼠标确定。

在 |指定第一个打断点:| 的提示下,移动"十"字光标捕捉"内转折点"(图 3-26(d)另一个"十"字处),单击鼠标确定(另一条轮廓线在此转折点也被剪断)。

(7) 在命令窗口 |命令:| 的提示下，键盘输入"DDPTYPE"，按【Enter】键。

在对话框中选 ▨，按 [确定] 按钮。

(8) 在命令窗口 |命令:| 的提示下，键盘输入"ME"，按【Enter】键。

在 |选择要定距等分的对象:| 的提示下，移动小方框光标到"被剪"的那段轮廓线上（靠桥身那边），单击鼠标确定。

在 |指定线段长度或 [块(B)]:| 的提示下，键盘输入"2"，按【Enter】键。在天桥轮廓线上绘出"定距辅助点"，如图3-26（e）所示。

(9) 在命令窗口 |命令:| 的提示下，键盘输入"ME"，按【Enter】键。

在 |选择要定距等分的对象:| 的提示下，移动小方框光标到另一侧"被剪"的那段轮廓线上（靠桥身那边），单击鼠标确定。

在 |指定线段长度或 [块(B)]:| 的提示下，键盘输入"2"，按【Enter】键。在另一侧天桥轮廓线上绘出"定距辅助点"，如图3-26（e）所示。

(10) 在命令窗口 |命令:| 的提示下，键盘输入"L"，按【Enter】键。

在 |命令: _line 指定第一点:| 的提示下，光标捕捉第一个"辅助点"，单击鼠标确定。

在 |指定下一点或 [放弃(U)]:| 的提示下，移动光标向另一侧轮廓线靠近，捕捉"垂足"点，直至出现"垂足"标记 ⌐，单击鼠标确定。绘出一条"阶梯线"。

在 |指定下一点或 [放弃(U)]:| 的提示下，按【Enter】键。

重复步骤（10），在轮廓线上绘出所有的"阶梯线"，如图3-26（f）所示。

(11) 删除所有的"定距辅助点"，如图3-26（g）所示。

(12) 用"编辑多段线"功能，分别将天桥轮廓线合并。

(13) "修剪"路面，将道路在天桥桥面上断开（图3-26（h）），过街天桥绘制完毕。

(14) 继续保存。

七、技能训练

1. 绘制双侧阶梯通道过街天桥

(1) 打开D盘"学号+姓名+居民地B"图形文件。

(2) 将"天桥"图层设置为当前。

(3) 按实测坐标（位置如图3-25（a）所示）绘制双侧阶梯通道过街天桥。

1（858.2，913.6）

2（896.9，981.3）

3（858.7，946.7）

4（771.2，996.6）

(4) 保存。

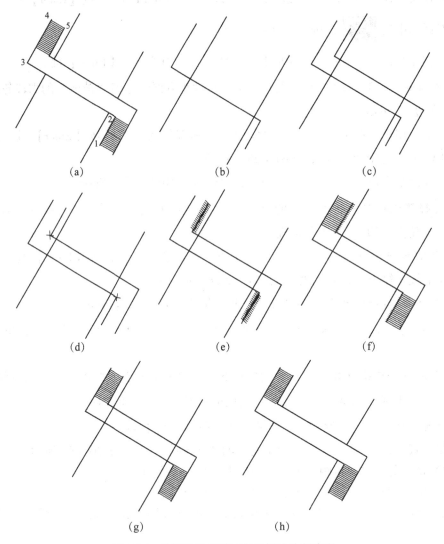

图 3-26 单侧阶梯通道过街天桥的绘制流程

2. 绘制单侧阶梯通道过街天桥
(1) 打开 D 盘 "学号+姓名+居民地 A" 图形文件。
(2) 将 "天桥" 图层设置当前。
(3) 按实测坐标(位置如图 3-26 (a) 所示)绘制单侧阶梯通道过街天桥。
1 (850.4, 291.7)
2 (833.5, 293.8)
3 (839.7, 343.5)
4 (810.9, 347.0)
5 (809.6, 337.1)
(4) 保存。

项目三　水系的绘制

任务1　河流的绘制

☞ 学习目标：

掌握样条曲线的绘制方法。能按实测坐标用"样条曲线"在指定的"图层"绘制河流。

技能先导：样条曲线的绘制

执行绘制样条曲线命令的方法有三种，可以任选其一：
- 在工具栏中单击："绘图"图标按钮 ～；
- 在下拉菜单选取：绘图(D) → 样条曲线(S)；
- 在键盘输入命令：SPLINE（或者 SPL）→【Enter】键。

执行命令：

(1) 命令窗口显示：

指定第一个点或 [对象(O)]:

键盘输入曲线起点的坐标，按【Enter】键，绘图区绘出曲线的起点。

(2) 命令窗口显示：

指定下一点：

键盘输入下一个曲线点坐标，按【Enter】键，绘图区绘出一条活动的曲线。

(3) 命令窗口显示：

指定下一点或 [闭合(C)/拟合公差(F)] <起点切向>:

键盘输入下一个曲线点坐标，按【Enter】键，绘图区绘出一条连续的活动曲线。

(4) 命令窗口显示：

指定下一点或 [闭合(C)/拟合公差(F)] <起点切向>:

键盘继续输入下一个曲线点坐标，按【Enter】键。

在命令窗口的提示下，继续输入曲线点坐标，直至曲线终点。

(5) 命令窗口显示：

指定下一点或 [闭合(C)/拟合公差(F)] <起点切向>:

按【Enter】键，绘图区绘出一条连续的活动曲线。

(6) 命令窗口显示：

指定起点切向:

曲线起点拉出一条直线，移动"十"字光标，曲线在活动，直至曲线的形状满意，单击鼠标确定。

（7）命令窗口显示：

指定端点切向:

曲线终点拉出一条直线，移动"十"字光标，曲线在活动，直至曲线的形状满意，单击鼠标确定。

曲线绘制完毕。

技能训练：

根据如下坐标，绘制曲线。

152.9，1684.6
724.3，1526.1
1443.9，1642.4
1581.5，2001.8
2354.0，1980.6
2946.5，1589.5
3719.0，1800.9

（1）选择执行绘制样条曲线命令的三种方法之一。

（2）在 指定第一个点或 [对象(O)]: 的提示下，键盘输入"152.9，1684.6"，按【Enter】键。

（3）在 指定下一点: 的提示下，键盘输入"724.3，1526.1"，按【Enter】键。

（4）在 指定下一点或 [闭合(C)/拟合公差(F)] <起点切向>: 的提示下，键盘输入"1443.9，1642.4"，按【Enter】键。

（5）在 指定下一点或 [闭合(C)/拟合公差(F)] <起点切向>: 的提示下，键盘输入"1581.5，2001.8"，按【Enter】键。

在 指定下一点或 [闭合(C)/拟合公差(F)] <起点切向>: 的提示下，键盘输入"2354.0，1980.6"，按【Enter】键。

在 指定下一点或 [闭合(C)/拟合公差(F)] <起点切向>: 的提示下，键盘输入"2946.5，1589.5"，按【Enter】键。

在 指定下一点或 [闭合(C)/拟合公差(F)] <起点切向>: 的提示下，键盘输入"3719.0，1800.9"，按【Enter】键。

（6）在 指定下一点或 [闭合(C)/拟合公差(F)] <起点切向>: 的提示下，按【Enter】键。

（7）在 指定起点切向: 的提示下，移动"十"字光标，使曲线起点拉出的直线顺向曲线的方向，单击鼠标确定。

（8）在 指定端点切向: 的提示下，移动"十"字光标，使曲线终点拉出的直线顺向曲线的方向，单击鼠标确定。

曲线绘制完毕，如图 4-1 所示。

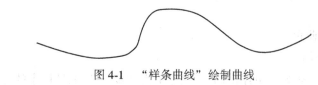

图 4-1 "样条曲线"绘制曲线

工 作 流 程

一、双线河流的绘制

在大比例尺地形图中，河流是按比例实测两侧的水涯线特征点，将所测的特征点坐标按河流两侧的实际情况分别连接成光滑的曲线即可。

实测陆家河两岸水涯线坐标，打开 D 盘 "学号+姓名+路桥"图形文件，创建"水系，蓝色"图层，在此图层上绘制河流，并保存。

陆家河一岸水涯线坐标

4659.9，2594.1
4890.5，2692.5
5331.1，2587.0
5512.6，2423.5
5697.6，2179.8
6033.9，2238.7
6319.7，2339.5
6773.7，2465.6
7353.8，2398.3
8152.5，2146.2
8656.9，2398.3

另岸水涯线坐标

4655.5，2654.4
4945.3，2743.4
5316.9，2642.1
5762.8，2338.2
6323.6，2459.7
6843.9，2554.3
7668.2，2493.5
8276.2，2689.3
8494.5，2899.5
8619.5，3112.4

8781.7,3326.5

1. 打开文件

D盘"学号+姓名+路桥"图形文件。

2. 创建图层

图层名：水系，蓝色。

3. 先绘出河流一侧

(1) 在命令窗口 |命令：| 的提示下，鼠标单击"绘图"工具栏中的 |~| 图标按钮。

(2) 在|指定第一个点或 [对象(O)]:| 的提示下，键盘输入"4659.9，2594.1"，按【Enter】键。

(3) 在|指定下一点:| 的提示下，键盘输入"4890.5，2692.5"，按【Enter】键。

(4) 在|指定下一点或 [闭合(C)/拟合公差(F)] <起点切向>:| 的提示下，键盘输入"5331.1，2587.0"，按【Enter】键。

(5) 在|指定下一点或 [闭合(C)/拟合公差(F)] <起点切向>:| 的提示下，键盘输入"5512.6，2423.5"，按【Enter】键。

(6) 在|指定下一点或 [闭合(C)/拟合公差(F)] <起点切向>:| 的提示下，键盘输入"5697.6，2179.8"，按【Enter】键。

(7) 在|指定下一点或 [闭合(C)/拟合公差(F)] <起点切向>:| 的提示下，键盘输入"6033.9，2238.7"，按【Enter】键。

(8) 在|指定下一点或 [闭合(C)/拟合公差(F)] <起点切向>:| 的提示下，键盘输入"6319.7，2339.5"，按【Enter】键。

(9) 在|指定下一点或 [闭合(C)/拟合公差(F)] <起点切向>:| 的提示下，键盘输入"6773.7，2465.6"，按【Enter】键。

(10) 在|指定下一点或 [闭合(C)/拟合公差(F)] <起点切向>:| 的提示下，键盘输入"7353.8，2398.3"，按【Enter】键。

(11) 在|指定下一点或 [闭合(C)/拟合公差(F)] <起点切向>:| 的提示下，键盘输入"8152.5，2146.2"，按【Enter】键。

(12) 在|指定下一点或 [闭合(C)/拟合公差(F)] <起点切向>:| 的提示下，键盘输入"8656.9，2398.3"，按【Enter】键。

(13) 在|指定下一点或 [闭合(C)/拟合公差(F)] <起点切向>:| 的提示下，按【Enter】键。

(14) 在|指定起点切向:| 的提示下，移动"十"字光标，使曲线起点拉出的直线顺向曲线的方向，单击鼠标确定。

(15) 在|指定端点切向:| 的提示下，移动"十"字光标，使曲线终点拉出的直线顺向曲线的方向，单击鼠标确定。

绘制结束，绘出河流的一侧，如图4-2（a）所示。

(16) 保存。

4. 再绘制河流的另一侧

（1）在命令窗口 |命令:| 的提示下，鼠标单击"绘图"工具栏中的 ～ 图标按钮。

（2）在 |指定第一个点或 [对象(O)]:| 的提示下，键盘输入"4655.5，2654.4"，按【Enter】键。

（3）在 |指定下一点:| 的提示下，键盘输入"4945.3，2743.4"，按【Enter】键。

（4）在 |指定下一点或 [闭合(C)/拟合公差(F)] <起点切向>:| 的提示下，键盘输入"5316.9，2642.1"，按【Enter】键。

（5）在 |指定下一点或 [闭合(C)/拟合公差(F)] <起点切向>:| 的提示下，键盘输入"5762.8，2338.2"，按【Enter】键。

（6）在 |指定下一点或 [闭合(C)/拟合公差(F)] <起点切向>:| 的提示下，键盘输入"6323.6，2459.7"，按【Enter】键。

（7）在 |指定下一点或 [闭合(C)/拟合公差(F)] <起点切向>:| 的提示下，键盘输入"6843.9，2554.3"，按【Enter】键。

（8）在 |指定下一点或 [闭合(C)/拟合公差(F)] <起点切向>:| 的提示下，键盘输入"7668.2，2493.5"，按【Enter】键。

（9）在 |指定下一点或 [闭合(C)/拟合公差(F)] <起点切向>:| 的提示下，键盘输入"8276.2，2689.3"，按【Enter】键。

（10）在 |指定下一点或 [闭合(C)/拟合公差(F)] <起点切向>:| 的提示下，键盘输入"8494.5，2899.5"，按【Enter】键。

（11）在 |指定下一点或 [闭合(C)/拟合公差(F)] <起点切向>:| 的提示下，键盘输入"8619.5，3112.4"，按【Enter】键。

（12）在 |指定下一点或 [闭合(C)/拟合公差(F)] <起点切向>:| 的提示下，键盘输入"8781.7，3326.5"，按【Enter】键。

（13）在 |指定下一点或 [闭合(C)/拟合公差(F)] <起点切向>:| 的提示下，按【Enter】键。

（14）在 |指定起点切向:| 的提示下，移动"十"字光标，使曲线起点拉出的直线顺向曲线的方向，单击鼠标确定。

（15）在 |指定端点切向:| 的提示下，移动"十"字光标，使曲线终点拉出的直线顺向曲线的方向，单击鼠标确定。

绘制结束，绘出河流的另一侧，如图4-2（b）所示。

5. 注记

屈曲字列，注记"陆家河"，如图4-2（b）所示。

6. 保存

继续保存。双线河流绘制结束，如图4-2（b）所示。

二、技能训练

实测河流两岸水涯线坐标，打开D盘"学号+姓名+路桥"图形文件，在"水系"图

图 4-2 双线河流的绘制

层上，绘制河流，屈曲字列，注记"陆家河"，并保存。

河流一岸水涯线的坐标

504.5, 2154.0
709.4, 1869.7
971.2, 1619.5
1141.9, 1494.4
1335.5, 1414.8
1540.4, 1384.5
1881.9, 1369.3
2041.2, 1392.1
2181.6, 1547.5
2212.0, 1835.6
2230.9, 2290.5
2432.0, 2555.9
2674.9, 2681.0
2887.3, 2783.3
3088.4, 2950.1
3365.4, 3010.8
3854.7, 2816.7
4158.4, 2715.1
4382.3, 2627.9
4655.5, 2654.4

河流另岸水涯线的坐标

496.9, 2074.4
547.2, 2008.4
654.7, 1854.8
881.9, 1646.0
1112.8, 1456.6
1449.4, 1306.7
1739.9, 1302.1
2050.7, 1279.5
2263.9, 1525.8

2256.4，1879.2
2295.9，2241.7
2526.0，2538.3
2906.3，2684.4
3252.3，2893.2
3579.4，2876.5
3811.3，2741.4
4097.8，2671.9
4362.0，2526.2
4549.7，2576.3
4659.9，2594.1

三、单线河流的绘制

在中小比例尺地形图中，河流是用带状线性半依比例符号表示的，所以只需实测一岸的水涯线特征点，将所测的特征点坐标按实际情况连接成光滑的曲线即可。

实测邓尔江一岸水涯线坐标，打开 D 盘"学号+姓名+路桥"图形文件，在"水系"图层，绘制单线河流，并保存。

实测邓尔江一岸水涯线的坐标

137.9，3631.4
724.5，3855.4
1264.9，3896.2
1468.8，3753.6
1254.7，3519.3
755.1，3111.9
938.6，2816.5
1356.7，2663.7
1927.7，2867.4
2519.1，3122.1
3304.2，3356.3
3885.4，3926.7
4446.2，4374.9
4976.4，4486.9
5506.7，4293.4

1. 打开文件

D 盘"学号+姓名+路桥"图形文件。

2. 设置图层

"水系"图层，置于当前。

3. 河流绘制

（1）在命令窗口 命令： 的提示下，鼠标单击"绘图"工具栏中的 ～ 图标按钮。

(2) 在 |指定第一个点或 [对象(O)]:| 的提示下，键盘输入"137.9，3631.4"，按【Enter】键。

(3) 在 |指定下一点:| 的提示下，键盘输入"724.5，3855.4"，按【Enter】键。

(4) 在 |指定下一点或 [闭合(C)/拟合公差(F)] <起点切向>:| 的提示下，键盘输入"1264.9，3896.2"，按【Enter】键。

(5) 在 |指定下一点或 [闭合(C)/拟合公差(F)] <起点切向>:| 的提示下，键盘输入"1468.8，3753.6"，按【Enter】键。

(6) 在 |指定下一点或 [闭合(C)/拟合公差(F)] <起点切向>:| 的提示下，键盘输入"1254.7，3519.3"，按【Enter】键。

(7) 在 |指定下一点或 [闭合(C)/拟合公差(F)] <起点切向>:| 的提示下，键盘输入"755.1，3111.9"，按【Enter】键。

(8) 在 |指定下一点或 [闭合(C)/拟合公差(F)] <起点切向>:| 的提示下，键盘输入"938.6，2816.5"，按【Enter】键。

(9) 在 |指定下一点或 [闭合(C)/拟合公差(F)] <起点切向>:| 的提示下，键盘输入"1356.7，2663.7"，按【Enter】键。

(10) 在 |指定下一点或 [闭合(C)/拟合公差(F)] <起点切向>:| 的提示下，键盘输入"1927.7，2867.4"，按【Enter】键。

(11) 在 |指定下一点或 [闭合(C)/拟合公差(F)] <起点切向>:| 的提示下，键盘输入"2519.1，3122.1"，按【Enter】键。

(12) 在 |指定下一点或 [闭合(C)/拟合公差(F)] <起点切向>:| 的提示下，键盘输入"3304.2，3356.3"，按【Enter】键。

(13) 在 |指定下一点或 [闭合(C)/拟合公差(F)] <起点切向>:| 的提示下，键盘输入"3885.4，3926.7"，按【Enter】键。

(14) 在 |指定下一点或 [闭合(C)/拟合公差(F)] <起点切向>:| 的提示下，键盘输入"4446.2，4374.9"，按【Enter】键。

(15) 在 |指定下一点或 [闭合(C)/拟合公差(F)] <起点切向>:| 的提示下，键盘输入"4976.4，4486.9"，按【Enter】键。

(16) 在 |指定下一点或 [闭合(C)/拟合公差(F)] <起点切向>:| 的提示下，键盘输入"5506.7，4293.4"，按【Enter】键。

(17) 在 |指定下一点或 [闭合(C)/拟合公差(F)] <起点切向>:| 的提示下，按【Enter】键。

(18) 在 |指定起点切向:| 的提示下，移动"十"字光标，使曲线起点拉出的直线顺向曲线的方向，单击鼠标确定。

(19) 在 |指定端点切向:| 的提示下，移动"十"字光标，使曲线终点拉出的直线顺向曲线的方向，单击鼠标确定。

4. 注记

因河流较长，为了便于识别，注记时采用"屈曲字列"和"雁行字列"分段进行，如图 4-3 所示。

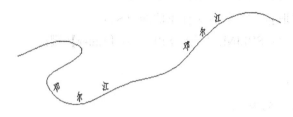

图 4-3 单线河流的绘制

5. 保存

继续保存。单线河流绘制结束（如图 4-3 所示）。

四、技能训练

实测河流一岸水涯线坐标，打开 D 盘"学号+姓名+路桥"图形文件，在"水系"图层上，绘制单线河流，采用"屈曲字列"和"雁行字列"分段注记"邓尔江"，并保存。

实测河流一岸水涯线的坐标

5506.7，4293.4
5748.5，4126.2
5812.8，3739.7
5654.4，3506.1
5608.1，3191.2
6085.7，3136.3
6521.8，2907.2
7261.7，2973.0
8010.5，3128.9
8322.5，3580.8
7854.5，4032.7
7402.1，4453.4
7745.3，5045.6
8055.5，5466.4

任务 2　湖泊的绘制

☞ 学习目标：

掌握闭合样条曲线的绘制方法。能按实测坐标用"样条曲线"在指定的"图层"绘制湖泊。

技能先导：闭合样条曲线的绘制

执行绘制样条曲线命令的方法有三种，可以任选其一：
- 在工具栏中单击："绘图"图标按钮 ～；
- 在下拉菜单选取：绘图(D) → 样条曲线（S）；
- 在键盘输入命令：SPLINE（或者 SPL）→【Enter】键。

执行命令：

（1）命令窗口显示：

指定第一个点或 [对象(O)]：

键盘输入闭合曲线起点的坐标，按【Enter】键，绘图区绘出闭合曲线的起点。

（2）命令窗口显示：

指定下一点：

键盘输入下一个闭合曲线点坐标，按【Enter】键，绘图区绘出一条活动的曲线。

（3）命令窗口显示：

指定下一点或 [闭合(C)/拟合公差(F)] <起点切向>：

键盘输入下一个闭合曲线点坐标，按【Enter】键，绘图区绘出一条连续的活动曲线。

（4）命令窗口显示：

指定下一点或 [闭合(C)/拟合公差(F)] <起点切向>：

键盘继续输入下一个闭合曲线点坐标，按【Enter】键。

在命令窗口的提示下，继续输入闭合曲线点坐标，直至最后一个闭合曲线点。

（5）命令窗口显示：

指定下一点或 [闭合(C)/拟合公差(F)] <起点切向>：

键盘输入"C"，按【Enter】键，绘图区绘出一条活动的闭合曲线。

（6）命令窗口显示：

指定切向：

闭合曲线起点拉出一条直线，移动"十"字光标，闭合曲线在活动，直至闭合曲线的形状满意，单击鼠标确定。

闭合曲线绘制完毕。

技能训练：

按一下坐标绘制闭合曲线。

632.2，398.9

712.7，473.6

847.8，368.5

997.3，357.2

804.7，240.9

617.9，312.8

（1）选择执行绘制样条曲线命令的三种方法之一。

任务 2　湖泊的绘制

(2) 在 |指定第一个点或 [对象(O)]:| 的提示下，键盘输入 "632.2，398.9"，按【Enter】键。

(3) 在 |指定下一点:| 的提示下，键盘输入 "712.7，473.6"，按【Enter】键。

(4) 在 |指定下一点或 [闭合(C)/拟合公差(F)] <起点切向>:| 的提示下，键盘输入 "847.8，368.5"，按【Enter】键。

(5) 在 |指定下一点或 [闭合(C)/拟合公差(F)] <起点切向>:| 的提示下，键盘输入 "997.3，357.2"，按【Enter】键。

(6) 在 |指定下一点或 [闭合(C)/拟合公差(F)] <起点切向>:| 的提示下，键盘输入 "804.7，240.9"，按【Enter】键。

(7) 在 |指定下一点或 [闭合(C)/拟合公差(F)] <起点切向>:| 的提示下，键盘输入 "617.9，312.8"，按【Enter】键。

(8) 在 |指定下一点或 [闭合(C)/拟合公差(F)] <起点切向>:| 的提示下，键盘输入 "C"，按【Enter】键。

(9) 在 |指定切向:| 的提示下，移动 "十" 字光标，使曲线起点拉出的直线顺向曲线的方向，单击鼠标确定。

曲线绘制完毕，如图 4-4 所示。

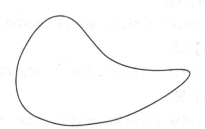

图 4-4　闭合曲线的绘制

工 作 流 程

在地形图中，湖泊是按比例实测的水涯线特征点，将所测的特征点坐标按实际情况连接成光滑的闭合曲线即可。

一、湖泊的绘制

实测秀女湖水涯线坐标，打开 D 盘 "学号+姓名+居民地 A" 图形文件，创建 "水系，蓝色" 图层，绘制湖泊，并保存。

实测秀女湖水涯线的坐标

622.5，569.9

642.2，562.5

669.5，568.1

663.6，578.9
653.0，587.9
638.8，597.1
620.9，598.3
615.4，587.2
616.5，576.7

1. 打开文件

打开 D 盘"学号+姓名+居民地 A"图形文件。

2. 创建图层

"水系，蓝色"图层，设置当前。

3. 湖泊绘制

(1) 在命令窗口 |命令：| 的提示下，鼠标单击"绘图"工具栏中的 ∼ 图标按钮。

(2) 在 |指定第一个点或 [对象(O)]：| 的提示下，键盘输入"622.5，569.9"，按【Enter】键。

(3) 在 |指定下一点：| 的提示下，键盘输入"642.2，562.5"，按【Enter】键。

(4) 在 |指定下一点或 [闭合(C)/拟合公差(F)]<起点切向>：| 的提示下，键盘输入"669.5，568.1"，按【Enter】键。

(5) 在 |指定下一点或 [闭合(C)/拟合公差(F)]<起点切向>：| 的提示下，键盘输入"663.6，578.9"，按【Enter】键。

(6) 在 |指定下一点或 [闭合(C)/拟合公差(F)]<起点切向>：| 的提示下，键盘输入"653.0，587.9"，按【Enter】键。

(7) 在 |指定下一点或 [闭合(C)/拟合公差(F)]<起点切向>：| 的提示下，键盘输入"638.8，597.1"，按【Enter】键。

(8) 在 |指定下一点或 [闭合(C)/拟合公差(F)]<起点切向>：| 的提示下，键盘输入"620.9，598.3"，按【Enter】键。

(9) 在 |指定下一点或 [闭合(C)/拟合公差(F)]<起点切向>：| 的提示下，键盘输入"615.4，587.2"，按【Enter】键。

(10) 在 |指定下一点或 [闭合(C)/拟合公差(F)]<起点切向>：| 的提示下，键盘输入"616.5，576.7"，按【Enter】键。

(11) 在 |指定下一点或 [闭合(C)/拟合公差(F)]<起点切向>：| 的提示下，键盘输入"C"，按【Enter】键。

(12) 在 |指定切向：| 的提示下，移动"十"字光标，使闭合曲线起点拉出的直线顺向曲线的方向，单击鼠标确定。

4. 注记

注记"秀女湖"，雁行字列。

5. 保存

继续保存。

湖泊绘制结束，如图 4-5 所示。

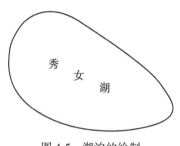

图 4-5 湖泊的绘制

二、技能训练

实测湖泊水涯线坐标，打开 D 盘 "学号+姓名+居民地 A" 图形文件，在 "水系" 图层，绘制湖泊，注记，并保存。

（1）421.6，268.7
423.0，256.5
443.9，243.0
446.1，218.2
425.9，206.0
417.4，185.0
454.8，190.3
472.4，187.9
482.1，174.4
471.0，162.9
467.6，142.8
484.7，144.2
476.6，153.2
480.2，162.7
496.9，164.6
504.2，169.8
492.7，178.3
490.4，193.0
470.6，204.8
467.4，222.2
461.5，239.7
469.6，253.4
460.3，256.7

444.4, 261.0
　　　437.1, 276.9
　　　429.5, 277.9
　　　424.4, 276.8
　　　421.6, 273.9
　　　注记：星花湖
　　　垂直字列

(2)　660.5, 199.1
　　　653.9, 162.9
　　　651.2, 142.1
　　　613.5, 126.7
　　　633.4, 118.8
　　　656.5, 122.5
　　　670.7, 160.9
　　　676.0, 186.4
　　　704.2, 200.4
　　　705.5, 224.6
　　　719.2, 236.9
　　　725.6, 253.4
　　　714.2, 264.1
　　　669.4, 268.6
　　　670.6, 250.3
　　　701.3, 249.7
　　　684.3, 216.8
　　　664.5, 216.9
　　　注记：月影泉
　　　屈曲字列

(3)　225.9, 880.5
　　　241.4, 879.0
　　　259.8, 873.1
　　　272.3, 879.8
　　　259.8, 890.1
　　　244.3, 889.3
　　　219.2, 889.9
　　　注记：莲池
　　　水平字列

任务 3　沟渠的绘制

☞ **学习目标：**

掌握特性匹配对象的方法。能按实测坐标在指定的"图层"绘制沟渠。

技能先导：特性匹配

可以将一个对象的某些特性或者所有特性，复制到其他对象上。

执行特性匹配命令的方法有三种，可以任选其一：

- 在工具栏中单击："标准"图标按钮 ✎ ；
- 在下拉菜单选取：修改(M) → 特性匹配（M）；
- 在键盘输入命令：MATCHPROP（或者 MA）→【Enter】键。

执行命令：

（1）命令窗口显示：

选择源对象：

移动小方框光标到"样板"对象上，单击鼠标确定。被选取的"样板"对象变虚，光标在小方框的基础上，又增加了一个小刷子光标。

（2）命令窗口显示：

选择目标对象或 [设置(S)]：

移动小方框及小刷子光标到要"匹配复制"的对象上，单击鼠标确定。

也可以用其他的选取方法进行要"匹配复制"对象的选取。

（3）命令窗口显示：

选择目标对象或 [设置(S)]：

按【Enter】键，结束"匹配复制"。

技能训练：

如图 4-6（a）所示，把多段线 2 匹配复制成多段线 1 那样宽的多段线；把"1"字匹配成"2"字那样大小。

（1）在命令窗口 命令: 的提示下，鼠标单击"标准"工具栏中 ✎ 图标按钮。

（2）在 选择源对象: 的提示下，移动小方框光标，到多段线"1"上，单击鼠标确定。

（3）在 选择目标对象或 [设置(S)]: 的提示下，移动小方框及小刷子光标，到多段线"2"上，单击鼠标确定。

（4）在 选择目标对象或 [设置(S)]: 的提示下，按【Enter】键，如图 4-6（b）所示。

（5）在命令窗口 命令: 的提示下，键盘输入"MA"，按【Enter】键。

（6）在 选择源对象: 的提示下，移动小方框光标到"2"字上，单击鼠标确定。

（7）在 选择目标对象或 [设置(S)]: 的提示下，移动小方框及小刷子光标，到"1"

字上,单击鼠标确定,如图4-6(c)所示。

(8) 在 选择目标对象或 [设置(S)]: 的提示下,按【Enter】键,结束匹配。

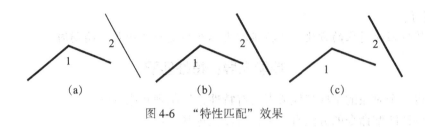

图4-6 "特性匹配"效果

工作流程

沟渠是人工修建的,供引水、排水的水道。在地形图上沟渠内侧上边缘用水涯线表示。

沟渠宽度大于1米的,用双线表示;沟渠宽度小于1米的,用单线表示,如图4-7所示,每条沟渠均需加流向符号。

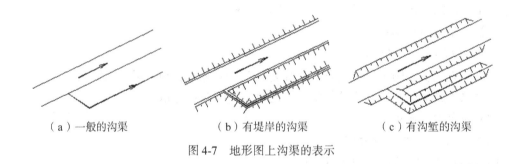

图4-7 地形图上沟渠的表示

一、一般沟渠的绘制

实测沟渠一侧的水涯线特征点坐标,再测出沟渠的宽度,用平行线表示。如果有支渠,在支渠处也要实测。主渠较宽用平行双线表示;支渠较窄用单线表示。

主渠一侧坐标
441.6,419.5
537.7,473.6
支渠坐标
460.4,420.9
486.2,400.4
547.2,422.8

1. 新建文件

D盘"学号+姓名+沟渠"图形文件。

2. 创建图层

"渠道，蓝色"图层，设置当前。

3. 沟渠绘制

(1) 在命令窗口 |命令:| 的提示下，键盘输入"PL"，按【Enter】键。

在|指定起点:|的提示下，键盘输入"441.6，419.5"，按【Enter】键。

在|指定下一个点或 [圆弧(A)/半宽(H)/长度(L)/放弃(U)/宽度(W)]:|的提示下，键盘输入"537.7，473.6"，按【Enter】键。

在|指定下一点或[圆弧(A)/闭合(C)/半宽(H)/长度(L)/放弃(U)/宽度(W)]:|的提示下，按【Enter】键（绘出一侧"沟渠线"）。

(2) 在命令窗口 |命令:| 的提示下，鼠标单击"修改"工具栏中的 图标按钮。

在|指定偏移距离或 [通过(T)/删除(E)/图层(L)]<通过>:|的提示下，键盘输入"T"，按【Enter】键。

在|选择要偏移的对象，或 [退出(E)/放弃(U)]<退出>:|的提示下，移动小方框光标到绘出的"沟渠线"上，单击鼠标确定。

在|指定通过点或 [退出(E)/多个(M)/放弃(U)]<退出>:|的提示下，键盘输入"460.4，420.9"，按【Enter】键。

在|选择要偏移的对象，或 [退出(E)/放弃(U)]<退出>:|的提示下，按【Enter】键，如图4-8（a）绘出沟渠的主渠。

(3) 在命令窗口 |命令:| 的提示下，键盘输入"PL"，按【Enter】键。

在|指定起点:|的提示下，键盘输入"460.4，420.9"，按【Enter】键。

在|指定下一个点或 [圆弧(A)/半宽(H)/长度(L)/放弃(U)/宽度(W)]:|的提示下，键盘输入"W"，按【Enter】键。

在|指定起点宽度<0.0000>:|的提示下，键盘输入"0.3"，按【Enter】键。

在|指定端点宽度<0.3000>:|的提示下，按【Enter】键。

在|指定下一个点或 [圆弧(A)/半宽(H)/长度(L)/放弃(U)/宽度(W)]:|的提示下，键盘输入"486.2，400.4"，按【Enter】键。

在|指定下一点或[圆弧(A)/闭合(C)/半宽(H)/长度(L)/放弃(U)/宽度(W)]:|的提示下，键盘输入"547.2，422.8"，按【Enter】键。

在|指定下一点或[圆弧(A)/闭合(C)/半宽(H)/长度(L)/放弃(U)/宽度(W)]:|的提示下，按【Enter】键，如图4-8（b）绘出支渠。

(4) 在命令窗口 |命令:| 的提示下，键盘输入"L"，按【Enter】键。

在|命令: _line 指定第一点:|的提示下，用光标在"主渠"外侧适当位置单击一点。

在|指定下一点或 [放弃(U)]:|的提示下，移动"十"字光标，捕捉沟渠边线的"垂足"点，单击鼠标确定。

在 `指定下一点或 [放弃(U)]:` 的提示下，按【Enter】键，如图 4-8（c）所示。

(5) 在命令窗口 `命令:` 的提示下，鼠标单击"修改"工具栏中的 图标按钮。

在 `选择对象或 <全部选择>:` 的提示下，移动小方框光标，选取"主渠"边线，单击鼠标确定。

在 `选择对象:` 的提示下，按【Enter】键。

在 `选择要修剪的对象，或按住 Shift 键选择要延伸的对象，或 [栏选(F)/窗交(C)/投影(P)/边(E)/删除(R)/放弃(U)]:` 的提示下，移动小方框光标到"直线"超出"主渠"部分，单击鼠标。

在 `选择要修剪的对象，或按住 Shift 键选择要延伸的对象，或 [栏选(F)/窗交(C)/投影(P)/边(E)/删除(R)/放弃(U)]:` 的提示下，按【Enter】键，如图 4-8（d）所示。

(6) 在命令窗口 `命令:` 的提示下，鼠标单击"修改"工具栏中的 图标按钮。

在 `指定偏移距离或 [通过(T)/删除(E)/图层(L)] <通过>:` 的提示下，键盘输入"14"，按【Enter】键。

在 `选择要偏移的对象，或 [退出(E)/放弃(U)] <退出>:` 的提示下，移动小方框光标到"直线"上，单击鼠标确定。

在 `指定要偏移的那一侧上的点，或[退出(E)/多个(M)/放弃(U)]<退出>:` 的提示下，移动"十"字光标到"直线"一侧（水流方向），单击鼠标确定。

在 `选择要偏移的对象，或 [退出(E)/放弃(U)] <退出>:` 的提示下，按【Enter】键。

(7) 在命令窗口 `命令:` 的提示下，用鼠标单击"修改"工具栏中的 图标按钮。

在 `指定偏移距离或 [通过(T)/删除(E)/图层(L)] <通过>:` 的提示下，键盘输入"2"，按【Enter】键。

在 `选择要偏移的对象，或 [退出(E)/放弃(U)] <退出>:` 的提示下，移动小方框光标到"偏移直线"上，单击鼠标确定。

在 `指定要偏移的那一侧上的点，或[退出(E)/多个(M)/放弃(U)]<退出>:` 的提示下，移动"十"字光标到"偏移直线"一侧（水流方向），单击鼠标确定。

在 `选择要偏移的对象，或 [退出(E)/放弃(U)] <退出>:` 的提示下，按【Enter】键，如图 4-8（e）所示。

(8) 在命令窗口 `命令:` 的提示下，键盘输入"L"，按【Enter】键。

在 `命令: _line 指定第一点:` 的提示下，用"十"字光标在"直线"上捕捉"中点"，单击鼠标确定。

在 `指定下一点或 [放弃(U)]:` 的提示下，用"十"字光标在"第二条偏移直线"上捕捉"中点"，单击鼠标确定。

在 `指定下一点或 [放弃(U)]:` 的提示下，按【Enter】键，如图 4-8（f）所示。

(9) 在命令窗口 `命令:` 的提示下，鼠标单击"修改"工具栏中的 图标按钮。

在 `指定偏移距离或 [通过(T)/删除(E)/图层(L)] <通过>:` 的提示下，键盘输入"0.8"，按【Enter】键。

在 `选择要偏移的对象，或 [退出(E)/放弃(U)] <退出>:` 的提示下，移动小方框光标到"竖直线"上，单击鼠标确定。

在 `指定要偏移的那一侧上的点，或[退出(E)/多个(M)/放弃(U)]<退出>:` 的提示下，移动"十"字光标到"竖直线"一侧，单击鼠标确定。

在 `选择要偏移的对象，或 [退出(E)/放弃(U)] <退出>:` 的提示下，移动小方框光标到"竖直线"上，单击鼠标确定。

在 `指定要偏移的那一侧上的点，或[退出(E)/多个(M)/放弃(U)]<退出>:` 的提示下，移动"十"字光标到"竖直线"另一侧，单击鼠标确定。

在 `选择要偏移的对象，或 [退出(E)/放弃(U)] <退出>:` 的提示下，按【Enter】键，如图 4-8（g）所示。

(10) 在命令窗口 `命令:` 的提示下，键盘输入"L"，按【Enter】键。

在 `命令: _line 指定第一点:` 的提示下，用"十"字光标捕捉两条偏移直线的"交点"，单击鼠标确定。

在 `指定下一点或 [放弃(U)]:` 的提示下，移动"十"字光标，捕捉"竖直线"的"端点"，单击鼠标确定。

在 `指定下一点或 [放弃(U)]:` 的提示下，移动"十"字光标，捕捉另外两条偏移直线的"交点"，单击鼠标确定。

在 `指定下一点或 [闭合(C)/放弃(U)]:` 的提示下，按【Enter】键，如图 4-8（h）所示。

(11) 在"支渠"上适当位置绘制一条"短垂线"，再向水流方向偏移"2"，如图 4-8（i）所示。

(12) 以"支渠"为中心向两侧各偏移"0.8"，如图 4-8（j）所示。

(13) 用"L"命令绘制"箭头"短折线，如图 4-8（k）所示。

(14) 删掉所有的辅助直线，一般沟渠绘制完毕，如图 4-8（l）所示。

4. 保存

D 盘"学号+名字+沟渠"。

二、技能训练

实测渠道主渠一侧的水涯线特征点坐标为：(586.6, 492.0)，(700.0, 556.0)，支渠坐标为：(650.5, 537.2)，(606.6, 583.0)，(542.8, 582.2)。

打开 D 盘"学号+姓名+沟渠"图形文件，在"渠道"图层，绘制渠道。主渠水向东

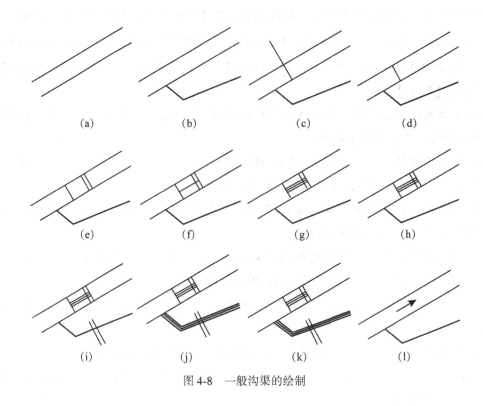

图 4-8 一般沟渠的绘制

北方向流；支渠水向西北方向流，绘制渠水流向符号，并保存。

三、有堤岸沟渠的绘制

有堤岸沟渠的绘制流程是先按"一般沟渠的绘制"流程，绘出沟渠，然后在此基础上加绘堤坡。

主渠一侧坐标
260.9, 296.8
365.4, 376.2
支渠坐标
291.1, 309.8
316.8, 289.0
377.9, 311.6

1. 打开文件

D盘"学号+姓名+沟渠"图形文件。

2. 创建图层

（1）新建"堤堑，褐色"图层。

（2）"渠道"图层，设置当前。

3. 沟渠绘制

根据实际测量得到的有堤岸沟渠的坐标，按"一般沟渠的绘制"流程，绘制"一般沟渠",如图 4-9（a）所示。

4. 设置图层

将"堤埂"图层设置为当前图层。

5. 堤坡绘制

（1）用"偏移"命令，向"主渠"两侧按"2"绘制各三条偏移线，如图 4-9（b）所示。

（2）设置"点样式"为"+"。

（3）用绘制"定距等分点"命令，在"主渠"的两侧第一条偏移线上，绘制间隔距离为"2"的"定距等分点"，如图 4-9（c）所示。

（4）用绘制直线"L"命令，间隔捕捉"定距等分点"，向第三条偏移线绘制"长垂线"；向第二条偏移线绘制"短垂线"，如图 4-9（d）所示。

（5）删除所有"定距等分点"和"主渠"外侧第二、三条"偏移线"，如图 4-9（e）所示。

（6）用"偏移"命令，向"支渠"两侧按"2"绘制各三条偏移线，如图 4-9（f）所示。

（7）用绘制多段线"PL"命令，在空白处绘制一条宽度为"0"的"多段线"，如图 4-9（g）所示。

（8）在命令窗口 命令: 的提示下，鼠标单击"标准"工具栏中 ✎ 图标按钮。

在 选择源对象: 的提示下，移动小方框光标，到"多段线"上，单击鼠标确定。

在 选择目标对象或 [设置(S)]: 的提示下，移动小方框及小刷子光标，到"主渠"的第一条"偏移线"上，单击鼠标确定。

在 选择目标对象或 [设置(S)]: 的提示下，移动小方框及小刷子光标，到"支渠"的一条"偏移线"上，单击鼠标确定。

在 选择目标对象或 [设置(S)]: 的提示下，移动小方框及小刷子光标，到"支渠"的另一条"偏移线"上，单击鼠标确定。

同样操作流程，将"支渠"两侧的另外四条偏移线都进行"匹配"。

在 选择目标对象或 [设置(S)]: 的提示下，按【Enter】键。

将绘在空白处的"多段线"删除，如图 4-9（h）所示。

（9）用绘制"定距等分点"命令，在"支渠"的两侧第一条偏移线上，绘制间隔距离为"2"的"定距等分点"，如图 4-9（i）所示。

（10）用绘制直线"L"命令，间隔捕捉"定距等分点"，向第三条偏移线绘制"长垂线"；向第二条偏移线绘制"短垂线"，如图 4-9（j）所示。

（11）删除所有的"定距等分点"和"支渠"外侧第二、三条"偏移线"，如图 4-9（k）所示。

（12）用"修剪"命令将"支渠"堤坡偏移线，靠"主渠"一端超出"主渠"堤坡偏移线的部分"剪掉"。

用"修剪"命令将"主渠"堤坡偏移线，在"支渠"两侧堤坡偏移线中间的部分"剪掉"。

删除多余的"长、短垂线",如图4-9(1)所示。

6. 保存

继续保存:D盘"学号+姓名+沟渠"图形文件。

有堤岸沟渠绘制完毕,如图4-9(1)所示。

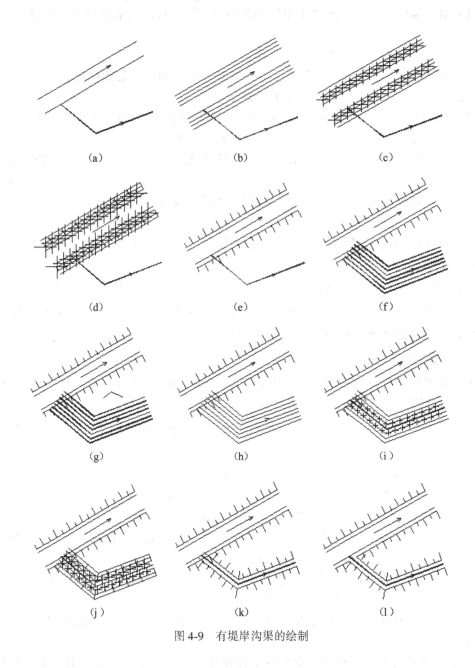

图4-9 有堤岸沟渠的绘制

四、技能训练

实测渠道主渠一侧的水涯线特征点坐标为:(153.4,135.5),(236.3,255.6);支渠坐标为：(191.7, 205.1)，(139.5, 260.6)。

打开 D 盘"学号+姓名+沟渠"图形文件，在"渠道"图层，绘制渠道；在"堤堑"图层绘制堤坡。主渠水向东北方向流；支渠水向西北方向流，绘制渠水流向符号，并保存。

五、有沟堑沟渠的绘制

有沟堑沟渠的绘制流程是先按"一般沟渠的绘制"流程，绘出沟渠，然后在此基础上加绘堑坡。

主渠一侧坐标
745.2，364.7
887.4，386.9
支渠坐标
780.9，359.7
799.1，333.9
865.5，340.1

1. 打开文件

D 盘"学号+姓名+沟渠"图形文件。

2. 设置图层

"渠道"图层，设置为当前图层。

3. 沟渠绘制

根据实测的有堑沟沟渠的坐标，按"一般沟渠的绘制"流程，绘制"一般沟渠"，如图 4-10（a）所示。

4. 设置图层

将"堤堑"图层设置为当前图层。

5. 堑坡绘制

（1）用"偏移"命令，向"主渠"两侧按"2"绘制三条偏移线；再向"支渠"两侧按"2"绘制三条偏移线，如图 4-10（b）所示。

（2）用绘制多段线"PL"命令，在空白处绘制一条宽度为"0"的"多段线"，如图 4-10（c）所示。

（3）在命令窗口 命令: 的提示下，鼠标单击"标准"工具栏中的 图标按钮。

在 选择源对象: 的提示下，移动小方框光标到绘出的"多段线"上，单击鼠标确定。

在 选择目标对象或 [设置(S)]: 的提示下，移动小方框及小刷子光标，到"主渠"的第三条"偏移线"上，单击鼠标确定。

在 选择目标对象或 [设置(S)]: 的提示下，移动小方框及小刷子光标，到"支渠"的一条"偏移线"上，单击鼠标确定。

在 选择目标对象或 [设置(S)]: 的提示下，移动小方框及小刷子光标，到"支渠"的另一条"偏移线"上，单击鼠标确定。

同样操作流程,将"支渠"两侧的另外四条偏移线都进行"匹配"。

在 |选择目标对象或 [设置(S)]:| 的提示下,按【Enter】键。

删除"多段线",如图4-10(d)所示。

(4)用"修剪"命令将"支渠"两侧的第三条偏移线超出"主渠"第三条偏移线的部分"剪掉"。

用"修剪"命令,将"主渠"的第三条偏移线在"支渠"第三条偏移线中间的部分"剪掉"。

用"编辑多段线"功能,分别将"支渠"两侧的"主渠"与"支渠"的第三条偏移线合并,如图4-10(e)所示。

(5)设置"点样式"为"×"。

(6)用"定距等分点"命令,分别在"主渠"、"支渠"两侧第三条偏移线上绘制间距"2"的"定距等分点",如图4-10(f)所示。

(7)用绘制直线"L"命令,分别间隔捕捉"主渠"、"支渠"两侧的"定距等分点",向第一条偏移线绘制"长垂线";向第二条偏移线绘制"短垂线",如图4-10(g)所示。

(8)删除所有的"定距等分点"。

删除"主渠"、"支渠"两侧的第二条"偏移线",如图4-10(h)所示。

(9)在命令窗口 |命令:| 的提示下,鼠标单击"绘图"工具栏中的 ╱ 图标按钮。

在 |指定点或 [水平(H)/垂直(V)/角度(A)/二等分(B)/偏移(O)]:| 的提示下,键盘输入"B",按【Enter】键。

在 |指定角的顶点:| 的提示下,用"十"字光标捕捉"主渠"第三条偏移线与第一条"长垂线"的"交点",单击鼠标确定。

在 |指定角的起点:| 的提示下,用"十"字光标捕捉"长垂线"端点,单击鼠标确定。

在 |指定角的端点:| 的提示下,用"十"字光标捕捉第三条偏移线的端点,单击鼠标确定。

在 |指定角的起点:| 的提示下,按【Enter】键。绘出一个"外角"等分辅助线,如图4-10(i)所示。

用同样的操作流程,绘出另外"主渠"、"支渠"第三条偏移线两端"外角"的等分辅助线,如图4-10(j)所示。

(10)用"修剪"命令将"主渠"、"支渠"第三条偏移线两端的"外角"等分辅助线多余的部分"剪掉",留下一条"短斜线",如图4-10(k)所示。

删除"主渠"、"支渠"两侧的第一条"偏移线"。

删除剩余的"构造线",如图4-10(k)所示。

(11)用"修剪"命令将"主渠"、"支渠"第三条偏移线超出"长垂线"的部分"剪掉",如图4-10(l)所示,有沟堑的沟渠绘制完毕。

6. 保存

继续保存:D盘"学号+姓名+沟渠"图形文件。

任务3 沟渠的绘制 —————————————————————————— 121

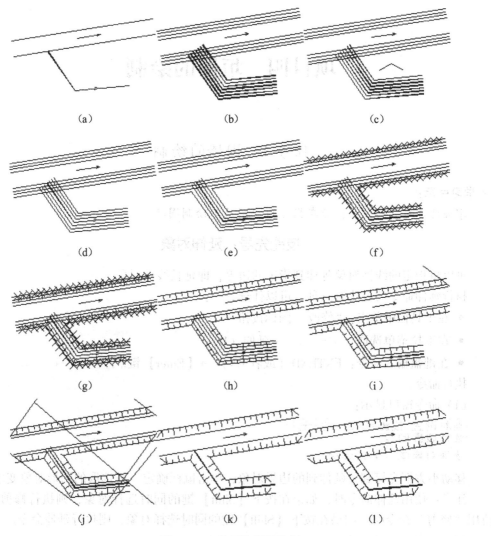

图 4-10 有沟堑沟渠的绘制

六、技能训练

实测渠道主渠一侧的水涯线特征点坐标为：(549.3, 217.7)，(701.8, 336.9)；支渠坐标为：(643.6, 300.5)，(554.0, 307.3)。

打开 D 盘"学号+姓名+沟渠"图形文件，在"渠道"图层，绘制渠道；在"堤堑"图层绘制堑坡。主渠水向东北方向流；支渠水向西北方向流，绘制渠水流向符号，并保存。

项目四 垣栅的绘制

任务1 围墙的绘制

☞ 学习目标：

掌握延伸对象的方法；能在指定的"图层"绘制围墙。

技能先导：延伸对象

可以将指定的线性对象延伸到指定的边界，即延长线性对象。

执行延伸命令的方法有三种，可以任选其一：

- 在工具栏中单击："修改"图标按钮 ⊸/ ；
- 在下拉菜单选取：修改(M) → 延伸（D）；
- 在键盘输入命令：EXTEND（或者 EX）→【Enter】键。

执行命令：

(1) 命令窗口显示：

```
当前设置:投影=UCS,边=无
选择边界的边...
选择对象或 <全部选择>:
```

移动小方框光标到要延伸到的边界对象，单击鼠标确定。被选取的图形对象变虚。

注意：使用延伸命令时，如果在按下【Shift】键的同时选择对象，则执行修剪命令；使用"修剪"命令时，如果在按下【Shift】键的同时选择对象，则执行延伸命令。

(2) 命令窗口显示：

```
选择对象:
```

可以继续移动小方框光标，选取要延伸到的边界对象，再按【Enter】键；如果不需要，就直接按【Enter】键。

(3) 命令窗口显示：

```
选择要延伸的对象,或按住 Shift 键选择要修剪的对象,或
[栏选(F)/窗交(C)/投影(P)/边(E)/放弃(U)]:
```

移动小方框光标到要延伸的线性对象，单击鼠标，被选取的线性对象就延伸到步骤(1)、(2) 所选取的边界上。

(4) 命令窗口显示：

```
选择要延伸的对象,或按住 Shift 键选择要修剪的对象,或
[栏选(F)/窗交(C)/投影(P)/边(E)/放弃(U)]:
```

任务1 围墙的绘制

继续移动小方框光标到要延伸的线性对象，单击鼠标继续"延伸"，直至"延伸"完毕，按【Enter】键。

技能训练：

绘三条直线和两条曲线，如图 5-1（a）所示。

（1）在命令窗口 命令： 的提示下，鼠标单击"修改"工具栏中的 ─╱ 图标按钮。

（2）在 选择对象或 <全部选择>： 的提示下，移动小方框光标，选取"1"直线，单击鼠标确定。

（3）在 选择对象： 的提示下，移动小方框光标，选取"2"直线，单击鼠标确定。

（4）在 选择对象： 的提示下，按【Enter】键，如图 5-1（b）所示。

（5）在 选择要延伸的对象，或按住 Shift 键选择要修剪的对象，或 [栏选(F)/窗交(C)/投影(P)/边(E)/放弃(U)]： 的提示下，移动小方框光标到"34"直线"3"端，单击鼠标确定。

（6）在 选择要延伸的对象，或按住 Shift 键选择要修剪的对象，或 [栏选(F)/窗交(C)/投影(P)/边(E)/放弃(U)]： 的提示下，移动小方框光标到"56"曲线"5"端，单击鼠标确定。

（7）在 选择要延伸的对象，或按住 Shift 键选择要修剪的对象，或 [栏选(F)/窗交(C)/投影(P)/边(E)/放弃(U)]： 的提示下，移动小方框光标到"78"曲线"7"端，单击鼠标确定，如图 5-1（c）所示。

（8）在 选择要延伸的对象，或按住 Shift 键选择要修剪的对象，或 [栏选(F)/窗交(C)/投影(P)/边(E)/放弃(U)]： 的提示下，移动小方框光标到"34"直线"4"端，单击鼠标确定。

（9）在 选择要延伸的对象，或按住 Shift 键选择要修剪的对象，或 [栏选(F)/窗交(C)/投影(P)/边(E)/放弃(U)]： 的提示下，移动小方框光标到"56"曲线"6"端，单击鼠标确定。

（10）在 选择要延伸的对象，或按住 Shift 键选择要修剪的对象，或 [栏选(F)/窗交(C)/投影(P)/边(E)/放弃(U)]： 的提示下，移动小方框光标到"78"曲线"8"端，单击鼠标确定。

在 选择要延伸的对象，或按住 Shift 键选择要修剪的对象，或 [栏选(F)/窗交(C)/投影(P)/边(E)/放弃(U)]： 的提示下，按【Enter】键，如图 5-1（d）所示，"延伸"完毕。

工 作 流 程

在地形图中，围墙是用半依比例符号表示的，如图 5-2 所示。

一、围墙的绘制

在 D 盘"学号+姓名+沟渠"图形文件中，创建"垣栅，黄色"图层，按实测坐标，绘制围墙，并保存。

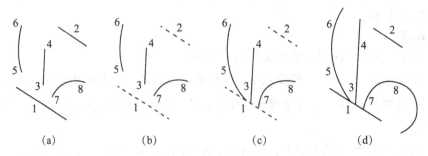

图 5-1 线性对象被"延伸"的效果

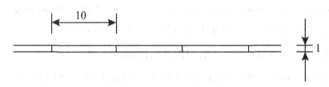

图 5-2 地形图中围墙符号

房屋坐标

① 378.1, 201.2
   387.7, 187.3
   382.6, 183.8
② 409.0, 222.0
   412.6, 217.2
   403.9, 210.7

围墙坐标

378.1, 201.2
387.0, 226.5
409.0, 222.0

1. 绘制房屋

(1) 打开 D 盘 "学号+姓名+沟渠" 图形文件。

(2) 创建 "房屋,白色" 图层,并设置于当前。

(3) 用绘制多段线 "PL" 命令,绘制三点房 ① 和 ②。

2. 绘制围墙

(1) 创建 "垣栅,黄色" 图层,并设置于当前。

(2) 用绘制多段线 "PL" 命令,按实测坐标绘出围墙的 "外墙线",如图 5-3(a)所示。

(3) 在命令窗口 命令: 的提示下,鼠标单击 "修改" 工具栏中的 图标按钮。在 指定偏移距离或 [通过(T)/删除(E)/图层(L)] <通过>: 的提示下,键盘输入 "1",按【Enter】键。

在 |选择要偏移的对象，或 [退出(E)/放弃(U)] <退出>:| 的提示下，移动小方框光标到"外墙线"上，单击鼠标确定。

在 |指定要偏移的那一侧上的点，或[退出(E)/多个(M)/放弃(U)]<退出>:| 的提示下，移动"十"字光标到"院内"，单击鼠标确定。

在 |选择要偏移的对象，或 [退出(E)/放弃(U)] <退出>:| 的提示下，按【Enter】键，如图 5-3（b）绘出"内墙线"。

(4) 设置"点样式"为"×"。

(5) 在命令窗口 |命令:| 的提示下，键盘输入"ME"，按【Enter】键。

在 |选择要定距等分的对象:| 的提示下，移动小方框光标到"外墙线"上，单击鼠标确定。

在 |指定线段长度或 [块(B)]:| 的提示下，键盘输入"10"，按【Enter】键，如图 5-3（c）在外墙线上绘出"定距等分辅助点"。

(6) 在命令窗口 |命令:| 的提示下，键盘输入"L"，按【Enter】键。

在 |命令: _line 指定第一点:| 的提示下，"十"字光标捕捉"外墙线"上的第一个"定距等分辅助点"，单击鼠标确定。

在 |指定下一点或 [放弃(U)]:| 的提示下，移动"十"字光标在"内墙线"上捕捉"垂足点"，单击鼠标确定。

在 |指定下一点或 [放弃(U)]:| 的提示下，按【Enter】键。

重复以上操作，从"外墙线"的"定距辅助点"向"内墙线"绘制全部短垂线，如图 5-3（d）所示。

(7) 删除"外墙线"上所有的"定距辅助点"，如图 5-3（e）所示。

(8) 检查偏移的"内墙线"，是否与房屋相接。如果有间距就要将偏移的"内墙线"延伸至房屋上，如果有超出就要将偏移的"内墙线"剪掉伸进房屋的部分。

在命令窗口 |命令:| 的提示下，鼠标单击"修改"工具栏中的 图标按钮。

在 |选择对象或 <全部选择>:| 的提示下，移动小方框光标到房屋线上，单击鼠标确定。

在 |选择对象:| 的提示下，按【Enter】键。

在 |选择要延伸的对象，或按住 Shift 键选择要修剪的对象，或 [栏选(F)/窗交(C)/投影(P)/边(E)/放弃(U)]:| 的提示下，移动小方框光标到围墙的"内墙线"要延伸的一端上，单击鼠标确定。

在 |选择要延伸的对象，或按住 Shift 键选择要修剪的对象，或 [栏选(F)/窗交(C)/投影(P)/边(E)/放弃(U)]:| 的提示下，按【Enter】键，如图 5-3（f）所示。

在命令窗口 |命令:| 的提示下，鼠标单击"修改"工具栏中的 图标按钮。

在 |选择对象或 <全部选择>:| 的提示下，移动小方框光标到房屋线上，单击鼠标确定。

在 选择对象: 的提示下，按【Enter】键。

在 选择要修剪的对象，或按住 Shift 键选择要延伸的对象，或 [栏选(F)/窗交(C)/投影(P)/边(E)/删除(R)/放弃(U)]: 的提示下，移动小方框光标到围墙的内墙线在房屋里的一端上，单击鼠标确定。

在 选择要修剪的对象，或按住 Shift 键选择要延伸的对象，或 [栏选(F)/窗交(C)/投影(P)/边(E)/删除(R)/放弃(U)]: 的提示下，按【Enter】键，如图 5-3（f）所示。

围墙绘制完毕。

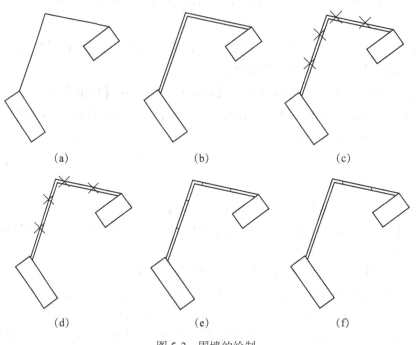

图 5-3 围墙的绘制

3. 保存文件

继续保存：D 盘"学号+姓名+沟渠"图形文件。

二、技能训练

打开 D 盘"学号+姓名+沟渠"图形文件，在"垣栅"图层，绘制围墙，并保存。

围墙坐标

①382.6，183.8
　395.4，165.1
　423.6，184.4
②428.5，187.8
　452.3，204.2

429.5，237.4
409.0，222.0

任务2 栅栏的绘制

☞ **学习目标：**

掌握绘制圆的方法；能在指定的"图层"绘制栅栏。

技能先导：绘制圆

执行绘圆命令的方法有三种，可以任选其一：
- 在工具栏中单击："绘图"图标按钮 ⊘；
- 在下拉菜单选取：绘图(D) → 圆（C）→ 圆心、半径（R）；
- 在键盘输入命令：CIRCLE（或者 C）→【Enter】键。

执行命令：

（1）命令窗口显示：

指定圆的圆心或[三点(3P)/两点(2P)/相切、相切、半径(T)]：，键盘输入圆心的坐标，按【Enter】键，绘图区出现一个活动的圆。

（2）命令窗口显示：

指定圆的半径或 [直径(D)]：，键盘输入圆的半径，按【Enter】键，绘图区绘出一个圆。

技能训练：

（1）在命令窗口 命令： 的提示下，鼠标单击"绘图"工具栏中的 ⊘ 图标按钮。

（2）在 指定圆的圆心或[三点(3P)/两点(2P)/相切、相切、半径(T)]： 的提示下，鼠标在绘图区单击一点。

（3）在 指定圆的半径或 [直径(D)]： 的提示下，键盘输入"20"，按【Enter】键。

（4）在命令窗口 命令： 的提示下，键盘输入"C"，按【Enter】键。

（5）在 指定圆的圆心或[三点(3P)/两点(2P)/相切、相切、半径(T)]： 的提示下，鼠标在绘图区单击一点。

（6）在 指定圆的半径或 [直径(D)]： 的提示下，键盘输入"10"，按【Enter】键。

（7）在命令窗口 命令： 的提示下，鼠标单击菜单栏中 绘图(D) ，将光标移动到下拉菜单中的"圆（C）"上，再用鼠标单击子菜单中的"圆心、半径（R）"。

（8）在 指定圆的圆心或[三点(3P)/两点(2P)/相切、相切、半径(T)]： 的提示下，鼠标在绘图区单击一点。

（9）在 指定圆的半径或 [直径(D)]： 的提示下，键盘输入"5"，按【Enter】键。

如图5-4所示，用三种绘圆方法绘出的3个大小不等的圆。

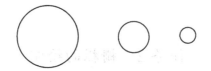

图 5-4 绘圆训练

工 作 流 程

在地形图中,栅栏是用半依比例符号表示的,如图 5-5 所示。

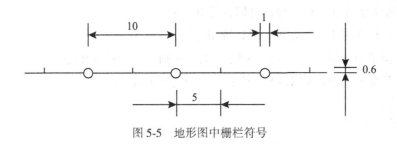

图 5-5 地形图中栅栏符号

一、栅栏的绘制

在 D 盘 "学号+姓名+居民地 A" 图形文件中,创建 "垣栅,黄色" 图层,按实测坐标,绘制栅栏,并保存。

栅栏坐标

974.7,652.8

963.9,571.4

1. 打开文件

打开 D 盘 "学号+姓名+居民地 A" 图形文件。

2. 创建图层

创建 "垣栅,黄色" 图层,并设置于当前。

3. 绘制栅栏

(1) 用绘制多段线 "PL" 命令,按实测坐标绘出 "栅栏线",如图 5-6(a)所示。

(2) 在命令窗口 命令: 的提示下,鼠标单击 "修改" 工具栏中的 图标按钮。

在 指定偏移距离或 [通过(T)/删除(E)/图层(L)] <通过>: 的提示下,键盘输入 "0.6",按【Enter】键。

在 选择要偏移的对象,或 [退出(E)/放弃(U)] <退出>: 的提示下,移动小方框光标到 "栅栏线" 上,单击鼠标确定。

在 指定要偏移的那一侧上的点,或[退出(E)/多个(M)/放弃(U)]<退出>: 的提示下,移动 "十" 字光标到 "院内",单击鼠标确定。

在 选择要偏移的对象,或 [退出(E)/放弃(U)] <退出>: 的提示下,按【Enter】

键,如图5-6(b)绘出"栅栏线"的"栅栏辅助线"。

(3) 设置"点样式"为"×"。

(4) 在命令窗口 命令: 的提示下,键盘输入"ME",按【Enter】键。

在 选择要定距等分的对象: 的提示下,移动小方框光标到"栅栏线"上,单击鼠标确定。

在 指定线段长度或 [块(B)]: 的提示下,键盘输入"5",按【Enter】键,如图5-6(c)在栅栏线上绘出"定距等分辅助点"。

(5) 在命令窗口 命令: 的提示下,鼠标单击"绘图"工具栏中的 ⊙ 图标按钮。

在 指定圆的圆心或[三点(3P)/两点(2P)/相切、相切、半径(T)]: 的提示下,"十"字光标捕捉"栅栏线"上的第一个"定距等分辅助点",单击鼠标确定。

在 指定圆的半径或 [直径(D)]: 的提示下,键盘输入"0.5",按【Enter】键,如图5-6(d)在"栅栏线"上绘出一个"栅栏小圆"。

在命令窗口 命令: 的提示下,鼠标单击"修改"工具栏中的 图标按钮。

在 选择对象: 的提示下,移动小方框光标到绘制的"栅栏小圆"上,单击鼠标确定。

在 选择对象: 的提示下,按【Enter】键。

在 指定基点或 [位移(D)] <位移>: 的提示下,光标捕捉"栅栏小圆"的圆心,单击鼠标确定。

在 指定第二个点或 <使用第一个点作为位移>: 的提示下,移动光标捕捉间隔的"定距等分辅助点",单击鼠标确定,复制出一个"栅栏小圆"。

在 指定第二个点或 [退出(E)/放弃(U)] <退出>: 的提示下,继续按上步捕捉间隔"定距等分辅助点",单击鼠标进行复制,直至复制完毕。

在 指定第二个点或 [退出(E)/放弃(U)] <退出>: 的提示下,按【Enter】键,如图5-6(e)在"栅栏线"上间隔的"定距等分辅助点"复制出所有的"栅栏小圆"。

(6) 在命令窗口 命令: 的提示下,键盘输入"L",按【Enter】键。

在 命令: _line 指定第一点: 的提示下,"十"字光标捕捉"栅栏线"上的第二个"定距等分辅助点",单击鼠标确定。

在 指定下一点或 [放弃(U)]: 的提示下,移动"十"字光标在"栅栏辅助线"上捕捉"垂足点",单击鼠标确定。

在 指定下一点或 [放弃(U)]: 的提示下,按【Enter】键。

重复以上操作,由"栅栏线"上的间隔"定距等分辅助点"向"栅栏辅助线"绘制全部短垂线,如图5-6(f)在"栅栏线"上向院内绘制出所有的"栅栏短垂线"。

删除所有的"定距等分辅助点"和"偏移辅助线",如图5-6(g)所示。

(7) 在命令窗口 命令: 的提示下,鼠标单击"修改"工具栏中的 图标按钮。

在 选择对象或 <全部选择>: 的提示下,移动小方框光标,选取第一个"栅栏小圆"，单击鼠标确定。

在 选择对象: 的提示下，继续移动小方框光标，依次选取"栅栏小圆"，单击鼠标确定（将所有的"栅栏小圆"都选取）。

在 选择对象: 的提示下，按【Enter】键。

在 选择要修剪的对象，或按住 Shift 键选择要延伸的对象，或 [栏选(F)/窗交(C)/投影(P)/边(E)/删除(R)/放弃(U)]: 的提示下，移动小方框光标到第一个"栅栏小圆"中间的线段上，单击鼠标确定。

在 选择要修剪的对象，或按住 Shift 键选择要延伸的对象，或 [栏选(F)/窗交(C)/投影(P)/边(E)/删除(R)/放弃(U)]: 的提示下，继续移动小方框光标，依次到"栅栏小圆"中间的线段上，单击鼠标确定（将所有"栅栏小圆"中间的线段都剪掉）。

在 选择要修剪的对象，或按住 Shift 键选择要延伸的对象，或 [栏选(F)/窗交(C)/投影(P)/边(E)/删除(R)/放弃(U)]: 的提示下，按【Enter】键，如图5-6（h）剪掉所有"栅栏小圆"内多余的线段。

栅栏绘制完毕。

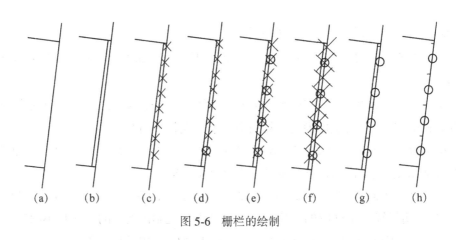

图5-6 栅栏的绘制

4. 保存文件

继续保存：D盘"学号+名字+居民地A"图形文件。

二、技能训练

打开D盘"学号+姓名+居民地A"图形文件，在"垣栅"图层，按实测坐标，绘制栅栏，并保存。

栅栏坐标

(1) 337.2, 764.4
    368.4, 998.1
    1009.6, 912.6
    1008.4, 903.7

(2) 325.5，678.2
　　295.8，439.2
　　630.0，398.4
(3) 649.9，395.9
　　855.9，369.5

任务3　篱笆的绘制

☞ 学习目标：
能在指定的"图层"绘制篱笆。

工 作 流 程

在地形图中，篱笆是用半依比例符号表示的，如图5-7所示。

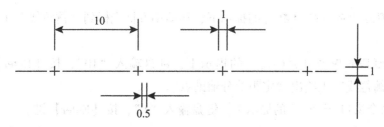

图5-7　地形图中篱笆符号

一、篱笆的绘制

在D盘"学号+姓名+路桥"图形文件中，创建"垣栅，黄色"图层，按实测坐标，绘制篱笆，并保存。

篱笆坐标
3649.2，1455.7
3602.7，1452.8
3598.5，1442.1
3606.8，1418.9

1. 打开文件
打开D盘"学号+姓名+路桥"图形文件。
2. 创建图层
创建"垣栅，黄色"图层，并设置于当前。
3. 绘制篱笆
(1) 用绘制多段线"PL"命令，按实测坐标绘出"篱笆线"，如图5-8（a）所示。
(2) 在命令窗口 命令: 的提示下，鼠标单击"修改"工具栏中的 ⌒ 图标按钮。
在 指定偏移距离或 [通过(T)/删除(E)/图层(L)] <通过>: 的提示下，键盘输入

"0.5",按【Enter】键。

在 |选择要偏移的对象，或 [退出(E)/放弃(U)] <退出>:| 的提示下，移动小方框光标到"篱笆线"上，单击鼠标确定。

在 |指定要偏移的那一侧上的点，或[退出(E)/多个(M)/放弃(U)]<退出>:| 的提示下，移动"十"字光标到"篱笆线"一侧，单击鼠标确定（绘出一条"辅助线"）。

在 |选择要偏移的对象，或 [退出(E)/放弃(U)] <退出>:| 的提示下，移动小方框光标到"篱笆线"上，单击鼠标确定。

在 |指定要偏移的那一侧上的点，或[退出(E)/多个(M)/放弃(U)]<退出>:| 的提示下，移动"十"字光标到"篱笆线"另一侧，单击鼠标确定（又绘出一条"辅助线"）。

在 |选择要偏移的对象，或 [退出(E)/放弃(U)] <退出>:| 的提示下，按【Enter】键，如图5-8（b）所示。

（3）设置"点样式"为"□"。

（4）在命令窗口 |命令:| 的提示下，键盘输入"ME"，按【Enter】键。

在 |选择要定距等分的对象:| 的提示下，移动小方框光标到"篱笆线"上，单击鼠标确定。

在 |指定线段长度或 [块(B)]:| 的提示下，键盘输入"10"，按【Enter】键，如图5-8（c）在"篱笆线"上绘出"定距等分辅助点"。

（5）在命令窗口 |命令:| 的提示下，键盘输入"L"，按【Enter】键。

在 |命令: _line 指定第一点:| 的提示下，移动"十"字光标捕捉"篱笆线"上的第一个"定距等分辅助点"，单击鼠标确定。

在 |指定下一点或 [放弃(U)]:| 的提示下，移动"十"字光标在一条"辅助线"上捕捉"垂足点"，单击鼠标确定。

在 |指定下一点或 [放弃(U)]:| 的提示下，按【Enter】键（在"篱笆线"和一条"辅助线"之间绘出"短垂线"）。

重复以上操作，依次从"篱笆线"上的"定距等分辅助点"，向一条"辅助线"绘制全部的"短垂线"，如图5-8（d）所示。

（6）在命令窗口 |命令:| 的提示下，鼠标单击"修改"工具栏中的 图标按钮。

在 |选择对象或 <全部选择>:| 的提示下，移动小方框光标到另一条"辅助线"上，单击鼠标确定。

在 |选择对象:| 的提示下，按【Enter】键。

在 |选择要延伸的对象，或按住 Shift 键选择要修剪的对象，或 [栏选(F)/窗交(C)/投影(P)/边(E)/放弃(U)]:| 的提示下，移动小方框光标到第一条"短垂线"靠"篱笆线"一端上，单击鼠标确定（将"短垂线"延伸到另一条"辅助线"上）。

在 |选择要延伸的对象，或按住 Shift 键选择要修剪的对象，或 [栏选(F)/窗交(C)/投影(P)/边(E)/放弃(U)]:| 的提示下，移动

任务 3　篱笆的绘制 ——————————————————————————————————133

小方框光标到第二条"短垂线"靠"篱笆线"一端上，单击鼠标确定（将"短垂线"延伸到另一条"辅助线"上）。

重复上述操作，将所有的"短垂线"都延伸到另一条"辅助线"上。

在 |选择要延伸的对象、或按住 Shift 键选择要修剪的对象，或 [栏选(F)/窗交(C)/投影(P)/边(E)/放弃(U)]:| 的提示下，按【Enter】键，如图 5-8（e）所示。

（7）删除所有的"定距等分辅助点"和两条"辅助线"，如图 5-8（f）所示。

（8）在命令窗口 |命令:| 的提示下，鼠标单击"绘图"工具栏中的 ⊘ 图标按钮。

在 |指定圆的圆心或[三点(3P)/两点(2P)/相切、相切、半径(T)]:| 的提示下，移动"十"字光标捕捉第一个"十字交叉点"，单击鼠标确定。

在 |指定圆的半径或 [直径(D)]:| 的提示下，键盘输入"0.5"，按【Enter】键（绘出一个"辅助小圆"）。

在命令窗口 |命令:| 的提示下，鼠标单击"绘图"工具栏中的 ⊘ 图标按钮。

在 |指定圆的圆心或[三点(3P)/两点(2P)/相切、相切、半径(T)]:| 的提示下，移动"十"字光标捕捉第一个"十字交叉点"，单击鼠标确定。

在 |指定圆的半径或 [直径(D)]:| 的提示下，键盘输入"1"，按【Enter】键（又绘出一个"辅助小圆"）。

在命令窗口 |命令:| 的提示下，鼠标单击"修改"工具栏中的 ⊗ 图标按钮。

在 |选择对象:| 的提示下，移动小方框光标到一个"辅助小圆"上，单击鼠标确定。

在 |选择对象:| 的提示下，移动小方框光标到另一个"辅助小圆"上，单击鼠标确定。

在 |选择对象:| 的提示下，按【Enter】键。

在 |指定基点或 [位移(D)] <位移>:| 的提示下，移动"十"字光标捕捉"辅助小圆"的圆心，单击鼠标确定。

在 |指定第二个点或 <使用第一个点作为位移>:| 的提示下，移动光标捕捉第二个"十字交叉点"，单击鼠标确定（复制出两个同心"辅助小圆"）。

在 |指定第二个点或 [退出(E)/放弃(U)] <退出>:| 的提示下，继续按上步操作依次捕捉"十字交叉点"，单击鼠标进行复制，直至复制完毕。

在 |指定第二个点或 [退出(E)/放弃(U)] <退出>:| 的提示下，按【Enter】键，如图 5-8（g）所有"十字交叉点"上都复制出两个同心"辅助小圆"。

（9）在命令窗口 |命令:| 的提示下，鼠标单击"修改"工具栏中的 ⊀ 图标按钮。

在 |选择对象或 <全部选择>:| 的提示下，移动小方框光标，选取第一个"辅助小圆"，单击鼠标确定。

在 |选择对象:| 的提示下，继续移动小方框光标，依次选取"辅助小圆"，单击鼠标确定（将所有的"辅助小圆"都选取）。

在 选择对象: 的提示下,按【Enter】键。

在 选择要修剪的对象,或按住 Shift 键选择要延伸的对象,或 [栏选(F)/窗交(C)/投影(P)/边(E)/删除(R)/放弃(U)]: 的提示下,移动小方框光标到第一个"十字交叉点"上的两个"辅助小圆"之间的线段上,单击鼠标确定。

在 选择要修剪的对象,或按住 Shift 键选择要延伸的对象,或 [栏选(F)/窗交(C)/投影(P)/边(E)/删除(R)/放弃(U)]: 的提示下,继续移动小方框光标,依次到两个"辅助小圆"之间的线段上,单击鼠标确定(将所有"辅助小圆"之间的线段都剪掉)。

在 选择要修剪的对象,或按住 Shift 键选择要延伸的对象,或 [栏选(F)/窗交(C)/投影(P)/边(E)/删除(R)/放弃(U)]: 的提示下,按【Enter】键,如图 5-8(h)所示。

(10) 删除所有的"辅助小圆",如图 5-8(i)所示。

篱笆绘制完毕。

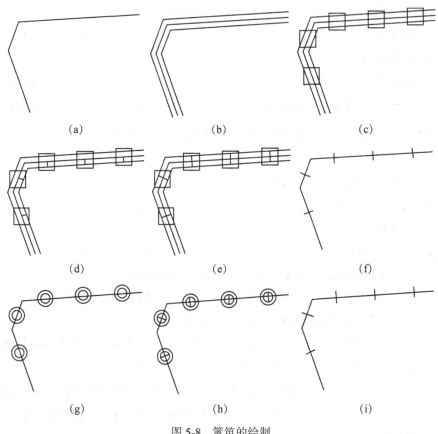

图 5-8 篱笆的绘制

4. 保存文件

继续保存：D 盘"学号+名字+路桥"图形文件。

二、技能训练

打开 D 盘"学号+姓名+路桥"图形文件，在"垣栅"图层，按实测坐标，绘制篱笆，并保存。

篱笆坐标

①3612.7，1403.3
  3626.1，1368.5
  3678.1，1383.7
  3664.9，1416.1
②3652.8，1445.9
  3662.1，1421.6

任务 4 铁丝网的绘制

☞ 学习目标：

能在指定的"图层"绘制铁丝网。

工作流程

在地形图中，铁丝网是用半依比例符号表示的，如图 5-9 所示。

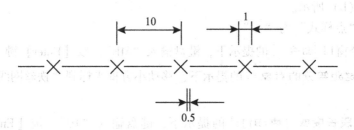

图 5-9 地形图中铁丝网符号

一、铁丝网的绘制

在 D 盘"学号+姓名+沟渠"图形文件，"垣栅"图层上，按实测坐标，绘制铁丝网，并保存。

铁丝网坐标

470.5，435.8
449.1，445.7
462.3，472.8
488.4，463.5

500.7，452.8

1. 打开文件

打开 D 盘 "学号+姓名+沟渠" 图形文件。

2. 设置图层

将 "垣栅" 图层，设置于当前。

3. 绘制铁丝网

(1) 用绘制多段线 "PL" 命令，按实测坐标绘出 "铁丝网线"，如图 5-10（a）所示。

(2) 在命令窗口 命令: 的提示下，鼠标单击 "修改" 工具栏中的 图标按钮。

在 指定偏移距离或 [通过(T)/删除(E)/图层(L)]<通过>: 的提示下，键盘输入 "0.5"，按【Enter】键。

在 选择要偏移的对象，或 [退出(E)/放弃(U)]<退出>: 的提示下，移动小方框光标到 "铁丝网线" 上，单击鼠标确定。

在 指定要偏移的那一侧上的点，或[退出(E)/多个(M)/放弃(U)]<退出>: 的提示下，移动 "十" 字光标到 "铁丝网线" 一侧，单击鼠标确定，绘出一条 "辅助线"。

在 选择要偏移的对象，或 [退出(E)/放弃(U)]<退出>: 的提示下，移动小方框光标到 "铁丝网线" 上，单击鼠标确定。

在 指定要偏移的那一侧上的点，或[退出(E)/多个(M)/放弃(U)]<退出>: 的提示下，移动 "十" 字光标到 "铁丝网线" 的另一侧，单击鼠标确定，绘出另一条 "辅助线"。

在 选择要偏移的对象，或 [退出(E)/放弃(U)]<退出>: 的提示下，按【Enter】键，如图 5-10（b）所示。

(3) 设置 "点样式" 为 "○"。

(4) 在命令窗口 命令: 的提示下，键盘输入 "ME"，按【Enter】键。

在 选择要定距等分的对象: 的提示下，移动小方框光标到 "铁丝网线" 上，单击鼠标确定。

在 指定线段长度或 [块(B)]: 的提示下，键盘输入 "10"，按【Enter】键，如图 5-10（c）在 "铁丝网线" 上绘制 "定距等分辅助点"。

(5) 在命令窗口 命令: 的提示下，键盘输入 "L"，按【Enter】键。

在 命令: _line 指定第一点: 的提示下，移动 "十" 字光标捕捉 "铁丝网线" 上第一个 "定距等分辅助点"，单击鼠标确定。

在 指定下一点或 [放弃(U)]: 的提示下，移动 "十" 字光标捕捉一条 "辅助线" 上的 "垂足点"，单击鼠标确定。

在 指定下一点或 [放弃(U)]: 的提示下，按【Enter】键（在 "铁丝网线" 和一条 "辅助线" 之间绘出 "短垂线"）。

重复以上操作，依次从 "铁丝网线" 上的 "定距等分辅助点"，向一条 "辅助线" 绘制全部的 "短垂线"，如图 5-10（d）所示。

(6) 在命令窗口 命令: 的提示下，鼠标单击"修改"工具栏中的 ⊣ 图标按钮。

在 选择对象或 <全部选择>: 的提示下，移动小方框光标到另一条"辅助线"上，单击鼠标确定。

在 选择对象: 的提示下，按【Enter】键。

在 选择要延伸的对象，或按住 Shift 键选择要修剪的对象，或[栏选(F)/窗交(C)/投影(P)/边(E)/放弃(U)]: 的提示下，移动小方框光标到第一条"短垂线"靠"铁丝网线"一端上，单击鼠标确定（将"短垂线"延伸到另一条"辅助线"上）。

在 选择要延伸的对象，或按住 Shift 键选择要修剪的对象，或[栏选(F)/窗交(C)/投影(P)/边(E)/放弃(U)]: 的提示下，移动小方框光标到第二条"短垂线"靠"铁丝网线"一端上，单击鼠标确定（将"短垂线"延伸到另一条"辅助线"上）。

重复上述操作，将所有的"短垂线"都延伸到另一条"辅助线"上。

在 选择要延伸的对象，或按住 Shift 键选择要修剪的对象，或[栏选(F)/窗交(C)/投影(P)/边(E)/放弃(U)]: 的提示下，按【Enter】键，如图 5-10（e）所示。

(7) 删除所有的"定距等分辅助点"和两条"辅助线"，如图 5-10（f）所示。

(8) 在命令窗口 命令: 的提示下，鼠标单击"修改"工具栏中的 ⏚ 图标按钮。

在 指定偏移距离或 [通过(T)/删除(E)/图层(L)] <通过>: 的提示下，键盘输入"0.5"，按【Enter】键。

在 选择要偏移的对象，或 [退出(E)/放弃(U)] <退出>: 的提示下，移动小方框光标到第一条"短垂线"上，单击鼠标确定。

在 指定要偏移的那一侧上的点，或[退出(E)/多个(M)/放弃(U)]<退出>: 的提示下，移动"十"字光标到"短垂线"的一侧，单击鼠标确定（绘出一条"短辅助线"）。

在 选择要偏移的对象，或 [退出(E)/放弃(U)] <退出>: 的提示下，移动小方框光标到"短垂线"上，单击鼠标确定。

在 指定要偏移的那一侧上的点，或[退出(E)/多个(M)/放弃(U)]<退出>: 的提示下，移动"十"字光标到"短垂线"的另一侧，单击鼠标确定（绘出另一条"短辅助线"）。

重复上述操作，绘出所有"短垂线"两侧的"短辅助线"。

在 选择要偏移的对象，或 [退出(E)/放弃(U)] <退出>: 的提示下，按【Enter】键，如图 5-10（g）所示。

(9) 在命令窗口 命令: 的提示下，键盘输入"L"，按【Enter】键。

在 命令: _line 指定第一点: 的提示下，移动"十"字光标捕捉第一条"短辅助线"的端点，单击鼠标确定。

在 指定下一点或 [放弃(U)]: 的提示下，移动"十"字光标捕捉对称"短辅助线"的斜向端点，单击鼠标确定（绘出一条"短斜线"）。

在 |指定下一点或 [放弃(U)]:| 的提示下，按【Enter】键。

重复以上操作，在两条"短辅助线"之间绘制"×"形"短斜线"，如图5-10（h）所示。

（10）删除所有的"短垂线"和"短辅助线"，如图5-10（i）所示。

（11）在命令窗口 |命令:| 的提示下，鼠标单击"绘图"工具栏中的 ⊙ 图标按钮。

在 |指定圆的圆心或[三点(3P)/两点(2P)/相切、相切、半径(T)]:| 的提示下，移动"十"字光标捕捉第一个"×"形交点，单击鼠标确定。

在 |指定圆的半径或 [直径(D)]:| 的提示下，键盘输入"1"，按【Enter】键，绘出一个"小圆"。

在命令窗口 |命令:| 的提示下，鼠标单击"修改"工具栏中的 ∞ 图标按钮。

在 |选择对象:| 的提示下，移动小方框光标到绘制的"小圆"上，单击鼠标确定。

在 |选择对象:| 的提示下，按【Enter】键。

在 |指定基点或 [位移(D)] <位移>:| 的提示下，移动"十"字光标捕捉"小圆"的圆心，单击鼠标确定。

在 |指定第二个点或 <使用第一个点作为位移>:| 的提示下，移动"十"字光标捕捉第二个"×"形交点，单击鼠标确定（复制一个"小圆"）。

在 |指定第二个点或 [退出(E)/放弃(U)] <退出>:| 的提示下，继续按上步操作依次捕捉其他"×"形交点，单击鼠标进行复制，直至复制完毕。

在 |指定第二个点或 [退出(E)/放弃(U)] <退出>:| 的提示下，按【Enter】键，如图5-10（j）在"铁丝网线"上所有的"×"形交点都复制出"小圆"。

（12）在命令窗口 |命令:| 的提示下，鼠标单击"修改"工具栏中 ⊣⊢ 图标按钮。

在 |选择对象或 <全部选择>:| 的提示下，移动小方框光标，选取第一个"小圆"，单击鼠标确定。

在 |选择对象:| 的提示下，继续移动小方框光标，依次选取"小圆"，单击鼠标确定（将所有的"小圆"都选取）。

在 |选择对象:| 的提示下，按【Enter】键。

在 |选择要修剪的对象，或按住 Shift 键选择要延伸的对象，或 [栏选(F)/窗交(C)/投影(P)/边(E)/删除(R)/放弃(U)]:| 的提示下，移动小方框光标到第一个"小圆"中间"铁丝网线"上，单击鼠标确定。

在 |选择要修剪的对象，或按住 Shift 键选择要延伸的对象，或 [栏选(F)/窗交(C)/投影(P)/边(E)/删除(R)/放弃(U)]:| 的提示下，继续移动小方框光标，依次到其他"小圆"中间的"铁丝网线"上，单击鼠标确定（将所有"小圆"中间的"铁丝网线"都剪掉）。

在 |选择要修剪的对象，或按住 Shift 键选择要延伸的对象，或 [栏选(F)/窗交(C)/投影(P)/边(E)/删除(R)/放弃(U)]:| 的提示下，按

【Enter】键，如图 5-10（k）剪掉所有"小圆"中间多余的"铁丝网线"。

（13）删除所有的"小圆"，如图 5-10（l）所示。

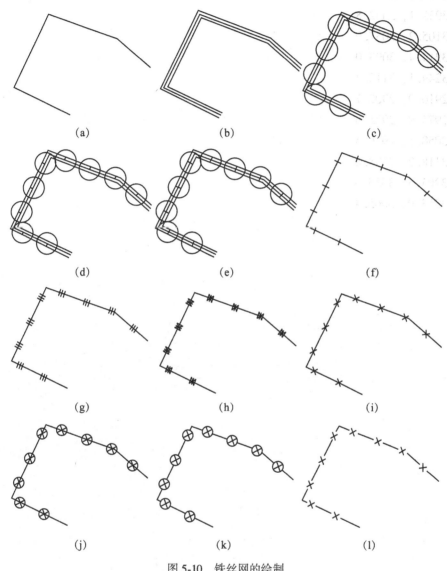

图 5-10 铁丝网的绘制

铁丝网绘制完毕。

4. 保存文件

继续保存：D 盘"学号+名字+沟渠"。

二、技能训练

打开 D 盘"学号+姓名+沟渠"图形文件，在"垣栅"图层，按实测坐标，绘制铁丝网，并保存。

铁丝网坐标

① 2867.2, 2942.4
   2947.6, 2969.3
   3032.1, 3002.8
   3105.2, 3037.9
   3214.4, 3093.0
   3249.1, 3110.4
② 2916.0, 2902.7
   2975.9, 2925.6
   3058.5, 2966.5
   3118.2, 2998.8
   3203.5, 3035.6
   3253.9, 3065.4

项目五 植被的绘制

植被是指覆盖在地球表面上的各种植物的总称。地形图上应反映出植被类别特征和分布范围。

植被在地形图上的表示有两部分组成：

(1) 地类界、地物范围线（简称范围线），它是区分各类用地界线及某些地物的轮廓符号，通过此轮廓符号反映植被的分布范围和地理位置。

(2) 植被符号、植被注记，通常用它来区分植被类别特性，它填充（绘制）在轮廓符号里面。

任务1 林地的绘制

☞ 学习目标：

掌握图层中"线型"及图形对象"线型"的设置和"正交"模式的应用；能按实测坐标在指定的"图层"绘制地类界（范围线），并在地类界中填充林地符号。

技 能 先 导

一、图层中"线型"设置

打开图层的方法有三种，可以任选其一：

- 在工具栏中单击："图层"图标按钮 ≋ ；
- 在下拉菜单选取： 格式(O) → 图层（L）…；
- 在键盘输入命令：LAYER（或者 LA） → 【Enter】键。

执行命令后，弹出"图层特性管理器"对话框，如图6-1所示。

在"图层特性管理器"对话框中，鼠标单击 线型 图标下面对应图层的 Con…ous ，弹出"选择线型"选项框，如图6-2所示，在选项框中选择所需"线型"（如果没有需要的线型，可以单击该对话框的 加载(L)… 按钮，加载其他线型。），鼠标单击 确定 按钮。然后再单击"图层特性管理器"对话框底部的 确定 按钮。

二、图形对象的"线型"设置

用"对象特征"工具栏设置当前图形的"线型"。"对象特征"工具栏，如图6-3所示，用来改变当前图形的颜色、线型和线宽特征，改变后图形的这些特征不再受图层的控制。当前图形是指被选中的图形和将要绘制的图形。

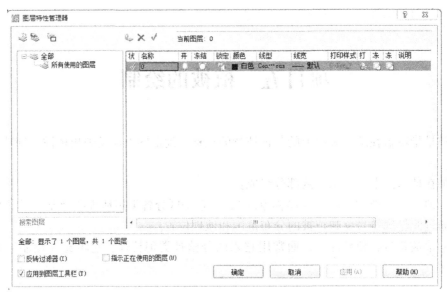

图 6-1 "图层特性管理器"对话框

图 6-2 "选择线型"选项框

图 6-3 "对象特征"工具栏

在"对象特征"工具栏"线型控制"下拉列表中选择某种线型,可改变设置以后要绘制图形(即当前图形)的线型,但并不改变图层的线型。

单击黑色的"小三角"打开下拉"线型列表"选项框,如图 6-4 所示。在"线型列表"中可以单击所需要的线型,即被选中。下拉"线型列表"中"ByLayer"(随图层)选项表示所希望的线型是按图层本身的线型来定。"ByBlock"(随图块)选项表示所希望的线型是按图块的线型来定。如果选择以上两者以外的线型，在以后所绘图形的线型将是独立的，不会随图层的变化而改变。

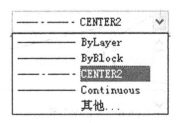

图 6-4 "线型列表"选项框

选择下拉"线型列表"中的"其他..."选项，将弹出"线型管理器"选项框，如图 6-5 所示，可以从中选择一种线型作为当前图形的线型。

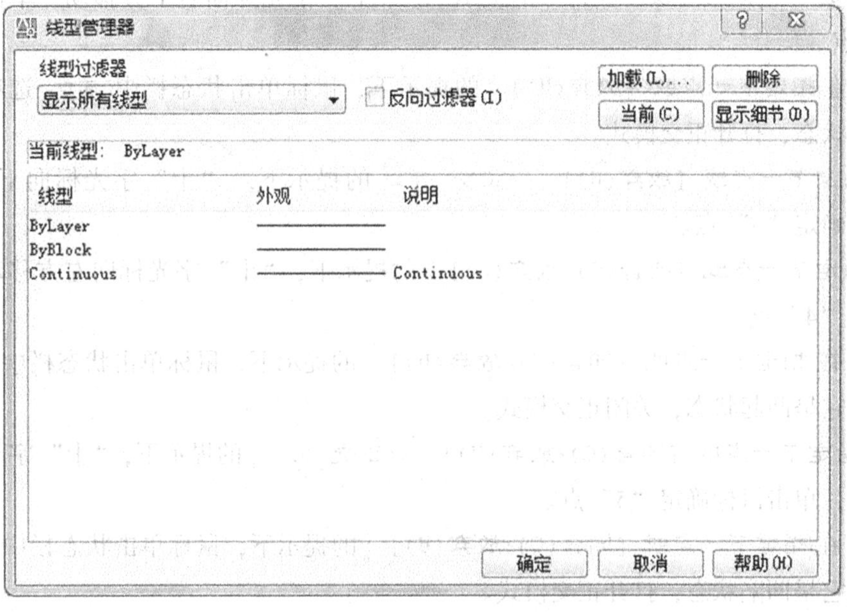

图 6-5 "线型管理器"选项框

三、正交模式

正交模式是用光标定位绘制水平线和垂直线的工具。

执行正交模式的方法有三种，可以任选其一：

- 在状态栏中单击：正交 选项卡（仅限打开和关闭）；
- 直接按快捷键：F8（仅限打开和关闭）；
- 在键盘输入命令：ORTHO → 【Enter】键。

正交（Ortho）命令是透明命令，它可以在执行其他命令的过程中直接使用。

技能训练：

绘制图 6-6 图形。

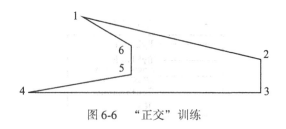

图 6-6 "正交"训练

(1) 在命令窗口 命令： 的提示下，键盘输入"L"，按【Enter】键。

在 命令：_line 指定第一点： 的提示下，"十"字光标在绘图区，单击鼠标确定"1"点。

在 指定下一点或 [放弃(U)]： 的提示下，"十"字光标向右下方移动，单击鼠标确定"2"点。

(2) 在 指定下一点或 [放弃(U)]： 的提示下，鼠标单击状态栏中 正交 选项卡，使它呈凹陷状态，打开正交模式。

在 指定下一点或 [放弃(U)]： <正交 开> 的提示下，"十"字光标向下方移动，单击鼠标确定"3"点。

在 指定下一点或 [闭合(C)/放弃(U)]： 的提示下，"十"字光标向左方移动，单击鼠标确定"4"点。

(3) 在 指定下一点或 [闭合(C)/放弃(U)]： 的提示下，鼠标单击状态栏中 正交 选项卡，使它呈凸起状态，关闭正交模式。

在 指定下一点或 [闭合(C)/放弃(U)]： <正交 关> 的提示下，"十"字光标向右上方移动，单击鼠标确定"5"点。

(4) 在 指定下一点或 [闭合(C)/放弃(U)]： 的提示下，鼠标单击状态栏中 正交 选项卡，使它呈凹陷状态，打开正交模式。

在 指定下一点或 [闭合(C)/放弃(U)]： <正交 开> 的提示下，"十"字光标向上方移动，单击鼠标确定"6"点。

(5) 在 指定下一点或 [闭合(C)/放弃(U)]： 的提示下，鼠标单击状态栏中 正交 选项卡，使它呈凸起状态，关闭正交模式。

在 指定下一点或 [闭合(C)/放弃(U)]： <正交 关> 的提示下，键盘输入"C"，按【Enter】键。

工 作 流 程

按实测坐标绘制地类界，绘制填充林地符号的辅助方格网，绘制林地符号，填充林地符号，类别特性注记。

一、松林的绘制

在 D 盘"学号+姓名+路桥"图形文件中,创建"植被"图层,按实测地类界坐标,绘制松林范围线,根据《国家基本比例尺地图图式》要求绘制松林符号填充到范围线里,并保存。

地类界坐标

1914.3,731.9

2199.5,495.8

1960.0,343.1

1783.4,516.3

1. 打开文件

打开 D 盘"学号+姓名+路桥"图形文件。

2. 创建图层

(1) 在命令窗口 命令: 的提示下,用鼠标单击"图层"工具栏中的 图标按钮。弹出"图层特性管理器"对话框。

(2) 鼠标单击 "新建图层"按钮,创建一个 图层5 的图层。

(3) 鼠标单击 图层5 ,在文字编辑框中输入 植被 。

(4) 鼠标单击 颜色 图标下面的 □白色 ,弹出"选择颜色"下拉菜单,在菜单中选择"绿色",鼠标单击 确定 。

(5) 鼠标单击 线型 图标下面的 Con…ous ,弹出"选择线型"选项框,鼠标单击底部的 加载(L)… 按钮,弹出"加载或重载线型"选项框(图6-7),在选项框中选择 ACAD_ISO07W100 ISO dot …… ,鼠标单击 确定 ,返回"选择线型"选项框,选取 ACAD_ISO07W100 ISO dot ,鼠标单击 确定 ,返回"图层特性管理器"对话框。

(6) 鼠标单击 ✓ "当前"按钮 ✓ 植被 ,将"植被"图层设置为当前图层。

(7) 单击"图层特性管理器"对话框底部的 确定 按钮。

3. 绘制松林的范围线

(1) 在命令窗口 命令: 的提示下,键盘输入"PL",按【Enter】键。

(2) 在 指定起点: 的提示下,键盘输入"1914.3,731.9",按【Enter】键。

(3) 在 指定下一个点或 [圆弧(A)/半宽(H)/长度(L)/放弃(U)/宽度(W)]: 的提示下,键盘输入"2199.5,495.8",按【Enter】键。

(4) 在 指定下一点或 [圆弧(A)/闭合(C)/…/放弃(U)/宽度(W)]: 的提示下,键盘输入"1960.0,343.1",按【Enter】键。

(5) 在 指定下一点或 [圆弧(A)/闭合(C)/…/放弃(U)/宽度(W)]: 的提示下,键盘输入"1783.4,516.3",按【Enter】键。

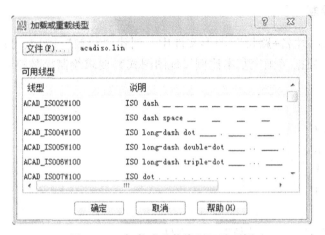

图 6-7 "加载或重载线型"选项框

(6) 在 指定下一点或 [圆弧(A)/闭合(C)/…/放弃(U)/宽度(W)]: 的提示下，键盘输入"C"，按【Enter】键，如图 6-8（a）绘出松林的范围线。

4. 绘制符号填充辅助方格网

(1) 鼠标单击状态栏中 正交 选项卡，使它呈凹陷状态，打开正交模式。

(2) 在命令窗口 命令: 的提示下，键盘输入"L"，按【Enter】键。

在 命令: _line 指定第一点: 的提示下，"十"字光标移到范围线左下方，单击鼠标确定。

在 指定下一点或 [放弃(U)]: 的提示下，"十"字光标移到范围线右下方，单击鼠标确定，如图 6-8（b）绘出一条"水平线"。

在 指定下一点或 [放弃(U)]: 的提示下，按【Enter】键。

(3) 在命令窗口 命令: 的提示下，按【Enter】键。

在 命令: _line 指定第一点: 的提示下，"十"字光标移到范围线左上方，单击鼠标确定。

在 指定下一点或 [放弃(U)]: 的提示下，"十"字光标移到范围线右下方，单击鼠标确定，如图 6-8（c）绘出一条"竖直线"。

在 指定下一点或 [放弃(U)]: 的提示下，按【Enter】键。

(4) 鼠标单击"状态栏"中的 正交 选项卡，使它呈凸起状态，关闭正交模式。

(5) 在命令窗口 命令: 的提示下，鼠标单击"修改"工具栏中的 图标按钮。

在 指定偏移距离或 [通过(T)/删除(E)/图层(L)] <通过>: 的提示下，键盘输入"10"，按【Enter】键。

在 选择要偏移的对象，或 [退出(E)/放弃(U)] <退出>: 的提示下，移动小方框光标到"水平线"上，单击鼠标确定。

任务1　林地的绘制　　　　　　　　　　　　　　　　　　　　　　　　　　　147

在 |指定要偏移的那一侧上的点,或[退出(E)/多个(M)/放弃(U)]<退出>:| 的提示下,移动"十"字光标到"水平线"上方,单击鼠标确定。绘出一条水平"偏移线"。

在 |选择要偏移的对象,或 [退出(E)/放弃(U)] <退出>:| 的提示下,移动小方框光标到水平"偏移线"上,单击鼠标确定。

在 |指定要偏移的那一侧上的点,或[退出(E)/多个(M)/放弃(U)]<退出>:| 的提示下,移动"十"字光标到水平"偏移线"上方,单击鼠标确定。

重复上两步操作,直至水平"偏移线"超出"范围线",绘出一组水平辅助线,如图6-8(d)所示。

在 |选择要偏移的对象,或 [退出(E)/放弃(U)] <退出>:| 的提示下,移动小方框光标到"竖直线"上,单击鼠标确定。

在 |指定要偏移的那一侧上的点,或[退出(E)/多个(M)/放弃(U)]<退出>:| 的提示下,移动"十"字光标到"竖直线"右方,单击鼠标确定。绘出一条竖直"偏移线"。

在 |选择要偏移的对象,或 [退出(E)/放弃(U)] <退出>:| 的提示下,移动小方框光标到竖直"偏移线"上,单击鼠标确定。

在 |指定要偏移的那一侧上的点,或[退出(E)/多个(M)/放弃(U)]<退出>:| 的提示下,移动"十"字光标到竖直"偏移线"右方,单击鼠标确定。

重复上两步操作,直至"偏移线"超出"范围线",绘出一组竖直辅助线,如图6-8(e)所示。

在 |选择要偏移的对象,或 [退出(E)/放弃(U)] <退出>:| 的提示下,按【Enter】键。符号填充辅助方格网绘制完毕,如图6-8(e)所示。

5. 绘制松林符号

松林符号:半径为0.8的"小圆",插入点为"小圆"的圆心,如图6-9(a)所示

(1)鼠标单击"对象特征"工具栏 ByLayer ▼ 中的黑色小三角,打开下拉"线型列表"选项框。

(2)在"线型列表"中单击 ——— Continuous 。

(3)在命令窗口 |命令:| 的提示下,用鼠标单击"绘图"工具栏中的 ⊙ 图标按钮。

(4)在 |指定圆的圆心或[三点(3P)/两点(2P)/相切、相切、半径(T)]:| 的提示下,移动"十"字光标到范围线外,单击鼠标确定。

(5)在 |指定圆的半径或 [直径(D)]:| 的提示下,键盘输入"0.8",按【Enter】键,如图6-8(f)所示。

6. 填充松林符号

(1)在命令窗口 |命令:| 的提示下,鼠标单击"修改"工具栏中的 ❀ 图标按钮。

(2)在 |选择对象:| 的提示下,移动小方框光标到绘制的"小圆"上,单击鼠标确定。

(3)在 |选择对象:| 的提示下,按【Enter】键。

(4)在 |指定基点或 [位移(D)] <位移>:| 的提示下,移动"十"字光标捕捉"小

圆"的圆心,单击鼠标确定。

(5) 在 `指定第二个点或 <使用第一个点作为位移>:` 的提示下,移动光标捕捉辅助方格网的交叉点,单击鼠标确定,复制出一个"小圆"。

(6) 在 `指定第二个点或 [退出(E)/放弃(U)] <退出>:` 的提示下,继续按上步捕捉辅助方格网的间隔交叉点(按"品"字形插入),单击鼠标进行复制,直至复制完毕。

(7) 在 `指定第二个点或 [退出(E)/放弃(U)] <退出>:` 的提示下,按【Enter】键,如图 6-8(g)所示。

7. 注记林地特性

删除所有的辅助方格网线和所绘的松林符号(小圆),如图 6-8(h)所示。

(1) 在命令窗口 `命令:` 的提示下,鼠标单击 `绘图(D)`,打开下拉菜单,光标移到"文字(X)",打开子菜单,鼠标单击"单行文字(S)"。

(2) 在 `指定文字的起点或 [对正(J)/样式(S)]:` 的提示下,移动"十"字光标到范围线中适当位置单击鼠标。

(3) 在 `指定高度 <2.5000>:` 的提示下,键盘输入"4",按【Enter】键。

(4) 在 `指定文字的旋转角度 <0>:` 的提示下,按【Enter】键。

(5) 在"闪耀"的光标处,键盘输入"松",按【Enter】键,再按【Enter】键,如图 6-8(i)所示。

8. 保存文件

继续保存:D 盘"学号+名字+路桥"图形文件。

松林绘制完毕。

二、疏林的绘制

打开 D 盘"学号+姓名+路桥"图形文件,在"植被"图层,按实测地类界坐标,绘制疏林范围线,根据《国家基本比例尺地图图式》要求绘制疏林符号填充到范围线里(不需注记),并保存。

地类界坐标

3622.4,2635.2

3674.4,2706.6

3760.1,2706.6

3854.6,2667.8

3877.1,2584.5

3792.5,2516.0

3638.0,2537.5

1. 打开文件

打开 D 盘"学号+姓名+路桥"图形文件。

2. 设置图层

"植被,绿色,点虚线"图层设置为当前图层。

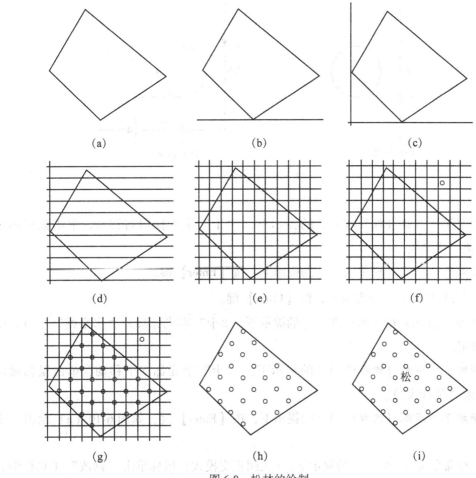

图 6-8 松林的绘制

3. 绘制疏林的范围线

用绘制多段线"PL"命令,按实测疏林地类界坐标绘出"疏林的范围线"。

4. 绘制符号填充辅助方格网

用"修改"中的"偏移"命令,按 10×10 绘制辅助方格网。

5. 绘制疏林符号

疏林符号为:半径 0.8 的小圆,在小圆底绘有长为 1.2 的切线,插入点为小圆底的切点。,如图 6-9 (b) 所示。

(1) 鼠标单击"对象特征"工具栏 ── ByLayer ▼ 中的黑色小三角,打开下拉"线型列表"选项框。

(2) 在"线型列表"中单击 ── Continuous 。

(3) 在命令窗口 命令: 的提示下,(打开正交模式)键盘输入"L",按【Enter】键。

在 命令: _line 指定第一点: 的提示下,在绘图区,单击鼠标确定。

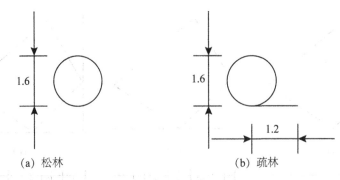

图 6-9 林地符号

在 |指定下一点或 [放弃(U)]:| 的提示下,"十"字光标向右移动,单击鼠标确定(绘出一条"水平线")。

在 |指定下一点或 [放弃(U)]:| 的提示下,按【Enter】键。

在命令窗口 |命令:| 的提示下,按【Enter】键。

在 |命令: _line 指定第一点:| 的提示下,"十"字光标移到"水平线"上方,单击鼠标确定。

在 |指定下一点或 [放弃(U)]:| 的提示下,"十"字光标向下移动,单击鼠标确定(绘出一条"竖直线")。

在 |指定下一点或 [放弃(U)]:| 的提示下,按【Enter】键,如图 6-10(a)绘出"十字线"。

(4)在命令窗口 |命令:| 的提示下,(关闭正交模式)鼠标单击"修改"工具栏中的 图标按钮。

在 |指定偏移距离或 [通过(T)/删除(E)/图层(L)]<通过>:| 的提示下,键盘输入"0.8",按【Enter】键。

在 |选择要偏移的对象,或 [退出(E)/放弃(U)] <退出>:| 的提示下,移动小方框光标到"水平线"上,单击鼠标确定。

在 |指定要偏移的那一侧上的点,或[退出(E)/多个(M)/放弃(U)]<退出>:| 的提示下,移动"十"字光标到"水平线"上方,单击鼠标确定(绘出一条"水平辅助线")。

在 |选择要偏移的对象,或 [退出(E)/放弃(U)] <退出>:| 的提示下,按【Enter】键。

在命令窗口 |命令:| 的提示下,按【Enter】键。

在 |指定偏移距离或 [通过(T)/删除(E)/图层(L)]<通过>:| 的提示下,键盘输入"1.2",按【Enter】键。

在 |选择要偏移的对象,或 [退出(E)/放弃(U)] <退出>:| 的提示下,移动小方框光

标到"竖直线"上,单击鼠标确定。

在 指定要偏移的那一侧上的点,或[退出(E)/多个(M)/放弃(U)]<退出>: 的提示下,移动"十"字光标到"竖直线"右方,单击鼠标确定(绘出一条"竖直辅助线")。

在 选择要偏移的对象,或 [退出(E)/放弃(U)] <退出>: 的提示下,按【Enter】键,如图6-10(b)绘出纵横两条"辅助线"。

(5) 在命令窗口 命令: 的提示下,鼠标单击"绘图"工具栏中的 ⊙ 图标按钮。

在 指定圆的圆心或[三点(3P)/两点(2P)/相切、相切、半径(T)]: 的提示下,移动"十"字光标捕捉"竖直线"与"水平辅助线"的交点,单击鼠标确定。

在 指定圆的半径或 [直径(D)]: 的提示下,键盘输入"0.8",按【Enter】键,如图6-10(c)绘出一个"小圆"。

(6) 在命令窗口 命令: 的提示下,鼠标单击"修改"工具栏中的 -/-- 图标按钮。

在 选择对象或 <全部选择>: 的提示下,移动小方框光标到"竖直线"上,单击鼠标确定。

在 选择对象: 的提示下,移动小方框光标到"竖直辅助线"上,单击鼠标确定。

在 选择对象: 的提示下,按【Enter】键。

在 选择要修剪的对象,或按住 Shift 键选择要延伸的对象,或[栏选(F)/窗交(C)/投影(P)/边(E)/删除(R)/放弃(U)]: 的提示下,移动小方框光标到"水平线"右端,单击鼠标确定。

在 选择要修剪的对象,或按住 Shift 键选择要延伸的对象,或[栏选(F)/窗交(C)/投影(P)/边(E)/删除(R)/放弃(U)]: 的提示下,移动小方框光标到"水平线"左端,单击鼠标确定。

在 选择要修剪的对象,或按住 Shift 键选择要延伸的对象,或[栏选(F)/窗交(C)/投影(P)/边(E)/删除(R)/放弃(U)]: 的提示下,按【Enter】键,如图6-10(d)修剪出疏林符号的切线。

(7) 在命令窗口 命令: 的提示下,光标移到"竖直线"上,单击鼠标确定;光标移到"竖直辅助线"上,单击鼠标确定;光标移到"水平辅助线"上,单击鼠标确定,按【Delete】键,如图6-10(e)删除"竖直线"、"竖直辅助线"和"水平辅助线"。

疏林符号绘制完毕,如图6-10(e)所示。

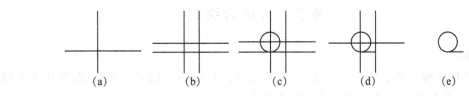

图6-10 疏林符号的绘制

6. 填充疏林符号

以"小圆"底部的"切点"为插入点,将疏林符号按"品"字形复制到辅助方格网的交点上。

7. 保存文件

D 盘"学号+名字+路桥"图形文件,继续保存。

疏林绘制完毕。

三、技能训练

打开 D 盘"学号+姓名+路桥"图形文件,在"植被,绿色,点虚线"图层,按实测地类界坐标,绘制林地范围线,用"绿色,实线",根据《国家基本比例尺地图图式》要求绘制林地符号填充到范围线里(不需注记),并保存。

(1) 松林地类界坐标

　　652.4,2164.6
　　690.9,1989.3
　　896.3,1788.4
　　1123.1,1583.2
　　1230.1,1681.5
　　1144.5,1938.0
　　994.7,2104.6
　　827.8,2228.5
　　759.4,224.9

(2) 疏林地类界坐标

　　3946.8,2585.7
　　4029.0,2613.0
　　4159.0,2585.7
　　4282.2,2428.4
　　4289.0,2291.7
　　4186.4,2182.3
　　4008.4,2202.8
　　3844.2,2407.9
　　3919.5,2483.1

任务 2　耕地的绘制

☞ **学习目标:**

掌握角度辅助线的绘制方法。能按实测坐标在指定的"图层"绘制地类界(范围线),并在地类界中按"品"字形填充耕地符号。

技能先导：绘角度构造线

使用该命令可以按指定角度绘出一条或者一组无穷长的直线。
执行"绘构造线"命令有三种方法，可任选其一：
- 在工具栏中单击："绘图"图标按钮 ✎；
- 在下拉菜单选取：绘图(D) → 构造线（T）；
- 在键盘输入命令：XLINE（或者 XL）→【Enter】键。

用绘"构造线"命令选择"角度（A）"绘制通过某点的倾斜直线。
执行命令：
(1) 命令窗口显示：

命令：_xline 指定点或 [水平(H)/垂直(V)/角度(A)/二等分(B)/偏移(O)]：

键盘输入"A"，按【Enter】键。
(2) 命令窗口显示：

输入构造线的角度（0）或 [参照(R)]：

键盘输入"角度"（即构造线的偏移角，从东开始逆时针旋转），按【Enter】键。"十"字光标上"吸"一条构造线。
(3) 命令窗口显示：

指定通过点：

用"吸"着构造线的光标捕捉（或者键盘直接输入坐标）要绘制构造线通过的点，单击鼠标确定。
(4) 命令窗口显示：

指定通过点：

可以继续移动光标捕捉其他构造线通过的点，单击鼠标确定，继续绘制倾斜"角度"的构造线，直至结束。
(5) 命令窗口显示：

指定通过点：

按【Esc】键或者【Enter】键绘制结束。

技能训练：
绘制偏转 30°和 150°，通过（275.2，190.4）点的两条倾斜直线。
① 命令窗口 命令： 的提示下，键盘输入"XL"，按【Enter】键。
② 在 指定点或 [水平(H)/垂直(V)/角度(A)/二等分(B)/偏移(O)]： 的提示下，键盘输入"A"，按【Enter】键。
③ 在 输入构造线的角度（0）或 [参照(R)]： 的提示下，键盘输入"30"，按【Enter】键。
④ 在 指定通过点： 的提示下，键盘输入"275.2，190.4"，按【Enter】键。
绘出一条倾斜 30°角的构造线，如图 6-11（a）所示。
⑤ 在 指定通过点： 的提示下，按【Enter】键。

⑥在命令窗口 命令: 的提示下，鼠标单击"绘图"工具栏中 ✏ 图标按钮。

⑦在 指定点或 [水平(H)/垂直(V)/角度(A)/二等分(B)/偏移(O)]: 的提示下，键盘输入"A"，按【Enter】键。

⑧在 输入构造线的角度 (0) 或 [参照(R)]: 的提示下，键盘输入"150"，按【Enter】键。

⑨在 指定通过点: 的提示下，键盘输入"275.2，190.4"，按【Enter】键。

又绘出一条倾斜 150°角的构造线。

⑩在 指定通过点: 的提示下，按【Enter】键。

绘出两条相交的构造线，如图 6-11（b）所示。

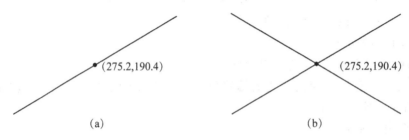

图 6-11　倾斜构造线的绘制

工 作 流 程

按实测坐标绘制地类界，绘制填充耕地符号的辅助方格网，绘制耕地符号，填充耕地符号。如图 6-12 所示。

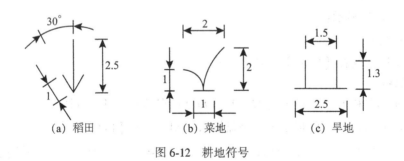

图 6-12　耕地符号

一、稻田的绘制

在 D 盘"学号+姓名+沟渠"图形文件中，创建"植被"图层，按实测地类界坐标，绘制稻田范围线，根据《国家基本比例尺地图图式》要求绘制稻田符号填充到范围线里，并保存。

地类界坐标
266.5, 257.2
265.1, 166.6
362.2, 172.0
357.1, 235.3
289.8, 255.9

1. 打开文件

打开 D 盘 "学号+姓名+沟渠" 图形文件。

2. 创建图层

(1) 在命令窗口 命令: 的提示下，用鼠标单击"图层"工具栏中的 图标按钮。弹出"图层特性管理器"对话框。

(2) 鼠标单击 "新建图层"按钮，创建一个 图层5 的图层。

(3) 鼠标单击 图层5 ，在文字编辑框中输入 植被 。

(4) 鼠标单击 颜色 图标下面的 白色 ，弹出"选择颜色"下拉菜单，在菜单中选择"绿色"，鼠标单击 确定 。

(5) 鼠标单击 线型 图标下面的 Con***ous ，弹出"选择线型"选项框，选取 ACAD_ISO07W100 ISO dot ，鼠标单击 确定 ，返回"图层特性管理器"对话框。

(6) 鼠标单击 √ "当前"按钮 √植被 ，将"植被"图层设置为当前图层。

(7) 单击"图层特性管理器"对话框底部的 确定 按钮。

3. 绘制稻田的范围线

(1) 在命令窗口 命令: 的提示下，键盘输入"PL"，按【Enter】键。

(2) 在 指定起点: 的提示下，键盘输入"266.5, 257.2"，按【Enter】键。

(3) 在 指定下一个点或[圆弧(A)/半宽(H)/长度(L)/放弃(U)/宽度(W)]: 的提示下，键盘输入"265.1, 166.6"，按【Enter】键。

(4) 在 指定下一点或 [圆弧(A)/闭合(C)/…/放弃(U)/宽度(W)]: 的提示下，键盘输入"362.2, 172.0"，按【Enter】键。

(5) 在 指定下一点或 [圆弧(A)/闭合(C)/…/放弃(U)/宽度(W)]: 的提示下，键盘输入"357.1, 235.3"，按【Enter】键。

(6) 在 指定下一点或 [圆弧(A)/闭合(C)/…/放弃(U)/宽度(W)]: 的提示下，键盘输入"289.8, 255.9"，按【Enter】键。

(7) 在 指定下一点或 [圆弧(A)/闭合(C)/…/放弃(U)/宽度(W)]: 的提示下，键盘输入"C"，按【Enter】键。

稻田的范围线绘制完毕，如图 6-13（a）所示。

4. 绘制符号填充辅助方格网

(1) 在命令窗口 命令: 的提示下，（打开正交模式）键盘输入"L"，按【Enter】

键。

在 `命令: _line 指定第一点:` 的提示下，移动"十"字光标到范围线左下方，单击鼠标确定。

在 `指定下一点或 [放弃(U)]:` 的提示下，移动"十"字光标到范围线右下方，单击鼠标确定（绘出一条"水平线"）。

在 `指定下一点或 [放弃(U)]:` 的提示下，按【Enter】键。

(2) 在命令窗口 `命令:` 的提示下，按【Enter】键。

在 `命令: _line 指定第一点:` 的提示下，移动"十"字光标到范围线左上方，单击鼠标确定。

在 `指定下一点或 [放弃(U)]:` 的提示下，移动"十"字光标到范围线右下方，单击鼠标确定（绘出一条"竖直线"）。

在 `指定下一点或 [放弃(U)]:` 的提示下，按【Enter】键。

(3) 在命令窗口 `命令:` 的提示下，（关闭正交模式）鼠标单击"修改"工具栏中的 图标按钮。

在 `指定偏移距离或 [通过(T)/删除(E)/图层(L)] <通过>:` 的提示下，键盘输入"10"，按【Enter】键。

在 `选择要偏移的对象，或 [退出(E)/放弃(U)] <退出>:` 的提示下，移动小方框光标到"水平线"上，单击鼠标确定。

在 `指定要偏移的那一侧上的点，或[退出(E)/多个(M)/放弃(U)]<退出>:` 的提示下，移动"十"字光标到"水平线"上方，单击鼠标确定（绘出一条水平"偏移线"）。

在 `选择要偏移的对象，或 [退出(E)/放弃(U)] <退出>:` 的提示下，移动小方框光标到水平"偏移线"上，单击鼠标确定。

在 `指定要偏移的那一侧上的点，或[退出(E)/多个(M)/放弃(U)]<退出>:` 的提示下，移动"十"字光标到水平"偏移线"上方，单击鼠标确定。

重复上两步操作，直至水平"偏移线"超出"范围线"，绘出一组水平辅助线。

在 `选择要偏移的对象，或 [退出(E)/放弃(U)] <退出>:` 的提示下，移动小方框光标到"竖直线"上，单击鼠标确定。

在 `指定要偏移的那一侧上的点，或[退出(E)/多个(M)/放弃(U)]<退出>:` 的提示下，移动"十"字光标到"竖直线"右方，单击鼠标确定。绘出一条竖直"偏移线"。

在 `选择要偏移的对象，或 [退出(E)/放弃(U)] <退出>:` 的提示下，移动小方框光标到竖直"偏移线"上，单击鼠标确定。

在 `指定要偏移的那一侧上的点，或[退出(E)/多个(M)/放弃(U)]<退出>:` 的提示下，移动"十"字光标到竖直"偏移线"右方，单击鼠标确定。

重复上两步操作，直至"偏移线"超出"范围线"，绘出一组竖直辅助线。

在 `选择要偏移的对象，或 [退出(E)/放弃(U)] <退出>:` 的提示下，按【Enter】键。

符号填充辅助方格网绘制完毕，如图6-13（b）所示。

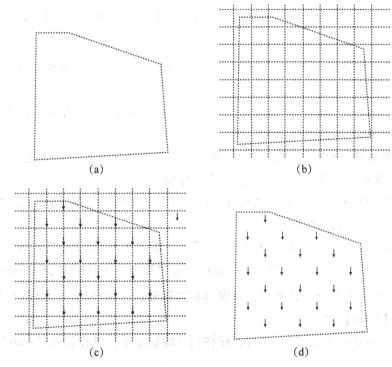

图6-13 稻田的绘制

5. 绘制稻田符号

稻田符号：长为2.5、斜线为1的"小箭头"，插入点为小箭头的顶点，如图6-12（a）所示。

（1）鼠标单击"对象特征"工具栏 ByLayer 中的黑色小三角，打开下拉"线型列表"选项框。

（2）在"线型列表"中单击 ———— Continuous 。

（3）在命令窗口 命令： 的提示下，（打开正交模式）键盘输入"L"，按【Enter】键。

在 命令：_line 指定第一点： 的提示下，在范围线外且旁边，单击鼠标确定。

在 指定下一点或 [放弃(U)]： 的提示下，"十"字光标向右移动，单击鼠标确定（绘出一条"水平线"）。

在 指定下一点或 [放弃(U)]： 的提示下，按【Enter】键。

（4）在命令窗口 命令： 的提示下，按【Enter】键。

在 命令：_line 指定第一点： 的提示下，"十"字光标移到"水平线"上方，单击鼠标确定。

在 指定下一点或 [放弃(U)]： 的提示下，"十"字光标向下移动，单击鼠标确定

(绘出一条"竖直线")。

在 |指定下一点或 [放弃(U)]:| 的提示下，按【Enter】键。

(5) 在命令窗口 |命令:| 的提示下，(关闭正交模式) 鼠标单击"修改"工具栏中的 图标按钮。

在 |指定偏移距离或 [通过(T)/删除(E)/图层(L)] <通过>:| 的提示下，键盘输入 "2.5"，按【Enter】键。

在 |选择要偏移的对象，或 [退出(E)/放弃(U)] <退出>:| 的提示下，移动小方框光标到"水平线"上，单击鼠标确定。

在 |指定要偏移的那一侧上的点，或[退出(E)/多个(M)/放弃(U)]<退出>:| 的提示下，移动"十"字光标到"水平线"上方，单击鼠标确定。

在 |选择要偏移的对象，或 [退出(E)/放弃(U)] <退出>:| 的提示下，按【Enter】键（绘出一条"水平辅助线"）。

如图 6-14（a）所示，绘出一条"水平线"、一条"水平辅助线"和一条"竖直线"。

(6) 在命令窗口 |命令:| 的提示下，鼠标单击"绘图"工具栏中 图标按钮。

在 |指定点或 [水平(H)/垂直(V)/角度(A)/二等分(B)/偏移(O)]:| 的提示下，键盘输入"A"，按【Enter】键。

在 |输入构造线的角度 (0) 或 [参照(R)]:| 的提示下，键盘输入"-60"，按【Enter】键。

在 |指定通过点:| 的提示下，移动"十"字光标捕捉"水平线"与"竖直线"的交点，单击鼠标确定。

在 |指定通过点:| 的提示下，按【Enter】键。

如图 6-14（b）所示绘出"第一条倾斜辅助线"。

(7) 在命令窗口 |命令:| 的提示下，鼠标单击"绘图"工具栏中 图标按钮。

在 |指定点或 [水平(H)/垂直(V)/角度(A)/二等分(B)/偏移(O)]:| 的提示下，键盘输入"A"，按【Enter】键。

在 |输入构造线的角度 (0) 或 [参照(R)]:| 的提示下，键盘输入"30"，按【Enter】键。

在 |指定通过点:| 的提示下，移动"十"字光标捕捉"水平线"与"竖直线"的交点，单击鼠标确定。

在 |指定通过点:| 的提示下，按【Enter】键。

如图 6-14（c）所示绘出"第二条倾斜辅助线"。

(8) 在命令窗口 |命令:| 的提示下，鼠标单击"绘图"工具栏中 图标按钮。

在 |指定点或 [水平(H)/垂直(V)/角度(A)/二等分(B)/偏移(O)]:| 的提示下，键盘输入"O"，按【Enter】键。

在 |指定偏移距离或 [通过(T)] <通过>:| 的提示下，键盘输入"1"，按【Enter】键。

任务 2 耕地的绘制 ——————————————————————————————————— 159

在 `选择直线对象：` 的提示下，移动小方框光标到"第二条倾斜辅助线"上，单击鼠标确定。

在 `指定向哪侧偏移：` 的提示下，将"十"字光标移动到"第二条倾斜辅助线"左上方，单击鼠标确定。

在 `选择直线对象：` 的提示下，按【Enter】键。

如图 6-14（d）所示绘出"第三条倾斜辅助线"。

（9）在命令窗口 `命令：` 的提示下，鼠标单击"修改"工具栏中的 -/- 图标按钮。

在 `选择对象或 <全部选择>：` 的提示下，移动小方框光标到"水平线"上，单击鼠标确定。

在 `选择对象：` 的提示下，移动小方框光标到"水平辅助线"上，单击鼠标确定。

在 `选择对象：` 的提示下，移动小方框光标到"第二条倾斜辅助线"上，单击鼠标确定。

在 `选择对象：` 的提示下，移动小方框光标到"第三条倾斜辅助线"上，单击鼠标确定。

在 `选择对象：` 的提示下，按【Enter】键，如图 6-14（e）所示。

在 `选择要修剪的对象，或按住 Shift 键选择要延伸的对象，或 [栏选(F)/窗交(C)/投影(P)/边(E)/删除(R)/放弃(U)]：` 的提示下，移动小方框光标到"竖直线"顶端，单击鼠标确定。

在 `选择要修剪的对象，或按住 Shift 键选择要延伸的对象，或 [栏选(F)/窗交(C)/投影(P)/边(E)/删除(R)/放弃(U)]：` 的提示下，移动小方框光标到"竖直线"底端，单击鼠标确定。

在 `选择要修剪的对象，或按住 Shift 键选择要延伸的对象，或 [栏选(F)/窗交(C)/投影(P)/边(E)/删除(R)/放弃(U)]：` 的提示下，移动小方框光标到"第一条倾斜辅助线"左上侧，单击鼠标确定。

在 `选择要修剪的对象，或按住 Shift 键选择要延伸的对象，或 [栏选(F)/窗交(C)/投影(P)/边(E)/删除(R)/放弃(U)]：` 的提示下，移动小方框光标到"第一条倾斜辅助线"右下侧，单击鼠标确定。

在 `选择要修剪的对象，或按住 Shift 键选择要延伸的对象，或 [栏选(F)/窗交(C)/投影(P)/边(E)/删除(R)/放弃(U)]：` 的提示下，按【Enter】键。

修剪出稻田符号的"左斜线"，如图 6-14（f）所示。

（10）在命令窗口 `命令：` 的提示下，光标"框选"两条"水平线"和两条"倾斜辅助线"，单击鼠标确定，按【Delete】键。

如图 6-14（g）所示。删除两条"水平线"和两条"倾斜辅助线"。

（11）在命令窗口 `命令：` 的提示下，鼠标单击"修改"工具栏中的 ◢◣ 图标按钮。

在 `选择对象：` 的提示下，移动小方框光标到稻田符号的"左斜线"上，单击鼠标确定。

在 [选择对象:] 的提示下,按【Enter】键。

在 [指定镜像线的第一点:] 的提示下,移动"十"字光标捕捉"竖直线"顶端,单击鼠标确定。

在 [指定镜像线的第二点:] 的提示下,移动"十"字光标捕捉"竖直线"底端,单击鼠标确定。

在 [要删除源对象吗?[是(Y)/否(N)] <N>:] 的提示下,键盘输入"N",按【Enter】键。

如图 6-14 (h) 所示,稻田符号绘制完毕。

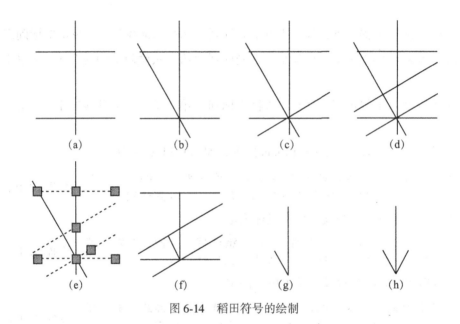

图 6-14 稻田符号的绘制

6. 填充稻田符号

(1) 在命令窗口 [命令:] 的提示下,鼠标单击"修改"工具栏中的 图标按钮。

(2) 在 [选择对象:] 的提示下,移动小方框光标到绘制的稻田符号的"竖线"上,单击鼠标确定。

(3) 在 [选择对象:] 的提示下,移动小方框光标到稻田符号的"左斜线"上,单击鼠标确定。

(4) 在 [选择对象:] 的提示下,移动小方框光标到稻田符号的"右斜线"上,单击鼠标确定。

(5) 在 [选择对象:] 的提示下,按【Enter】键。

(6) 在 [指定基点或 [位移(D)] <位移>:] 的提示下,移动"十"字光标捕捉"箭头"的顶点,单击鼠标确定。

(7) 在 [指定第二个点或 <使用第一个点作为位移>:] 的提示下,移动"十"字光标捕捉辅助方格网的交叉点,单击鼠标确定,复制出一个稻田符号。

(8) 在 `指定第二个点或 [退出(E)/放弃(U)] <退出>:` 的提示下,继续按上步操作,捕捉辅助方格网的间隔交叉点(按"品"字形插入),单击鼠标进行复制,直至复制完毕。

(9) 在 `指定第二个点或 [退出(E)/放弃(U)] <退出>:` 的提示下,按【Enter】键,如图 6-13(c)所示,稻田符号填充完毕。

(10) 删除所有的辅助方格网线和范围线外绘制的稻田符号,稻田绘制完毕,如图 6-13(d)所示。

7. 保存文件

继续保存:D 盘"学号+名字+沟渠"图形文件。

二、菜地的绘制

打开 D 盘"学号+姓名+路桥"图形文件,在"植被"图层,按实测地类界坐标,绘制菜地范围线,根据《国家基本比例尺地图图式》要求绘制菜地符号填充到范围线里,并保存。

地类界坐标

389.3,228.8

408.1,224.7

427.3,239.1

414.6,257.2

400.7,260.8

1. 打开文件

打开 D 盘"学号+姓名+沟渠"图形文件。

2. 设置图层

(1) 鼠标单击"图层"工具栏 ![渠道] 上黑色的小三角打开下拉"图层列表"。

(2) 在"图层列表"中鼠标单击"植被"图层。

(3) 将以创建的"植被"图层 ![植被] 设置为当前图层。

(4) 鼠标单击"对象特征"工具栏 `———— Continuous ▼` 中的黑色小三角,打开下拉"线型列表"选项框。

(5) 在"线型列表"中单击 `ByLayer`。

3. 绘制菜地的范围线

用绘制多段线"PL"命令,按实测菜地地类界坐标绘出"菜地的范围线"。

4. 绘制符号填充辅助方格网

用"修改"中的"偏移"命令,按 10×10 绘制辅助方格网。

(1) 打开正交模式。

(2) 用绘制直线"L"命令,在菜地范围线下方绘出一条水平线。

(3) 用"修改"中的"偏移"命令，按 10 绘出一组水平的平行线。

(4) 用绘制直线"L"命令，在菜地范围线左方绘出一条竖直线。

(5) 用"修改"中的"偏移"命令，按 10 绘出一组竖直的平行线。

5. 绘制菜地符号

菜地符号：如图 6-12（b）所示，插入点为底线中点。

(1) 鼠标单击"对象特征"工具栏 ByLayer 中的黑色小三角，打开下拉"线型列表"选项框。

(2) 在"线型列表"中单击 ———— Continuous 。

(3) 在命令窗口 命令: 的提示下，键盘输入"L"，按【Enter】键。

在 命令: _line 指定第一点: 的提示下，在菜地边界线外且旁边，单击鼠标确定。

在 指定下一点或 [放弃(U)]: 的提示下，"十"字光标向右移动，单击鼠标确定（绘出一条"水平线"）。

在 指定下一点或 [放弃(U)]: 的提示下，按【Enter】键。

在命令窗口 命令: 的提示下，按【Enter】键。

在 命令: _line 指定第一点: 的提示下，"十"字光标移到"水平线"上方，单击鼠标确定。

在 指定下一点或 [放弃(U)]: 的提示下，"十"字光标向下移动，单击鼠标确定（绘出一条"竖直线"）。

在 指定下一点或 [放弃(U)]: 的提示下，（关闭正交模式）按【Enter】键。

绘出"十"字线，如图 6-15（a）所示。

(4) 在命令窗口 命令: 的提示下，鼠标单击"修改"工具栏中的 图标按钮。

在 指定偏移距离或 [通过(T)/删除(E)/图层(L)] <通过>: 的提示下，键盘输入"1"，按【Enter】键。

在 选择要偏移的对象，或 [退出(E)/放弃(U)] <退出>: 的提示下，移动小方框光标到"水平线"上，单击鼠标确定。

在 指定要偏移的那一侧上的点，或[退出(E)/多个(M)/放弃(U)]<退出>: 的提示下，移动"十"字光标到"水平线"上方，单击鼠标确定（绘出第一条"水平辅助线"）。

在 选择要偏移的对象，或 [退出(E)/放弃(U)] <退出>: 的提示下，移动小方框光标到"水平辅助线"上，单击鼠标确定。

在 指定要偏移的那一侧上的点，或[退出(E)/多个(M)/放弃(U)]<退出>: 的提示下，移动"十"字光标到"水平辅助线"上方，单击鼠标确定（绘出第二条"水平辅助线"）。

在 选择要偏移的对象，或 [退出(E)/放弃(U)] <退出>: 的提示下，按【Enter】键。

(5) 在命令窗口 命令: 的提示下，鼠标单击"修改"工具栏中的 图标按钮。

在 |指定偏移距离或 [通过(T)/删除(E)/图层(L)] <通过>:| 的提示下，键盘输入"0.5"，按【Enter】键。

在 |选择要偏移的对象，或 [退出(E)/放弃(U)] <退出>:| 的提示下，移动小方框光标到"竖直线"上，单击鼠标确定。

在 |指定要偏移的那一侧上的点，或[退出(E)/多个(M)/放弃(U)]<退出>:| 的提示下，移动"十"字光标到"竖直线"右方，单击鼠标确定（绘出右侧第一条"竖直辅助线"）。

在 |选择要偏移的对象，或 [退出(E)/放弃(U)] <退出>:| 的提示下，移动小方框光标到右侧第一条"竖直辅助线"上，单击鼠标确定。

在 |指定要偏移的那一侧上的点，或[退出(E)/多个(M)/放弃(U)]<退出>:| 的提示下，移动"十"字光标到右侧第一条"竖直辅助线"的右方，单击鼠标确定（绘出右侧第二条"竖直辅助线"）。

在 |选择要偏移的对象，或 [退出(E)/放弃(U)] <退出>:| 的提示下，移动小方框光标到"竖直线"上，单击鼠标确定。

在 |指定要偏移的那一侧上的点，或[退出(E)/多个(M)/放弃(U)]<退出>:| 的提示下，移动"十"字光标到"竖直线"左方，单击鼠标确定（绘出左侧第一条"竖直辅助线"）。

在 |选择要偏移的对象，或 [退出(E)/放弃(U)] <退出>:| 的提示下，移动小方框光标到左侧第一条"竖直辅助线"上，单击鼠标确定。

在 |指定要偏移的那一侧上的点，或[退出(E)/多个(M)/放弃(U)]<退出>:| 的提示下，移动"十"字光标到左侧第一条"竖直辅助线"的左方，单击鼠标确定（绘出左侧第二条"竖直辅助线"）。

在 |选择要偏移的对象，或 [退出(E)/放弃(U)] <退出>:| 的提示下，按【Enter】键。

绘出两横、四纵六条辅助线，如图6-15（b）所示。

（6）在命令窗口 |命令:| 的提示下，键盘输入"L"，按【Enter】键。

在|命令: _line 指定第一点:| 的提示下，移动"十"字光标捕捉"水平线"与左侧第一条"竖直辅助线"的交点，单击鼠标确定。

在|指定下一点或 [放弃(U)]:| 的提示下，移动"十"字光标捕捉"水平线"与右侧第一条"竖直辅助线"的交点，单击鼠标确定。

在|指定下一点或 [放弃(U)]:| 的提示下，按【Enter】键。

绘出菜地符号的"底线"。

（7）在命令窗口 |命令:| 的提示下，鼠标单击"绘图"工具栏中 ⌒ 图标按钮。

在|命令: _arc 指定圆弧的起点或 [圆心(C)]:| 的提示下，移动"十"字光标捕捉"水平线"与"竖直线"的交点，按【Enter】键。

在|指定圆弧的第二个点或 [圆心(C)/端点(E)]:| 的提示下，键盘输入"E"，按

【Enter】键。

在 指定圆弧的端点: 的提示下，移动"十"字光标，捕捉第一条"水平辅助线"与左侧第二条"竖直辅助线"的交点，按【Enter】键。

在 指定圆弧的圆心或 [角度(A)/方向(D)/半径(R)]: 的提示下，键盘输入"D"，按【Enter】键。

在 指定圆弧的起点切向: 的提示下，移动"十"字光标，捕捉第一条"水平辅助线"与"竖直线"的交点，按【Enter】键。

绘出菜地符号左侧"弧线"，如图6-15（c）所示。

（8）在命令窗口 命令: 的提示下，鼠标单击"绘图"工具栏中 ⌒ 图标按钮。

在 命令: _arc 指定圆弧的起点或 [圆心(C)]: 的提示下，移动"十"字光标，捕捉"水平线"与"竖直线"的交点，按【Enter】键。

在 指定圆弧的第二个点或 [圆心(C)/端点(E)]: 的提示下，键盘输入"E"，按【Enter】键。

在 指定圆弧的端点: 的提示下，移动"十"字光标，捕捉第二条"水平辅助线"与右侧第二条"竖直辅助线"的交点，按【Enter】键。

在 指定圆弧的圆心或 [角度(A)/方向(D)/半径(R)]: 的提示下，键盘输入"D"，按【Enter】键。

在 指定圆弧的起点切向: 的提示下，移动"十"字光标，捕捉第二条"水平辅助线"与"竖直线"的交点，按【Enter】键。

绘出菜地符号右侧"弧线"，如图6-15（d）所示。

（9）用光标框选所有的水平横线（三条），再框选所有的水平纵线（五条），鼠标单击"修改"工具栏中的 ✎ 图标按钮。

删除所有"辅助线"，菜地符号绘制完毕，如图6-15（e）所示。

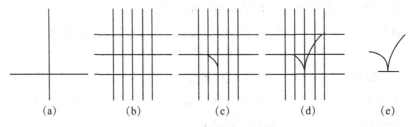

(a)　　　(b)　　　(c)　　　(d)　　　(e)

图6-15　菜地符号的绘制

6．填充菜地符号

（1）在命令窗口 命令: 的提示下，鼠标单击"修改"工具栏中 ❀ 图标按钮。

（2）在 选择对象: 的提示下，移动小方框光标框选菜地符号。

在 选择对象: 的提示下，按【Enter】键。

(3) 在 |指定基点或 [位移(D)] <位移>:| 的提示下,移动光标捕捉菜地符号"底线"的中点,单击鼠标确定(菜地符号被"吸"在光标上)。

(4) 在 |指定第二个点或 <使用第一个点作为位移>:| 的提示下,移动光标捕捉"辅助方格网线"在范围线里的第一个交叉点,单击鼠标确定(在"范围线"里复制出一个菜地符号)。

在|指定第二个点或 [退出(E)/放弃(U)] <退出>:| 的提示下,继续移动光标捕捉"辅助方格网线"在范围线里的间隔交叉点,单击鼠标确定。

重复以上操作,按"品"字形,将菜地符号复制到"辅助方格网线"的交叉点上。

在|指定第二个点或 [退出(E)/放弃(U)] <退出>:| 的提示下,按【Enter】键。

(5) 删除所有的辅助方格网线和范围线外绘制的菜地符号。

7. 保存文件

鼠标单击"标准"工具栏中的 图标按钮,D 盘"学号+名字+沟渠"图形文件,继续保存。

菜地绘制完毕。

三、技能训练

打开 D 盘"学号+姓名+路桥"图形文件,在"植被,绿色,点虚线"图层,按实测地类界坐标,绘制旱地范围线,用"绿色,实线",根据《国家基本比例尺地图图式》要求绘制旱地符号(如图 6-12(c)所示,插入点为底线中点)填充到范围线里(不需注记),并保存。

旱地地类界坐标
982.1, 551.4
1264.5, 667.9
1296.5, 875.2
1131.1, 1018.7
911.0, 983.2
731.9, 838.3

任务3 花草的绘制

☞ 学习目标:

能按实测坐标在指定的"图层"绘制地类界(范围线),并在地类界中按"品"字形填充花草符号。

工作流程

按实测坐标绘制地类界,绘制填充花草符号的辅助方格网,绘制花草符号,填充花草符号。

一、草地的绘制

在 D 盘"学号+姓名+居民地 A"图形文件中，创建"植被"图层，按实测地类界坐标，绘制草地范围线，根据《国家基本比例尺地图图式》要求绘制草地符号填充到范围线里，并保存。

地类界坐标
494.8，249.6
645.3，229.7
628.3，181.9
505.7，198.0

1. 打开文件

打开 D 盘"学号+姓名+沟渠"图形文件。

2. 创建图层

(1) 在命令窗口 命令: 的提示下，用鼠标单击"图层"工具栏中的 图标按钮。弹出"图层特性管理器"对话框。

(2) 鼠标单击 "新建图层"按钮，创建一个 图层5 的图层。

(3) 鼠标单击 图层5 ，在文字编辑框中输入 植被 。

(4) 鼠标单击 颜色 图标下面的 □白色 ，弹出"选择颜色"下拉菜单，在菜单中选择"绿色"，鼠标单击 确定 。

(5) 鼠标单击 线型 图标下面的 Con***ous ，弹出"选择线型"选项框，选取 ACAD_ISO07W100 ISO dot ，鼠标单击 确定 ，返回"图层特性管理器"对话框。

(6) 鼠标单击 ✓ "当前"按钮 ✓ 植被 ，将"植被"图层设置为当前图层。

(7) 单击"图层特性管理器"对话框底部的 确定 按钮。

3. 绘制草地的范围线

(1) 在命令窗口 命令: 的提示下，键盘输入"PL"，按【Enter】键。

(2) 在 指定起点: 的提示下，键盘输入"494.8，249.6"，按【Enter】键。

(3) 在 指定下一个点或[圆弧(A)/半宽(H)/长度(L)/放弃(U)/宽度(W)]: 的提示下，键盘输入"645.3，229.7"，按【Enter】键。

(4) 在 指定下一点或 [圆弧(A)/闭合(C)/ ··· /放弃(U)/宽度(W)]: 的提示下，键盘输入"628.3，181.9"，按【Enter】键。

(5) 在 指定下一点或 [圆弧(A)/闭合(C)/ ··· /放弃(U)/宽度(W)]: 的提示下，键盘输入"505.7，198.0"，按【Enter】键。

(6) 在 指定下一点或 [圆弧(A)/闭合(C)/ ··· /放弃(U)/宽度(W)]: 的提示下，键盘输入"C"，按【Enter】键。

草地的范围线绘制完毕。

任务3 花草的绘制

4. 绘制符号填充辅助方格网

用"修改"中的"偏移"命令，按10×10绘制辅助方格网。

(1) 打开正交模式。
(2) 用绘制直线"L"的命令，在草地范围线下方绘出一条水平线。
(3) 用"修改"中的"偏移"命令，按10绘出一组水平的平行线。
(4) 用绘制直线"L"的命令，在草地范围线左方绘出一条竖直线。
(5) 用"修改"中的"偏移"命令，按10绘出一组竖直的平行线。

5. 绘制草地符号

草地符号：如图6-16所示，插入点为符号的中心点。

图6-16 草地符号

(1) 鼠标单击"对象特征"工具栏 ByLayer 中的黑色小三角，打开下拉"线型列表"选项框。

(2) 在"线型列表"中单击 Continuous 。

(3) 在命令窗口 命令: 的提示下，键盘输入"L"，按【Enter】键。

在 命令: _line 指定第一点: 的提示下，在草地范围线外旁边，单击鼠标确定。

在 指定下一点或 [放弃(U)]: 的提示下，"十"字光标向右移动，单击鼠标确定（绘出一条"水平线"）。

在 指定下一点或 [放弃(U)]: 的提示下，按【Enter】键。

在命令窗口 命令: 的提示下，按【Enter】键。

在 命令: _line 指定第一点: 的提示下，"十"字光标移到"水平线"上方，单击鼠标确定。

在 指定下一点或 [放弃(U)]: 的提示下，"十"字光标向下移动，单击鼠标确定（绘出一条"竖直线"）。

在 指定下一点或 [放弃(U)]: 的提示下，（关闭正交模式）按【Enter】键。绘出"十"字线，如图6-17（a）所示。

(4) 在命令窗口 命令: 的提示下，鼠标单击"修改"工具栏中的 图标按钮。

在 指定偏移距离或 [通过(T)/删除(E)/图层(L)] <通过>: 的提示下，键盘输入"2"，按【Enter】键。

在 选择要偏移的对象，或 [退出(E)/放弃(U)] <退出>: 的提示下，移动小方框光标到"水平线"上，单击鼠标确定。

在 |指定要偏移的那一侧上的点，或[退出(E)/多个(M)/放弃(U)]<退出>:| 的提示下，移动"十"字光标到"水平线"上方，单击鼠标确定（绘出一条"水平辅助线"）。

在 |选择要偏移的对象，或 [退出(E)/放弃(U)]<退出>:| 的提示下，按【Enter】键。

（5）在命令窗口 |命令:| 的提示下，鼠标单击"修改"工具栏中的 ⚏ 图标按钮。

在 |指定偏移距离或 [通过(T)/删除(E)/图层(L)]<通过>:| 的提示下，键盘输入"1"，按【Enter】键。

在 |选择要偏移的对象，或 [退出(E)/放弃(U)]<退出>:| 的提示下，移动小方框光标到"竖直线"上，单击鼠标确定。

在 |指定要偏移的那一侧上的点，或[退出(E)/多个(M)/放弃(U)]<退出>:| 的提示下，移动"十"字光标到"竖直线"右方，单击鼠标确定（绘出"竖直辅助线"）。

在 |选择要偏移的对象，或 [退出(E)/放弃(U)]<退出>:| 的提示下，按【Enter】键。

绘出纵横各一条辅助线，如图6-17（b）所示。

（6）在命令窗口 |命令:| 的提示下，鼠标单击"修改"工具栏中的 ⚏ 图标按钮。

在 |选择对象或<全部选择>:| 的提示下，移动小方框光标到"水平线"上，单击鼠标确定。

在 |选择对象:| 的提示下，移动小方框光标到"水平辅助线"上，单击鼠标确定。

在 |选择对象:| 的提示下，按【Enter】键。

在 |选择要修剪的对象，或按住Shift键选择要延伸的对象，或[栏选(F)/窗交(C)/投影(P)/边(E)/删除(R)/放弃(U)]:| 的提示下，移动小方框光标到"竖直线"顶端，单击鼠标确定。

在 |选择要修剪的对象，或按住Shift键选择要延伸的对象，或[栏选(F)/窗交(C)/投影(P)/边(E)/删除(R)/放弃(U)]:| 的提示下，移动小方框光标到"辅助竖直线"顶端，单击鼠标确定。

在 |选择要修剪的对象，或按住Shift键选择要延伸的对象，或[栏选(F)/窗交(C)/投影(P)/边(E)/删除(R)/放弃(U)]:| 的提示下，移动小方框光标到"竖直线"底端，单击鼠标确定。

在 |选择要修剪的对象，或按住Shift键选择要延伸的对象，或[栏选(F)/窗交(C)/投影(P)/边(E)/删除(R)/放弃(U)]:| 的提示下，移动小方框光标到"辅助竖直线"底端，单击鼠标确定。

在 |选择要修剪的对象，或按住Shift键选择要延伸的对象，或[栏选(F)/窗交(C)/投影(P)/边(E)/删除(R)/放弃(U)]:| 的提示下，按【Enter】键。

修剪出草地符号线，如图6-17（c）所示。

（7）用光标框选两条水平线，单击鼠标确定，鼠标单击"修改"工具栏中的 ✎ 图标按钮（删除两条水平线）。

草地符号绘制完毕，如图6-17（d）所示。

6. 绘制草地符号插入点

（1）在命令窗口 |命令:| 的提示下，键盘输入"L"，按【Enter】键。

（2）在 |命令: _line 指定第一点:| 的提示下，移动"十"字光标，捕捉左侧"竖直线"中点，单击鼠标确定。

（3）在 |指定下一点或 [放弃(U)]:| 的提示下，"十"字光标向右侧移动，捕捉右侧"竖直线"中点，单击鼠标确定。

（4）在 |指定下一点或 [放弃(U)]:| 的提示下，按【Enter】键。

在草地符号中心绘出一条"水平线"，如图6-17（e）所示，插入点为"水平线"的中点。

草地符号及其插入点绘制完毕。

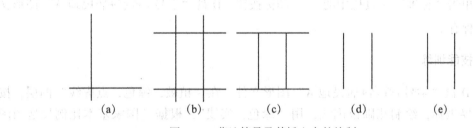

图6-17 草地符号及其插入点的绘制

7. 填充草地符号

（1）在命令窗口 |命令:| 的提示下，鼠标单击"修改"工具栏中的 ❀ 图标按钮。

（2）在 |选择对象:| 的提示下，移动小方框光标到左侧"竖直线"上，单击鼠标确定。

（3）在 |选择对象:| 的提示下，移动小方框光标到右侧"竖直线"上，单击鼠标确定。

（4）在 |选择对象:| 的提示下，按【Enter】键。

（5）在 |指定基点或 [位移(D)] <位移>:| 的提示下，移动"十"字光标捕捉"水平线"的中点，单击鼠标确定（"草地"符号被"吸"在了光标上）。

（6）在 |指定第二个点或 <使用第一个点作为位移>:| 的提示下，移动光标捕捉辅助方格网的交叉点，单击鼠标确定（复制出一个"草地"符号）。

（7）在 |指定第二个点或 [退出(E)/放弃(U)] <退出>:| 的提示下，继续按上步捕捉辅助方格网的间隔交叉点（按"品"字形插入），单击鼠标进行复制，直至复制完毕。

（8）在 |指定第二个点或 [退出(E)/放弃(U)] <退出>:| 的提示下，按【Enter】键

(草地符号填充完毕，如图6-18（a）所示）。

（9）删除所有的辅助方格网线和范围线外绘制的草地符号及其插入点水平线。

草地绘制完毕，如图6-18（b）所示。

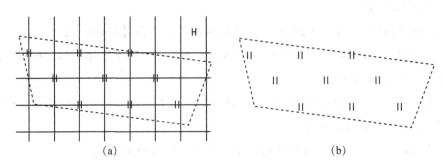

图6-18 草地的绘制

8. 保存文件

鼠标单击"标准"工具栏中的 图标按钮，D盘"学号+名字+居民地A"图形文件，继续保存。

二、技能训练

打开D盘"学号+姓名+居民地A"图形文件，在"植被，绿色，点虚线"图层，按实测地类界坐标，绘制花圃范围线，用"绿色，实线"，根据《国家基本比例尺地图图式》要求绘制花圃符号（如图6-19所示，插入点为底线中点）填充到范围线里（不需注记），并保存。

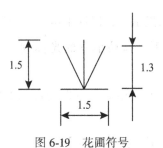

图6-19 花圃符号

花圃地类界坐标
723.8，587.7
801.5，577.1
793.2，516.4
715.4，527.0

任务4　园地的绘制

☞ **学习目标：**

能按实测坐标在指定的"图层"绘制地类界（范围线），并在地类界中按"品"字形填充园地符号。

工 作 流 程

按实测坐标绘制地类界，绘制填充园地符号的辅助方格网，绘制园地符号，填充园地符号，类别特性注记。

一、茶园的绘制

打开 D 盘"学号+姓名+路桥"图形文件，在"植被，绿色，点虚线"图层，按实测地类界坐标，绘制茶园范围线，根据《国家基本比例尺地图图式》要求绘制茶园符号填充到范围线里，并保存。

地类界坐标

3317.5，1006.2
3386.7，886.9
3501.2，911.5
3492.5，976.6
3505.9，1059.3
3420.0，1049.8

1. 打开文件

打开 D 盘"学号+姓名+路桥"图形文件。

2. 设置图层

将"植被，绿色，点虚线"图层，设置为当前图层。

3. 绘制茶园的范围线

用绘制多段线"PL"命令，按实测茶园地类界坐标绘出"茶园的范围线"。

4. 绘制符号填充辅助方格网

用"修改"中的"偏移"命令，按 10×10 绘制辅助方格网。

5. 绘制茶园符号

茶园符号，如图 6-20 所示，插入点为符号"竖线"底端点。

（1）鼠标单击"对象特征"工具栏 ByLayer 中的黑色小三角，打开下拉"线型列表"选项框。

（2）在"线型列表"中单击 ──── Continuous 。

（3）在命令窗口 命令: 的提示下，（打开正交模式）键盘输入"L"，按【Enter】键。

在 命令: _line 指定第一点: 的提示下，在范围线外且旁边，单击鼠标确定。

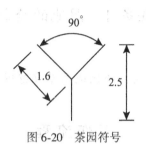

图 6-20 茶园符号

在 |指定下一点或 [放弃(U)]:| 的提示下,"十"字光标向右移动,单击鼠标确定(绘出一条"水平线")。

在 |指定下一点或 [放弃(U)]:| 的提示下,按【Enter】键。

(4) 在命令窗口 |命令:| 的提示下,按【Enter】键。

在 |命令:_line 指定第一点:| 的提示下,"十"字光标移到"水平线"上方,单击鼠标确定。

在 |指定下一点或 [放弃(U)]:| 的提示下,"十"字光标向下移动,单击鼠标确定(绘出一条"竖直线")。

在 |指定下一点或 [放弃(U)]:| 的提示下,按【Enter】键。

如图 6-21 (a) 所示绘出"十"字线。

(5) 在命令窗口 |命令:| 的提示下,(关闭正交模式)鼠标单击"绘图"工具栏中 ∕ 图标按钮。

在 |指定点或 [水平(H)/垂直(V)/角度(A)/二等分(B)/偏移(O)]:| 的提示下,键盘输入"B",按【Enter】键。

在 |指定角的顶点:| 的提示下,移动"十"字光标捕捉"水平线"与"竖直线"的交点,单击鼠标确定。

在 |指定角的起点:| 的提示下,移动"十"字光标捕捉"竖直线"上端点,单击鼠标确定。

在 |指定角的端点:| 的提示下,移动"十"字光标捕捉"水平线"的右端点,单击鼠标确定(绘出一条"右斜辅助线")。

在 |指定角的端点:| 的提示下,移动"十"字光标捕捉"水平线"的左端点,单击鼠标确定(绘出一条"左斜辅助线")。

在 |指定角的端点:| 的提示下,按【Enter】键。

如图 6-21 (b) 所示绘出相互垂直的两条"辅助线"。

(6) 在命令窗口 |命令:| 的提示下,鼠标单击"绘图"工具栏中 ∕ 图标按钮。

在 |指定点或 [水平(H)/垂直(V)/角度(A)/二等分(B)/偏移(O)]:| 的提示下,键盘输入"O",按【Enter】键。

在 |指定偏移距离或 [通过(T)] <通过>:| 的提示下，键盘输入"1.6"，按【Enter】键。

在 |选择直线对象:| 的提示下，移动小方框光标到"右斜辅助线"上，单击鼠标确定。

在 |指定向哪侧偏移:| 的提示下，将"十"字光标移动到"右斜辅助线"的左侧，单击鼠标确定。

在 |选择直线对象:| 的提示下，移动小方框光标到"左斜辅助线"上，单击鼠标确定。

在 |指定向哪侧偏移:| 的提示下，将"十"字光标移动到"左斜辅助线"的右侧，单击鼠标确定。

在 |选择直线对象:| 的提示下，按【Enter】键。

如图6-21（c）所示绘出两条"倾斜辅助线"。

（7）在命令窗口 |命令:| 的提示下，键盘输入"L"，按【Enter】键。

在 |命令: _line 指定第一点:| 的提示下，移动"十"字光标，捕捉左侧两条"倾斜辅助线"的交点，单击鼠标确定。

在 |指定下一点或 [放弃(U)]:| 的提示下，"十"字光标向右移动，捕捉右侧两条"倾斜辅助线"的交点，单击鼠标确定（绘出一条"上水平辅助线"）。

在 |指定下一点或 [放弃(U)]:| 的提示下，按【Enter】键，如图6-21（d）所示。

（8）命令窗口 |命令:| 的提示下，鼠标单击"修改"工具栏中的 图标按钮。

在 |指定偏移距离或 [通过(T)/删除(E)/图层(L)] <通过>:| 的提示下，键盘输入"2.5"，按【Enter】键。

在 |选择要偏移的对象，或 [退出(E)/放弃(U)] <退出>:| 的提示下，移动小方框光标到"上水平辅助线"上，单击鼠标确定。

在 |指定要偏移的那一侧上的点，或[退出(E)/多个(M)/放弃(U)]<退出>:| 的提示下，移动"十"字光标到"水平线"下方，单击鼠标确定。

在 |选择要偏移的对象，或 [退出(E)/放弃(U)] <退出>:| 的提示下，按【Enter】键（又绘出一条"下水平辅助线"，如图6-21（e）所示）。

（9）在命令窗口 |命令:| 的提示下，鼠标单击"修改"工具栏中的 图标按钮。

在 |选择对象或 <全部选择>:| 的提示下，移动小方框光标选取除了"上水平辅助线"和"竖直线"以外的所以直线。

在 |选择对象:| 的提示下，按【Enter】键，如图6-21（f）所示。

在 |选择要修剪的对象，或按住 Shift 键选择要延伸的对象，或 [栏选(F)/窗交(C)/投影(P)/边(E)/删除(R)/放弃(U)]:| 的提示下，移动小方框光标到"水平线"上方的"竖直线"上，单击鼠标确定。

在 |选择要修剪的对象，或按住 Shift 键选择要延伸的对象，或 [栏选(F)/窗交(C)/投影(P)/边(E)/删除(R)/放弃(U)]:| 的提示下，移动

小方框光标到"竖直线"底端,单击鼠标确定。

在 选择要修剪的对象,或按住 Shift 键选择要延伸的对象,或[栏选(F)/窗交(C)/投影(P)/边(E)/删除(R)/放弃(U)]: 的提示下,移动小方框光标到"右斜辅助线"的右侧,单击鼠标确定。

在 选择要修剪的对象,或按住 Shift 键选择要延伸的对象,或[栏选(F)/窗交(C)/投影(P)/边(E)/删除(R)/放弃(U)]: 的提示下,移动小方框光标到"右斜辅助线"的左侧,单击鼠标确定。

在 选择要修剪的对象,或按住 Shift 键选择要延伸的对象,或[栏选(F)/窗交(C)/投影(P)/边(E)/删除(R)/放弃(U)]: 的提示下,移动小方框光标到"左斜辅助线"的右侧,单击鼠标确定。

在 选择要修剪的对象,或按住 Shift 键选择要延伸的对象,或[栏选(F)/窗交(C)/投影(P)/边(E)/删除(R)/放弃(U)]: 的提示下,移动小方框光标到"左斜辅助线"的左侧,单击鼠标确定。

在 选择要修剪的对象,或按住 Shift 键选择要延伸的对象,或[栏选(F)/窗交(C)/投影(P)/边(E)/删除(R)/放弃(U)]: 的提示下,按【Enter】键。

修剪出茶园符号,如图6-21(g)所示。

(10)在命令窗口 命令: 的提示下,用光标框选除了茶园符号以外的所有辅助线,按【Delete】键。

如图6-21(h)所示,茶园符号绘制完毕。

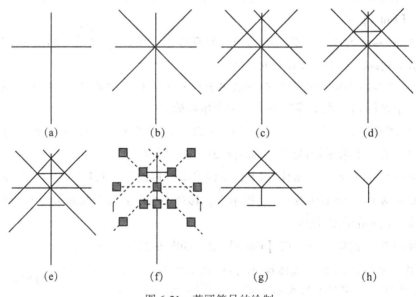

图6-21 茶园符号的绘制

6. 填充茶园符号

以"竖线"底端为插入点,将茶园符号按"品"字形复制到辅助方格网的交点上。

7. 保存文件

D盘"学号+名字+路桥"图形文件,继续保存。

茶园绘制完毕。

二、技能训练

打开D盘"学号+姓名+路桥"图形文件,在"植被,绿色,点虚线"图层,按实测地类界坐标,绘制果园范围线,用"绿色,实线",根据《国家基本比例尺地图图式》要求绘制果园符号(如图6-22所示,插入点为"竖线"下端点)填充到范围线里,注记"梨",并保存。

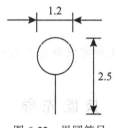

图6-22 果园符号

果园地类界坐标
4194.0,3565.4
4325.6,3626.5
4417.9,3711.6
4532.7,3575.5
4503.9,3516.8
4420.5,3452.9
4333.6,3425.8

项目六 独立地物的绘制

独立地物是地面上长期独立存在的，且有一定方位意义的地物，必须准确表示。独立地物一般占地面积很小，地形图上用统一设计好的非比例符号表示，应反映出独立地物的准确位置。

任务1 直线底独立地物的绘制

☞ **学习目标**：

掌握内部图块的创建与应用；能按实测坐标在指定的"图层"插入绘制好的直线底独立地物。

技 能 先 导

一、创建内部图块

图块是对象的集合。"内部图块"保存在当前图形文件中，只能在当前图形文件中用"块插入"命令应用，而不能在其他图形文件中应用。

创建内部图块（定义并命名图块）的方法有三种，可以任选其一：

- 在工具栏中单击："绘图"图标按钮 ❏；
- 在下拉菜单选取：绘图(D) → 块（K）→ 创建（M）…；
- 在键盘输入命令：BLOCK（或者 B）→【Enter】键。

执行命令，弹出"块定义"对话框，如图 7-1 所示。

对话框内各选项的意义与操作：

（1）名称(A)：_____ ：输入要定义的图块名称。它是中文、字母、数字等构成的字符串。

（2）基点：指定图块插入时的基点。

可以用两种方式指定基点：

① "光标直接拾取点"指定插入基点：鼠标单击 🔲 拾取点(K) 中的 🔲 按钮，暂时关闭"块定义"对话框，到绘图区，在当前图形中用光标指定插入基点，鼠标单击确定，之后返回"块定义"对话框。

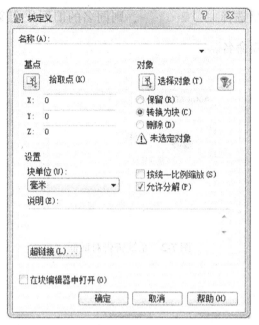

图 7-1 "块定义"对话框

② "输入坐标值"确定插入基点：在 中直接输入基点 X、Y、Z 的坐标值。

(3) 对象：指定在新创建图块中包含的对象，即选择图块的对象。

单击 选择对象(T) 中 按钮，暂时关闭"块定义"对话框，到绘图区，选取组成图块的对象（被选取的对象变虚），选取完毕，按【Enter】键，返回"块定义"对话框。并在选项下部 未选定对象 处显示"选定对象的数目"已选择 3 个对象；在"对话框"右上部"名称"后面显示被选取的作为图块的"图形"。

鼠标单击 ，弹出"快速选择"对话框，用该对话框定义选择集。

○ 保留(R)：保留构成图块的对象。选中 ⊙ 保留(R)，创建图块以后，将选定对象保留在图形中作为区别对象。

○ 转换为块(C)：将选定的多个分散对象替换为一个集合对象。选中 ⊙ 转换为块(C)，创建图块以后，将选定对象转换成图形中的图块实例。

○ 删除(D)：定义图块后，生成图块定义的对象被删除，可以用 OOPS 命令恢复构成块的对象。选中 ⊙ 删除(D)，创建图块以后，从图形中删除选定的对象。

(4) 定义完图块后，单击 确定 按钮。

如果指定的图块名已被定义，则 AutoCAD 显示警告信息（图 7-2），询问"图块已被定义，是否替换？"如果选择 是(Y) ，则同名的旧图块定义将被取代；如果选择 否(N) ，则需重新命名。

图 7-2　系统警告对话框

内部图块创建完毕。

技能训练：

将图 7-3（a）中的图形定义成图块，插入点为"外三角的顶点"，名称为"组合"。

(1) 用"直线"命令和"圆弧"命令绘出图块定义所需的图形，如图 7-3（a）所示；

(2) 在命令窗口 命令: 的提示下，鼠标单击"绘图"工具栏中 图标按钮。（或者键盘输入"BLOCK"按【Enter】键）

弹出"块定义"对话框，如图 7-1 所示。

(3) 在 名称(A): 中键盘输入图块名"组合" 名称(A): 组合 。

(4) 鼠标单击 基点 项 拾取点(K) 中的 按钮，关闭"块定义"对话框，到绘图区。

(5) 移动"十"字光标捕捉"外三角的顶点"（插入基点），鼠标单击确定，返回"块定义"对话框。

(6) 鼠标单击 对象 项 选择对象(T) 中 按钮，关闭"块定义"对话框，到绘图区。

(7) 用小方框光标框选整个图形，如图 7-3（b）所示，按【Enter】键，返回"块定义"对话框。

"块定义"对话框 对象 下部显示 已选择 5 个对象 ；在"对话框"右上部"名称"后面显示 图形。

(8) 鼠标单击 保留(R) 前面的小圆圈 保留(R) （创建块以后，选中的图形对象还以原来的形式保留在绘图区中）。

(9) 按 确定 按钮，完成"组合"图块（图 7-3（a）图形）的定义。

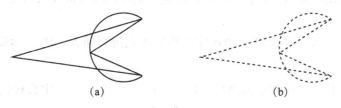

图 7-3 "块定义"训练

二、图块的应用

在指定位置插入创建好图块的方法有三种,可以任选其一:

在工具栏中单击:"绘图"图标按钮 ;

在下拉菜单选取: 插入(I) → 块(B) …;

在键盘输入命令: INSERT(或者 I) → 【Enter】键。

执行命令,弹出"插入"对话框,如图 7-4 所示。

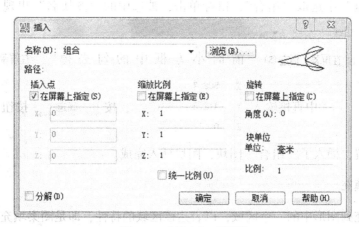

图 7-4 "插入"对话框

对话框内选项的操作:

(1) 名称(N): :鼠标单击黑色小三角,弹出"名称"下拉列表框,在"名称列表框"中选取要插入的图块名,鼠标单击,被选中的图块名出现在文字编辑框 名称(N):组合 中。

(2) 路径: :指定图块的路径(系统自动给出)。

插入点 :指定图块的插入点。

可以用两种方式指定图块的插入点:

①用光标直接在绘图区内指定图块的插入点进行插入。在 ☐在屏幕上指定(S) 前面的小方框中打勾 ☑在屏幕上指定(S),按 确定 按钮,关闭"插入"对话框,到绘图区,

在绘图区中用光标指定插入位置，鼠标单击确定，选中的图块被插入到光标指定处，完成图块的插入。

②键盘直接输入 X、Y、Z 坐标值确定图块插入点进行插入。把 ☑在屏幕上指定(S) 前面小方框中的勾去掉 ☐在屏幕上指定(S)，在 X: 0 Y: 0 Z: 0 中直接输入图块的插入点 X、Y、Z 坐标值，按 确定 按钮，在绘图区中坐标指定的位置，插入了选中的图块，图块插入完成。

技能训练：

将"组合"图块插入到（502.7，412.3）处。

（1）在命令窗口 命令 的提示下，鼠标单击"绘图"工具栏中 图标按钮（或者键盘输入"INSERT"按【Enter】键）。

弹出"插入"对话框，如图 7-4 所示。

（2）鼠标单击 名称(N): 后面的黑色小三角，弹出"名称"下拉列表框，在"列表框"中选取"组合"，鼠标单击，被选中的"图块名"出现在名称文本编辑框中 名称(N): 组合 。

（3）把 ☑在屏幕上指定(S) 前面小方框中的勾去掉 ☐在屏幕上指定(S)，在 X: 0 Y: 0 Z: 0 中直接输入 X: 502.7 Y: 412.3 Z: 0，按 确定 按钮，在绘图区中坐标指定的位置，插入了"组合"图块，图块插入完成。

三、图案填充

将图案填充到图形中的一个区域，以表达该区域的特性，即是图案填充。

创建图案填充的方法有三种，可以任选其一：

在工具栏中单击："绘图"图标按钮 ；

在下拉菜单选取：绘图(D)→图案填充（H）…；

在键盘输入命令：BHATCH（或者 BH）→【Enter】键。

执行命令，弹出"图案填充和渐变色"对话框，如图 7-5 所示。

对话框内各选项的意义与操作：

1. 图案填充

用来确定要填充的图案及其参数。

1）类型和图案

类型(Y)：用于确定填充图案的类型及图案。选择 预定义 。

用于确定标准图案文件中的填充图案。单击 ANGLE 右侧的 … 按钮，弹出"填充图案选项板"选项框（图 7-6）。可从中选取所需的图案。

图 7-5 "图案填充和渐变色"对话框

样例：用来给出一个样本图案。可以通过单击 ┣┣┣┣┣┣┣┣┣┣┣┣┣ 图像的方式迅速查看或选取已有的填充图案，如图 7-6 所示。

2）角度和比例

角度(G)：用来确定填充图案时的旋转角度。每种图案在定义时的旋转角度为零，可在 0 ▼ 中输入所希望的旋转角度。

比例(S)：用来确定填充图案的比例值。每种图案在定义时的初始比例为 1，可以根据需要进行放大或缩小，在 1 ▼ 内输入相应的比例值。

2. 边界

当进行图案填充时，首先要确定填充图案的边界。定义边界的对象只能是直线、多段线、样条曲线、圆弧、圆等对象或用这些对象定义的块，而且作为边界的对象在当前屏幕上必须全部可见。

添加:拾取点：以"拾取点"的形式自动确定填充区域的边界。鼠标单击 ，进入绘图区，移动"十"字光标，在填充的区域内任意点取一点，AutoCAD 会自动确定出包围该点的封闭填充边界，并且该边界以虚线显示。

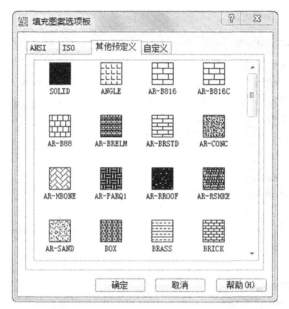

图 7-6 "填充图案选项板"选项框

添加:选择对象：以"选取对象"的方式确定填充区域的边界。鼠标单击 ，进入绘图区，移动小方框光标，根据需要选取构成填充区域的边界。被选择的边界以虚线显示。

技能训练：

将图 7-7（a）中的矩形填充晕线，三角形填充黑色。

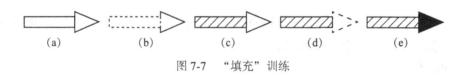

图 7-7 "填充"训练

（1）用绘制直线"L"命令，绘出如图 7-7（a）所示图形。

（2）在命令窗口 命令: 的提示下，鼠标单击"绘图"工具栏中的 图标按钮。弹出"图案填充和渐变色"对话框，如图 7-5 所示。

（3）鼠标单击 图案(P): 中 ANGLE 右侧的 。弹出"填充图案选项板"选项框，如图 7-6 所示。

（4）鼠标单击 ANSI 项，选取 ANSI31 ，鼠标单击 确定 按钮。此时 样例: 右侧显示 。

（5）鼠标单击 边界 下面 添加:拾取点 中的 ，进入绘图区，移动"十"字光标到图 7-7（a）中的矩形里面，单击鼠标确定，如图 7-7（b）所示，按【Enter】键，返回"图案填充和渐变色"对话框。

(6) 鼠标单击对话框底部的 |确定| 按钮。

如图 7-7（c）所示，矩形中被填充了晕线。

(7) 在命令窗口 |命令:| 的提示下，键盘输入"BH"，按【Enter】键。弹出"图案填充和渐变色"对话框，如图 7-5 所示。

(8) 鼠标单击 图案(P): 中 |ANSI31 ▼| 右侧的 |…|。弹出"填充图案选项板"选项框，如图 7-6 所示。

鼠标单击 |其他预定义| 项，选取 ■ SOLID，鼠标单击 |确定| 按钮。

此时，样例: 右侧显示 |■ ByLayer ▼|。

(9) 鼠标单击 边界 下面 |▨| 添加:选择对象 中的 |▨|，进入绘图区，移动小方框光标分别到图 7-7（c）中三角形的各边上，单击鼠标确定，如图 7-7（d）所示，按【Enter】键，返回"图案填充和渐变色"对话框。

(10) 鼠标单击对话框底部的 |确定| 按钮。

如图 7-7（e）所示，三角形中被填充了黑色。

工 作 流 程

按《国家基本比例尺地图图式》要求绘制独立地物符号（图 7-8），将绘制好的独立地物图形定义成为图块（一个整体），确定好插入基点（创建直线底独立地物的图块时，拾取插入的基点均为底部直线中点），根据实测独立地物位置的坐标，把独立地物符号插入到地形图中。

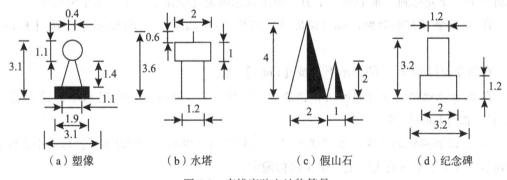

(a) 塑像　　　(b) 水塔　　　(c) 假山石　　　(d) 纪念碑

图 7-8　直线底独立地物符号

一、塑像的绘制与插入

1. 塑像符号的绘制

塑像符号如图 7-8（a）所示。

打开 D 盘 "学号+名字+居民地 A" 图形文件。

创建 "独立地物，红色" 图层，并设置为当前图层。

(1) 打开正交模式。

(2) 在命令窗口 |命令：| 的提示下，键盘输入 "L"，按【Enter】键。

在 |命令：_line 指定第一点：| 的提示下，在绘图区，单击鼠标确定。

在 |指定下一点或 [放弃(U)]：| 的提示下，"十" 字光标向右移动，单击鼠标确定（绘出一条 "水平线"）。

在 |指定下一点或 [放弃(U)]：| 的提示下，按【Enter】键。

在命令窗口 |命令：| 的提示下，按【Enter】键。

在 |命令：_line 指定第一点：| 的提示下，"十" 字光标移到 "水平线" 上方，单击鼠标确定。

在 |指定下一点或 [放弃(U)]：| 的提示下，"十" 字光标向下移动，单击鼠标确定（绘出一条 "竖直线"）。

在 |指定下一点或 [放弃(U)]：| 的提示下，按【Enter】键。

如图 7-9（a）所示，绘出 "十" 字线。

(3) 在命令窗口 |命令：| 的提示下，鼠标单击 "修改" 工具栏中的 图标按钮。

在 |指定偏移距离或 [通过(T)/删除(E)/图层(L)]<通过>：| 的提示下，键盘输入 "0.6"，按【Enter】键。

在 |选择要偏移的对象，或 [退出(E)/放弃(U)]<退出>：| 的提示下，移动小方框光标到 "水平线" 上，单击鼠标确定。

在 |指定要偏移的那一侧上的点，或[退出(E)/多个(M)/放弃(U)]<退出>：| 的提示下，移动 "十" 字光标到 "水平线" 上方，单击鼠标确定（绘出第一条 "水平辅助线"）。

在 |选择要偏移的对象，或 [退出(E)/放弃(U)]<退出>：| 的提示下，按【Enter】键。

在命令窗口 |命令：| 的提示下，按【Enter】键。

在 |指定偏移距离或 [通过(T)/删除(E)/图层(L)]<通过>：| 的提示下，键盘输入 "1.4"，按【Enter】键。

在 |选择要偏移的对象，或 [退出(E)/放弃(U)]<退出>：| 的提示下，移动小方框光标到第一条 "水平辅助线" 上，单击鼠标确定。

在 |指定要偏移的那一侧上的点，或[退出(E)/多个(M)/放弃(U)]<退出>：| 的提示下，移动 "十" 字光标到第一条 "水平辅助线" 上方，单击鼠标确定（绘出第二条 "水平辅助线"）。

在 |选择要偏移的对象，或 [退出(E)/放弃(U)]<退出>：| 的提示下，按【Enter】键。

在命令窗口 |命令：| 的提示下，按【Enter】键。

在 |指定偏移距离或 [通过(T)/删除(E)/图层(L)] <通过>:| 的提示下，键盘输入"0.55"，按【Enter】键。

在 |选择要偏移的对象，或 [退出(E)/放弃(U)] <退出>:| 的提示下，移动小方框光标到第二条"水平辅助线"上，单击鼠标确定。

在 |指定要偏移的那一侧上的点，或[退出(E)/多个(M)/放弃(U)]<退出>:| 的提示下，移动"十"字光标到第二条"水平辅助线"上方，单击鼠标确定（绘出第三条"水平辅助线"）。

在 |选择要偏移的对象，或 [退出(E)/放弃(U)] <退出>:| 的提示下，按【Enter】键。

如图 7-9（b）所示，绘出一条"水平线"和三条"水平辅助线"。

（4）在命令窗口 |命令:| 的提示下，鼠标单击"修改"工具栏中的 图标按钮。

在 |指定偏移距离或 [通过(T)/删除(E)/图层(L)] <通过>:| 的提示下，键盘输入"0.2"，按【Enter】键。

在 |选择要偏移的对象，或 [退出(E)/放弃(U)] <退出>:| 的提示下，移动小方框光标到"竖直线"上，单击鼠标确定。

在 |指定要偏移的那一侧上的点，或[退出(E)/多个(M)/放弃(U)]<退出>:| 的提示下，移动"十"字光标到"竖直线"右侧，单击鼠标确定（绘出右侧第一条"竖直辅助线"）。

在 |选择要偏移的对象，或 [退出(E)/放弃(U)] <退出>:| 的提示下，移动小方框光标到"竖直线"上，单击鼠标确定。

在 |指定要偏移的那一侧上的点，或[退出(E)/多个(M)/放弃(U)]<退出>:| 的提示下，移动"十"字光标到"竖直线"左侧，单击鼠标确定（绘出左侧第一条"竖直辅助线"）。

在 |选择要偏移的对象，或 [退出(E)/放弃(U)] <退出>:| 的提示下，按【Enter】键。

在命令窗口 |命令:| 的提示下，按【Enter】键。

在 |指定偏移距离或 [通过(T)/删除(E)/图层(L)] <通过>:| 的提示下，键盘输入"0.55"，按【Enter】键。

在 |选择要偏移的对象，或 [退出(E)/放弃(U)] <退出>:| 的提示下，移动小方框光标到"竖直线"上，单击鼠标确定。

在 |指定要偏移的那一侧上的点，或[退出(E)/多个(M)/放弃(U)]<退出>:| 的提示下，移动"十"字光标到右侧"竖直辅助线"的右侧，单击鼠标确定（绘出右侧第二条"竖直辅助线"）。

在 |选择要偏移的对象，或 [退出(E)/放弃(U)] <退出>:| 的提示下，移动小方框光标到"竖直线"上，单击鼠标确定。

在 |指定要偏移的那一侧上的点，或[退出(E)/多个(M)/放弃(U)]<退出>:| 的提示下，

移动"十"字光标到左侧"竖直辅助线"的左侧，单击鼠标确定（绘出左侧第二条"竖直辅助线"）。

在 |选择要偏移的对象，或 [退出(E)/放弃(U)] <退出>:| 的提示下，按【Enter】键。

在命令窗口 |命令:| 的提示下，按【Enter】键。

在 |指定偏移距离或 [通过(T)/删除(E)/图层(L)] <通过>:| 的提示下，键盘输入"0.4"，按【Enter】键。

在 |选择要偏移的对象，或 [退出(E)/放弃(U)] <退出>:| 的提示下，移动小方框光标到右侧第二条"竖直辅助线"上，单击鼠标确定。

在 |指定要偏移的那一侧上的点，或[退出(E)/多个(M)/放弃(U)]<退出>:| 的提示下，移动"十"字光标到右侧第二条"竖直辅助线"的右侧，单击鼠标确定（绘出右侧第三条"竖直辅助线"）。

在 |选择要偏移的对象，或 [退出(E)/放弃(U)] <退出>:| 的提示下，移动小方框光标到左侧第二条"竖直辅助线"上，单击鼠标确定。

在 |指定要偏移的那一侧上的点，或[退出(E)/多个(M)/放弃(U)]<退出>:| 的提示下，移动"十"字光标到左侧第二条"竖直辅助线"的左侧，单击鼠标确定（绘出左侧第三条"竖直辅助线"）。

在 |选择要偏移的对象，或 [退出(E)/放弃(U)] <退出>:| 的提示下，按【Enter】键。

在命令窗口 |命令:| 的提示下，按【Enter】键。

在 |指定偏移距离或 [通过(T)/删除(E)/图层(L)] <通过>:| 的提示下，键盘输入"0.6"，按【Enter】键。

在 |选择要偏移的对象，或 [退出(E)/放弃(U)] <退出>:| 的提示下，移动小方框光标到右侧第三条"竖直辅助线"上，单击鼠标确定。

在 |指定要偏移的那一侧上的点，或[退出(E)/多个(M)/放弃(U)]<退出>:| 的提示下，移动"十"字光标到右侧第三条"竖直辅助线"的右侧，单击鼠标确定（绘出右侧第四条"竖直辅助线"）。

在 |选择要偏移的对象，或 [退出(E)/放弃(U)] <退出>:| 的提示下，移动小方框光标到左侧第三条"竖直辅助线"上，单击鼠标确定。

在 |指定要偏移的那一侧上的点，或[退出(E)/多个(M)/放弃(U)]<退出>:| 的提示下，移动"十"字光标到左侧第三条"竖直辅助线"的左侧，单击鼠标确定（绘出左侧第四条"竖直辅助线"）。

在 |选择要偏移的对象，或 [退出(E)/放弃(U)] <退出>:| 的提示下，按【Enter】键。

如图7-9（c）所示，绘出4横9竖共13条"直线"。

(5) 在命令窗口 |命令:| 的提示下，（关闭正交模式）鼠标单击"绘图"工具栏中的 ⊙ 图标按钮。

任务1 直线底独立地物的绘制 —————————————————————— 187

在 |指定圆的圆心或[三点(3P)/两点(2P)/相切、相切、半径(T)]:| 的提示下,移动"十"字光标捕捉"竖直线"与第三条"水平辅助线"的交点,单击鼠标确定。

在 |指定圆的半径或[直径(D)]:| 的提示下,键盘输入"0.55",按【Enter】键。

如图7-9(d)所示,绘出一个"小圆"。

(6)用绘制直线"L"命令,按照图7-8(a)塑像符号的要求,绘出"塑像符号轮廓线",如图7-9(e)所示(关闭正交模式)。

(7)删除4横9竖共13条"直线",如图7-9(f)所示。

(8)在命令窗口 |命令:| 提示下,鼠标单击"绘图"工具栏中的 图标按钮。

弹出"图案填充和渐变色"对话框,如图7-5所示。

鼠标单击 图案(P): 中 |ANGLE ▼| 右侧的 |...|。

弹出"填充图案选项板"选项框,如图7-6所示。

鼠标单击 |其他预定义| 项,选取 ■ ,鼠标单击 |确定| 按钮。
                                    SOLID

此时,样例: 右侧显示 |■ ByLayer ▼|。

鼠标单击 边界 下面 |翻| 添加:拾取点 中的 |翻|,进入绘图区,移动"十"字光标到图7-9(f)中的"矩形"里面,单击鼠标确定,按【Enter】键,返回"图案填充和渐变色"对话框。

鼠标单击对话框底部的 |确定| 按钮。

如图7-9(g)所示,塑像符号绘制完毕。

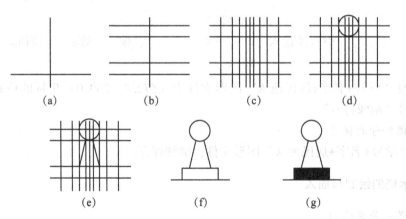

图7-9 塑像符号的绘制

2. 塑像符号图块的定义

塑像符号插入基点为底部直线中点。

(1)在命令窗口 |命令:| 的提示下,鼠标单击"绘图"工具栏中的 图标按钮。

（2）在"块定义"对话框 名称(A): 中输入图块名"塑像" 名称(A): 塑像 。

（3）鼠标单击 拾取点(K) 中的 按钮，关闭"块定义"对话框，到绘图区。

（4）移动"十"字光标，捕捉"塑像符号"底部直线中点，鼠标单击确定，返回"块定义"对话框。

（5）鼠标单击 选择对象(T) 中 按钮，关闭"块定义"对话框，到绘图区。

（6）用小方框光标框选整个"塑像符号"，按【Enter】键，返回"块定义"对话框。

（7）鼠标单击 删除(D) 前面的小圆圈 ⊙删除(D) （创建块以后，选中的"塑像符号"在绘图区中消失）。

（8）按 确定 按钮，完成"塑像"符号图块的定义。

3. 塑像符号的插入

塑像的实测坐标为（572.7，269.0）。

（1）设置图层。"独立地物"图层设置为当前图层。

（2）在命令窗口 命令: 的提示下，鼠标单击"绘图"工具栏中的 图标按钮。

（3）在"插入"对话框中鼠标单击 名称(N): 后面的黑色小三角，弹出"名称"下拉列表框，在"列表框"中选取"塑像"，鼠标单击，被选中的"图块名"出现在名称文本编辑框中 名称(N): 塑像 。

（4）把 ☑在屏幕上指定(S) 前面小方框中的勾去掉 □在屏幕上指定(S)，在

X: 0
Y: 0
Z: 0

中直接输入

X: 572.7
Y: 269.0
Z: 0

，按 确定 按钮。

在 D 盘"学号+名字+居民地 A"图形文件中（572.7，269.0）坐标的位置，插入了一个红色的"塑像符号"。

4. 塑像符号的保存

D 盘"学号+名字+居民地 A"图形文件，继续保存。

二、水塔的绘制与插入

1. 水塔符号的绘制

水塔符号如图 7-8（b）所示。

打开 D 盘"学号+名字+居民地 B"图形文件。

创建"独立地物，红色"图层，并设置为当前图层。

（1）打开正交模式。

（2）在命令窗口 命令: 的提示下，键盘输入"L"，按【Enter】键。

在 命令: _line 指定第一点: 的提示下，在绘图区，单击鼠标确定。

在 指定下一点或 [放弃(U)]: 的提示下,"十"字光标向右移动,单击鼠标确定(绘出一条"水平线")。

在 指定下一点或 [放弃(U)]: 的提示下,按【Enter】键。

在命令窗口 命令: 的提示下,键盘输入"L",按【Enter】键。

在 命令: _line 指定第一点: 的提示下,"十"字光标移到"水平线"上方,单击鼠标确定。

在 指定下一点或 [放弃(U)]: 的提示下,"十"字光标向下移动,单击鼠标确定(绘出一条"竖直线")。

在 指定下一点或 [放弃(U)]: 的提示下,按【Enter】键。

如图7-10(a)所示,绘出"十"字线。

(3) 在命令窗口 命令: 的提示下,(关闭正交模式)鼠标单击"修改"工具栏中的 图标按钮。

在 指定偏移距离或 [通过(T)/删除(E)/图层(L)]<通过>: 的提示下,键盘输入"2",按【Enter】键。

在 选择要偏移的对象,或 [退出(E)/放弃(U)]<退出>: 的提示下,移动小方框光标到"水平线"上,单击鼠标确定。

在 指定要偏移的那一侧上的点,或[退出(E)/多个(M)/放弃(U)]<退出>: 的提示下,移动"十"字光标到"水平线"上方,单击鼠标确定(绘出第一条"水平辅助线")。

在 选择要偏移的对象,或 [退出(E)/放弃(U)]<退出>: 的提示下,按【Enter】键。

在命令窗口 命令: 的提示下,按【Enter】键。

在 指定偏移距离或 [通过(T)/删除(E)/图层(L)]<通过>: 的提示下,键盘输入"1",按【Enter】键。

在 选择要偏移的对象,或 [退出(E)/放弃(U)]<退出>: 的提示下,移动小方框光标到"水平辅助线"上,单击鼠标确定。

在 指定要偏移的那一侧上的点,或[退出(E)/多个(M)/放弃(U)]<退出>: 的提示下,移动"十"字光标到"水平辅助线"上方,单击鼠标确定(绘出第二条"水平辅助线")。

在 选择要偏移的对象,或 [退出(E)/放弃(U)]<退出>: 的提示下,按【Enter】键。

在命令窗口 命令: 的提示下,按【Enter】键。

在 指定偏移距离或 [通过(T)/删除(E)/图层(L)]<通过>: 的提示下,键盘输入"0.6",按【Enter】键。

在 选择要偏移的对象,或 [退出(E)/放弃(U)]<退出>: 的提示下,移动小方框光标到第二条"水平辅助线"上,单击鼠标确定。

在 |指定要偏移的那一侧上的点,或[退出(E)/多个(M)/放弃(U)]<退出>:| 的提示下,移动"十"字光标到第二条"水平辅助线"上方,单击鼠标确定(绘出第三条"水平辅助线")。

在 |选择要偏移的对象,或 [退出(E)/放弃(U)] <退出>:| 的提示下,移动小方框光标到"竖直线"上,单击鼠标确定。

在 |指定要偏移的那一侧上的点,或[退出(E)/多个(M)/放弃(U)]<退出>:| 的提示下,移动"十"字光标到"竖直线"的右侧,单击鼠标确定(绘出右侧第一条"竖直辅助线")。

在 |选择要偏移的对象,或 [退出(E)/放弃(U)] <退出>:| 的提示下,移动小方框光标到"竖直线"上,单击鼠标确定。

在 |指定要偏移的那一侧上的点,或[退出(E)/多个(M)/放弃(U)]<退出>:| 的提示下,移动"十"字光标到"竖直线"的左侧,单击鼠标确定(绘出左侧第一条"竖直辅助线")。

在命令窗口 |命令:| 的提示下,按【Enter】键。

在 |指定偏移距离或 [通过(T)/删除(E)/图层(L)] <通过>:| 的提示下,键盘输入"0.4",按【Enter】键。

在 |选择要偏移的对象,或 [退出(E)/放弃(U)] <退出>:| 的提示下,移动小方框光标到右侧第一条"竖直辅助线"上,单击鼠标确定。

在 |指定要偏移的那一侧上的点,或[退出(E)/多个(M)/放弃(U)]<退出>:| 的提示下,移动"十"字光标到右侧第一条"竖直辅助线"的右侧,单击鼠标确定(绘出右侧第二条"竖直辅助线")。

在 |选择要偏移的对象,或 [退出(E)/放弃(U)] <退出>:| 的提示下,移动小方框光标到左侧第一条"竖直辅助线"上,单击鼠标确定。

在 |指定要偏移的那一侧上的点,或[退出(E)/多个(M)/放弃(U)]<退出>:| 的提示下,移动"十"字光标到左侧第一条"竖直辅助线"的左侧,单击鼠标确定(绘出左侧第二条"竖直辅助线")。

在 |选择要偏移的对象,或 [退出(E)/放弃(U)] <退出>:| 的提示下,按【Enter】键。

如图7-10(b)所示,绘出4横5竖共9条"直线"。

(4)用绘制直线"L"命令,按照图7-8(b)水塔符号的要求绘出"水塔符号轮廓线",如图7-10(c)所示所示。

(5)删除4横5竖共9条"直线",水塔符号绘制完毕,如图7-10(d)所示。

2. 水塔符号图块的定义

水塔符号的插入基点为底部直线中点。

(1)在命令窗口 |命令:| 的提示下,鼠标单击"绘图"工具栏中的 图标按钮。

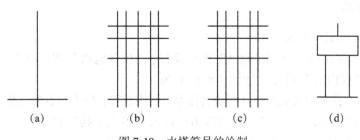

图 7-10 水塔符号的绘制

(2) 在"块定义"对话框 名称(A): 中输入图块名"水塔" 名称(A): 水塔 。

(3) 鼠标单击 拾取点(K) 中的 按钮,关闭"块定义"对话框,到绘图区。

(4) 移动"十"字光标捕捉"水塔符号"底部直线中点,鼠标单击确定,返回"块定义"对话框。

(5) 鼠标单击 选择对象(T) 中 按钮,关闭"块定义"对话框,到绘图区。

(6) 用小方框光标框选整个"水塔符号",按【Enter】键,返回"块定义"对话框。

(7) 鼠标单击 转换为块(C) 前面的"小圆圈" ●转换为块(C) (创建块以后,选中的"水塔符号"图形转换成图块,但仍然保留在绘图区中。)。

(8) 按 确定 按钮,完成"水塔"符号图块的定义。

3. 水塔符号的插入

水塔的实测坐标为(1055.8,718.5)。

(1) 设置图层。将"独立地物"图层设置为当前图层。

(2) 在命令窗口 命令: 的提示下,鼠标单击"绘图"工具栏中的 图标按钮。

(3) 在"插入"对话框中鼠标单击 名称(N): 后面的黑色小三角,弹出"名称"下拉列表框,在"列表框"中选取"水塔",鼠标单击,被选中的"图块名"出现在名称文本编辑框中 名称(N):水塔 。

(4) 把 ☑在屏幕上指定(S) 前面小方框中的勾去掉 □在屏幕上指定(S),在

X: 0
Y: 0
Z: 0

中直接输入

X: 1055.8
Y: 718.5
Z: 0

,按 确定 按钮。

在 D 盘"学号+名字+居民地 B"图形文件中(1055.8,718.5)坐标的位置,插入了一个红色的"水塔符号"。

4. 水塔符号的保存

D 盘"学号+名字+居民地 B"图形文件,继续保存。

三、技能训练

1. 假山石的绘制与插入

打开 D 盘"学号+名字+居民地 A"图形文件,"独立地物"图层设置当前。

(1) 绘制"假山石"符号,如图 7-8(c)所示。
(2) 将假山石符号定义成图块(图块名称为"假山石"),插入基点为底部直线中点。
(3) 按假山石实测坐标(472.7,177.6)插入"独立地物"图层。
(4) 继续保存 D 盘"学号+名字+居民地 A"图形文件。

2. 纪念碑的绘制与插入

打开 D 盘"学号+名字+居民地 B"图形文件,"独立地物"图层设置当前。

(1) 绘制"纪念碑"符号,如图 7-8(d)所示。
(2) 将纪念碑符号定义成图块(图块名称为"纪念碑"),插入基点为底部直线中点。
(3) 按纪念碑实测坐标(1633.4,570.8)插入"独立地物"图层。
(4) 继续保存 D 盘"学号+名字+居民地 B"图形文件。

任务 2 ⊥底独立地物的绘制

☞ 学习目标:

掌握相对直角坐标的输入方法;能按实测坐标在指定的"图层"插入绘制好的⊥底独立地物。

技 能 先 导

相对直角坐标的输入:相对直角坐标是相对于某一点的直角坐标值,它与坐标原点无关。相对直角坐标实际上就是两点之间的坐标增量。

相对直角坐标在 AutoCAD 中的表示方法:

在直角坐标值前面加"@"符号。

@X,Y。

例如:A 点坐标(100.0,100.0),B 点坐标(100.0,100.0),如图 7-11(a)所示,则 B 点相对于 A 点的坐标为(@50,50),如图 7-11(b)所示。

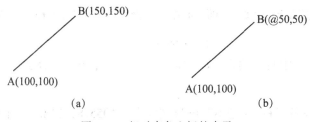

图 7-11 相对直角坐标的表示

绘直线 AB:

(1) 在命令窗口 `命令:` 的提示下，键盘输入"L"，按【Enter】键。
(2) 在 `命令: _line 指定第一点:` 提示下，键盘输入"100，100"，按【Enter】键。
(3) 在 `指定下一点或 [放弃(U)]:` 提示下，键盘输入"@50，50"，按【Enter】键。
(4) 在 `指定下一点或 [放弃(U)]:` 提示下，按【Enter】键。

技能训练：

绘一个长30，宽20的矩形。

① 在命令窗口 `命令:` 的提示下，键盘输入"L"，按【Enter】键。
② 在 `命令: _line 指定第一点:` 的提示下，在绘图区，单击鼠标确定。
③ 在 `指定下一点或 [放弃(U)]:` 的提示下，键盘输入"@30，0"，按【Enter】键。
④ 在 `指定下一点或 [放弃(U)]:` 的提示下，键盘输入"@0，20"，按【Enter】键。
⑤ 在 `指定下一点或 [闭合(C)/放弃(U)]:` 的提示下，键盘输入"@-30，0"，按【Enter】键。
⑥ 在 `指定下一点或 [闭合(C)/放弃(U)]:` 的提示下，键盘输入"@0，-20"，按【Enter】键。
⑦ 在 `指定下一点或 [闭合(C)/放弃(U)]:` 的提示下，按【Enter】键。

矩形绘制完毕。

工 作 流 程

按《国家基本比例尺地图图式》要求绘制独立地物符号（图 7-12），将绘制好的独立地物图形定义成为图块（一个整体），确定好插入基点（创建⊥底独立地物的图块时，拾取插入的基点均为⊥底纵横直线交点），根据实测独立地物位置的坐标，把独立地物符号插入到地形图中。

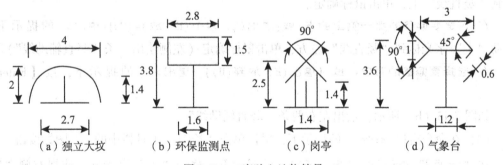

(a) 独立大坟　　(b) 环保监测点　　(c) 岗亭　　(d) 气象台

图 7-12　⊥底独立地物符号

一、独立大坟的绘制与插入

1. 独立大坟符号的绘制

独立大坟符号如图 7-12（a）所示。

打开 D 盘 "学号+名字+路桥" 图形文件。

创建 "独立地物，红色" 图层，并设置为当前图层。

(1) 在命令窗口 |命令：| 的提示下，键盘输入 "L"，按【Enter】键。

在 |命令：_line 指定第一点：| 的提示下，在绘图区，单击鼠标确定。

在 |指定下一点或 [放弃(U)]：| 的提示下，键盘输入 "@ 2.7, 0"，按【Enter】键（绘出一条 "水平线"）。

在 |指定下一点或 [放弃(U)]：| 的提示下，按【Enter】键。

在命令窗口 |命令：| 的提示下，按【Enter】键。

在 |命令：_line 指定第一点：| 的提示下，"十" 字光标捕捉 "水平线" 中点，单击鼠标确定。

在 |指定下一点或 [放弃(U)]：| 的提示下，键盘输入 "@ 0, 1.4"，按【Enter】键（绘出一条 "竖直线"）。

在 |指定下一点或 [放弃(U)]：| 的提示下，按【Enter】键。

如图 7-13（a）所示，绘出 "⊥" 字线。

(2) 在命令窗口 |命令：| 的提示下，鼠标单击 "修改" 工具栏中的 图标按钮。

在 |指定偏移距离或 [通过(T)/删除(E)/图层(L)] <通过>：| 的提示下，键盘输入 "2"，按【Enter】键。

在 |选择要偏移的对象，或 [退出(E)/放弃(U)] <退出>：| 的提示下，移动小方框光标到 "竖直线" 上，单击鼠标确定。

在 |指定要偏移的那一侧上的点，或[退出(E)/多个(M)/放弃(U)]<退出>：| 的提示下，移动 "十" 字光标到 "竖直线" 右方，单击鼠标确定（右侧绘出一条 "竖直辅助线"）。

在 |选择要偏移的对象，或 [退出(E)/放弃(U)] <退出>：| 的提示下，移动小方框光标到 "竖直线" 上，单击鼠标确定。

在 |指定要偏移的那一侧上的点，或[退出(E)/多个(M)/放弃(U)]<退出>：| 的提示下，移动 "十" 字光标到 "竖直线" 左方，单击鼠标确定（左侧绘出一条 "竖直辅助线"）。

在 |选择要偏移的对象，或 [退出(E)/放弃(U)] <退出>：| 的提示下，按【Enter】键。

如图 7-13（b）所示，绘出左右两条 "竖直辅助线"。

(3) 在命令窗口 |命令：| 的提示下，鼠标单击 "绘图" 工具栏中的 图标按钮。

在 |指定圆弧的起点或 [圆心(C)]：| 的提示下，移动 "十" 字光标，捕捉右侧 "竖直辅助线" 的下端点，单击鼠标确定。

在 |指定圆弧的第二个点或 [圆心(C)/端点(E)]：_c 指定圆弧的圆心：| 的提示下，键盘输入 "C"，按【Enter】键。

在 |指定圆弧的圆心：| 的提示下，移动 "十" 字光标，捕捉 "水平线" 的中点，单击鼠标确定。

在 |指定圆弧的端点或 [角度(A)/弦长(L)]:| 的提示下,移动"十"字光标,捕捉左侧"竖直辅助线"的下端点,单击鼠标确定。

如图 7-13（c）所示,绘出一条"圆弧线"。

（4）在命令窗口 |命令:| 的提示下,光标分别选取两条"竖直辅助线",按【Delete】键。

如图 7-13（d）所示,独立大坟符号绘制完毕。

图 7-13　独立大坟符号的绘制

2. 独立大坟符号图块的定义

独立大坟符号插入基点为⊥底纵横直线交点。

（1）在命令窗口 |命令:| 的提示下,鼠标单击"绘图"工具栏中的 图标按钮。

（2）在"块定义"对话框 名称(A): 中输入图块名"独立大坟" 名称(A): 独立大坟 。

（3）鼠标单击 拾取点(K) 中的 按钮,关闭"块定义"对话框,到绘图区。

（4）移动"十"字光标,捕捉"独立大坟符号"⊥底纵横直线交点,鼠标单击确定,返回"块定义"对话框。

（5）鼠标单击 选择对象(T) 中 按钮,关闭"块定义"对话框,到绘图区。

（6）用小方框光标,框选整个"独立大坟符号",按【Enter】键,返回"块定义"对话框。

（7）鼠标单击 ○删除(D) 前面的小圆圈 ⊙删除(D) 。

（8）按 确定 按钮,完成"独立大坟"符号图块的定义。

3. 独立大坟符号的插入

独立大坟的实测坐标为（1976.2, 340.1）。

（1）设置图层。将"独立地物"图层设置为当前图层。

（2）在命令窗口 |命令:| 的提示下,鼠标单击"绘图"工具栏中的 图标按钮。

（3）在"插入"对话框中鼠标单击 名称(N): 后面的黑色小三角,弹出"名称"下拉列表框,在"列表框"中选取"独立大坟",鼠标单击,被选中的"图块名"出现在名称文本编辑框中 名称(N): 独立大坟 ▼ 。

（4）把 ☑在屏幕上指定(S) 前面小方框中的勾去掉 ☐在屏幕上指定(S),在

X: 0
Y: 0
Z: 0

中直接输入

X: 1976.2
Y: 340.1
Z: 0

,按 确定 按钮。

在 D 盘"学号+名字+路桥"图形文件中（1976.2，340.1）坐标的位置，插入了一个红色的"独立大坟符号"。

4. 独立大坟符号的保存

D 盘"学号+名字+路桥"图形文件，继续保存。

二、气象台的绘制与插入

1. 气象台符号的绘制

气象台符号如图 7-12（d）所示。

打开 D 盘"学号+名字+路桥"图形文件。

将"独立地物"图层，设置为当前图层。

（1）在命令窗口 命令: 的提示下，键盘输入"L"，按【Enter】键。

在 命令：_line 指定第一点： 的提示下，在绘图区，单击鼠标确定。

在 指定下一点或 [放弃(U)]： 的提示下，键盘输入"@0，1"，按【Enter】键（绘出一条"短竖线"）。

在 指定下一点或 [放弃(U)]： 的提示下，按【Enter】键。

（2）在命令窗口 命令: 的提示下，键盘输入"L"，按【Enter】键。

在 命令：_line 指定第一点： 的提示下，移动"十"字光标，捕捉"短竖线"的中点，单击鼠标确定。

在 指定下一点或 [放弃(U)]： 的提示下，键盘输入"@3，0"，按【Enter】键（绘出一条"长水平线"）。

在 指定下一点或 [放弃(U)]： 的提示下，按【Enter】键。

（3）在命令窗口 命令: 的提示下，键盘输入"L"，按【Enter】键。

在 命令：_line 指定第一点： 的提示下，移动"十"字光标，捕捉"长水平线"的中点，单击鼠标确定。

在 指定下一点或 [放弃(U)]： 的提示下，键盘输入"@0，-3.1"，按【Enter】键（绘出一条"长竖线"）。

在 指定下一点或 [放弃(U)]： 的提示下，键盘输入"@0.6，0"，按【Enter】键（绘出一条"∟线"，如图 7-14（a）所示）。

在 指定下一点或 [闭合(C)/放弃(U)]： 的提示下，按【Enter】键。

（4）在命令窗口 命令: 的提示下，键盘输入"L"，按【Enter】键。

在 命令：_line 指定第一点： 的提示下，移动"十"字光标，捕捉"∟线"的顶点，单击鼠标确定。

在 指定下一点或 [放弃(U)]： 的提示下，键盘输入"@-0.6，0"，按【Enter】键（绘出半条"短水平线"，如图 7-14（b）所示）。

在 指定下一点或 [放弃(U)]： 的提示下，按【Enter】键。

（5）在命令窗口 命令: 的提示下，鼠标单击"绘图"工具栏中 ✎ 图标按钮。

任务 2 ⊥底独立地物的绘制

在 指定点或 [水平(H)/垂直(V)/角度(A)/二等分(B)/偏移(O)]: 的提示下，键盘输入"A"，按【Enter】键。

在 输入构造线的角度 (0) 或 [参照(R)]: 的提示下，键盘输入"45"，按【Enter】键。

在 指定通过点: 的提示下，移动"十"字光标，捕捉"长水平线"的右端点，单击鼠标确定。

在 指定通过点: 的提示下，移动"十"字光标，捕捉"短竖线"的下端点，单击鼠标确定。

在 指定通过点: 的提示下，按【Enter】键。

如图 7-14（c）所示绘出两条"倾斜辅助线"。

(6) 在命令窗口 命令: 的提示下，鼠标单击"绘图"工具栏中 ∕ 图标按钮。

在 指定点或 [水平(H)/垂直(V)/角度(A)/二等分(B)/偏移(O)]: 的提示下，键盘输入"A"，按【Enter】键。

在 输入构造线的角度 (0) 或 [参照(R)]: 的提示下，键盘输入"-45"，按【Enter】键。

在 指定通过点: 的提示下，移动"十"字光标，捕捉"长水平线"的右端点，单击鼠标确定。

在 指定通过点: 的提示下，移动"十"字光标，捕捉"短竖线"的上端点，单击鼠标确定。

在 指定通过点: 的提示下，按【Enter】键。

如图 7-14（d）所示，绘出两条"倾斜辅助线"。

(7) 在命令窗口 命令: 的提示下，鼠标单击"绘图"工具栏中 ∕ 图标按钮。

在 指定点或 [水平(H)/垂直(V)/角度(A)/二等分(B)/偏移(O)]: 的提示下，键盘输入"O"，按【Enter】键。

在 指定偏移距离或 [通过(T)] <通过>: 的提示下，键盘输入"0.6"，按【Enter】键。

在 选择直线对象: 的提示下，移动小方框光标到"长水平线"右端的左"倾斜辅助线"上，单击鼠标确定。

在 指定向哪侧偏移: 的提示下，将"十"字光标向左移动，单击鼠标确定。

在 选择直线对象: 的提示下，移动小方框光标到"长水平线"右端的右"倾斜辅助线"上，单击鼠标确定。

在 指定向哪侧偏移: 的提示下，将"十"字光标向左移动，单击鼠标确定。

在 选择直线对象: 的提示下，按【Enter】键。

如图 7-14（e）所示，绘出两条偏移的"倾斜辅助线"。

(8) 用绘制直线"L"命令，按照图 7-12（d）所示气象台符号的要求绘出"箭头"

和"箭尾"的短折线，如图 7-14（f）所示。

（9）删除六条"倾斜辅助线"和符号尾部的"短竖线"，如图 7-14（g）所示。

（10）在命令窗口 命令: 的提示下，鼠标单击"修改"工具栏中的 ⊣⁄⁻ 图标按钮。

在 选择对象或 <全部选择>: 的提示下，移动小方框光标到一条"箭尾"线上，单击鼠标确定。

在 选择对象: 的提示下，按【Enter】键。

在 选择要修剪的对象，或按住 Shift 键选择要延伸的对象，或
[栏选(F)/窗交(C)/投影(P)/边(E)/删除(R)/放弃(U)]: 的提示下，移动小方框光标到"长水平线"左端上，单击鼠标确定。

在 选择要修剪的对象，或按住 Shift 键选择要延伸的对象，或
[栏选(F)/窗交(C)/投影(P)/边(E)/删除(R)/放弃(U)]: 的提示下，按【Enter】键。

修剪出气象台符号，如图 7-14（h）所示，气象台符号绘制完毕。

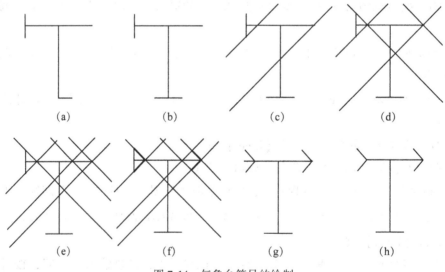

图 7-14 气象台符号的绘制

2. 气象台符号图块的定义

气象台符号插入基点为⊥底纵横直线交点。

（1）在命令窗口 命令: 的提示下，鼠标单击"绘图"工具栏中的 图标按钮。

（2）在"块定义"对话框 名称(A): 中输入图块名"气象台" 名称(A): 气象台 。

（3）鼠标单击 拾取点(K) 中的 按钮，关闭"块定义"对话框，到绘图区。

（4）移动"十"字光标捕捉"气象台符号"⊥底纵横直线交点，鼠标单击确定，返回"块定义"对话框。

(5) 鼠标单击 [选择对象(T)] 中 [按钮] 按钮，关闭"块定义"对话框，到绘图区。

(6) 用小方框光标，框选整个"气象台符号"，按【Enter】键，返回"块定义"对话框。

(7) 鼠标单击 ○删除(D) 前面的小圆圈 ⊙删除(D)。

(8) 按 [确定] 按钮，完成"气象台"符号图块的定义。

3. 气象台符号的插入

气象台的实测坐标为（4398.5，3060.9）。

(1) 将"独立地物"图层设置为当前图层。

(2) 在命令窗口 [命令:] 的提示下，鼠标单击"绘图"工具栏中的 [图标] 图标按钮。

(3) 在"插入"对话框中鼠标单击 名称(N): ▼ 后面的黑色小三角，弹出"名称"下拉列表框，在"列表框"中选取"气象台"，鼠标单击，被选中的"图块名"出现在名称文本编辑框中 名称(N): 气象台 ▼ 。

(4) 把 ☑在屏幕上指定(S) 前面小方框中的勾去掉 □在屏幕上指定(S)，在

X: 0   X: 4398.5
Y: 0 中直接输入 Y: 3060.9 ，按 [确定] 按钮。
Z: 0   Z: 0

在 D 盘"学号+名字+路桥"图形文件"独立地物"图层（4398.5，3060.9）坐标的位置，插入了一个红色的"气象台符号"。

4. 气象台符号的保存

D 盘"学号+名字+路桥"图形文件，继续保存。

三、技能训练

1. 环保监测站的绘制与插入

打开 D 盘"学号+名字+沟渠"图形文件，创建"独立地物，红色"图层，设置当前。

(1) 绘制"环保监测站"符号，如图 7-12（b）所示。

(2) 将环保监测站符号定义成图块（图块名称为"环保监测站"），插入基点为⊥底纵横直线交点。

(3) 按环保监测站实测坐标（392.3，220.7）插入"独立地物"图层。

(4) 继续保存 D 盘"学号+名字+沟渠"图形文件。

2. 岗亭的绘制与插入

打开 D 盘"学号+名字+居民地 A"图形文件，"独立地物"图层设置当前。

(1) 绘制"岗亭"符号，如图 7-12（c）所示。

(2) 将岗亭符号定义成图块（图块名称为"岗亭"），插入基点为⊥底纵横直线交点。

(3) 按岗亭实测坐标（456.5，304.7）插入"独立地物"图层。

(4) 继续保存 D 盘"学号+名字+居民地 A"图形文件。

任务3 └底独立地物的绘制

☞ 学习目标：

能按实测坐标在指定的"图层"插入绘制好的└底独立地物。

工作流程

按《国家基本比例尺地图图式》要求绘制独立地物符号，将绘制好的独立地物图形定义成为图块（一个整体），确定好插入基点（创建└底独立地物的图块时，拾取插入的基点均为└底线转角点），根据实测独立地物位置的坐标，把独立地物符号插入到地形图中（图7-15）。

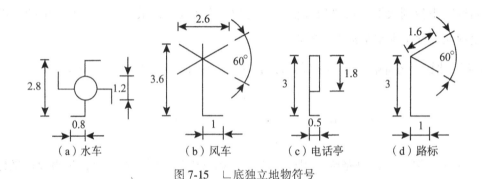

图7-15 └底独立地物符号

一、水车的绘制与插入

1. 水车符号的绘制

水车符号如图7-15（a）所示。

打开D盘"学号+名字+沟渠"图形文件。

将"独立地物"图层，设置为当前图层。

（1）在命令窗口 命令： 的提示下，鼠标单击"绘图"工具栏中的 ⊙ 图标按钮。

在 指定圆的圆心或[三点(3P)/两点(2P)/相切、相切、半径(T)]： 的提示下，在绘图区，单击鼠标确定。

在 指定圆的半径或[直径(D)]： 的提示下，键盘输入"0.6"，按【Enter】键。

如图7-16（a）所示，绘出一个"小圆"。

（2）在命令窗口 命令： 的提示下，键盘输入"L"，按【Enter】键。

在 命令：_line 指定第一点： 的提示下，移动"十"字光标捕捉"小圆"的上象限点，单击鼠标确定。

在 指定下一点或[放弃(U)]： 的提示下，键盘输入"@0,0.8"，按【Enter】键（绘出一条"上竖线"）。

在 指定下一点或 [放弃(U)]: 的提示下,键盘输入"@0.8,0",按【Enter】键(绘出一条"上水平线")。

在 指定下一点或 [闭合(C)/放弃(U)]: 的提示下,按【Enter】键,如图 7-16(b)所示。

(3) 在命令窗口 命令: 的提示下,键盘输入"L",按【Enter】键。

在 命令: _line 指定第一点: 的提示下,移动"十"字光标捕捉"小圆"的右象限点,单击鼠标确定。

在 指定下一点或 [放弃(U)]: 的提示下,键盘输入"@0.8,0",按【Enter】键(绘出一条"右水平线")。

在 指定下一点或 [放弃(U)]: 的提示下,键盘输入"@0,-0.8",按【Enter】键(绘出一条"右竖线")。

在 指定下一点或 [闭合(C)/放弃(U)]: 的提示下,按【Enter】键,如图 7-16(c)所示。

(4) 在命令窗口 命令: 的提示下,键盘输入"L",按【Enter】键。

在 命令: _line 指定第一点: 的提示下,移动"十"字光标捕捉"小圆"的下象限点,单击鼠标确定。

在 指定下一点或 [放弃(U)]: 的提示下,键盘输入"@0,-0.8",按【Enter】键(绘出一条"下竖线")。

在 指定下一点或 [放弃(U)]: 的提示下,键盘输入"@-0.8,0",按【Enter】键(绘出一条"下水平线")。

在 指定下一点或 [闭合(C)/放弃(U)]: 的提示下,按【Enter】键,如图 7-16(d)所示。

(5) 在命令窗口 命令: 的提示下,键盘输入"L",按【Enter】键。

在 命令: _line 指定第一点: 的提示下,移动"十"字光标捕捉"小圆"的左象限点,单击鼠标确定。

在 指定下一点或 [放弃(U)]: 的提示下,键盘输入"@-0.8,0",按【Enter】键(绘出一条"左水平线")。

在 指定下一点或 [放弃(U)]: 的提示下,键盘输入"@0,0.8",按【Enter】键(绘出一条"左竖线")。

在 指定下一点或 [闭合(C)/放弃(U)]: 的提示下,按【Enter】键,如图 7-16(e)所示。

水车符号绘制完毕。

2. 水车符号图块的定义

水车符号的插入基点为└底线转角点。

(1) 在命令窗口 命令: 的提示下,鼠标单击"绘图"工具栏中的 图标按钮。

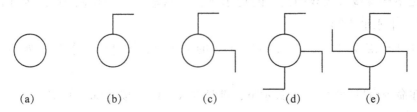

图 7-16 水车符号的绘制

(2) 在"块定义"对话框 名称(A): 中输入图块名"水车" 名称(A): 水车 。

(3) 鼠标单击 拾取点(K) 中的 按钮,关闭"块定义"对话框,到绘图区。

(4) 移动"十"字光标捕捉"水车符号"└底线转角点,鼠标单击确定,返回"块定义"对话框。

(5) 鼠标单击 选择对象(T) 中 按钮,关闭"块定义"对话框,到绘图区。

(6) 用小方框光标,框选整个"水车符号",按【Enter】键,返回"块定义"对话框。

(7) 鼠标单击 ○删除(D) 前面的小圆圈 ⊙删除(D)。

(8) 按 确定 按钮,完成"水车"符号图块的定义。

3. 水车符号的插入

水车的实测坐标为(408.7,402.4)。

(1) 将"独立地物"图层设置为当前图层。

(2) 在命令窗口 命令: 的提示下,鼠标单击"绘图"工具栏中的 图标按钮。

(3) 在"插入"对话框中鼠标单击 名称(N): 后面的黑色小三角,弹出"名称"下拉列表框,在"列表框"中选取"水车",鼠标单击,被选中的出现 名称(N): 水车 。

(4) 把 ☑在屏幕上指定(S) 前面小方框中的勾去掉 ☐在屏幕上指定(S),在

X: 0
Y: 0
Z: 0

中直接输入

X: 408.7
Y: 402.4
Z: 0

,按 确定 按钮。

在 D 盘"学号+名字+沟渠"图形文件中(408.7,402.4)坐标的位置,插入了一个红色的"水车符号"。

4. 水车符号的保存

D 盘"学号+名字+沟渠"图形文件,继续保存。

二、风车的绘制与插入

1. 风车符号的绘制

风车符号如图 7-15 (b) 所示。

打开 D 盘 "学号+名字+路桥" 图形文件。

将 "独立地物" 图层,设置为当前图层。

(1) 在命令窗口 命令: 的提示下,键盘输入 "L",按【Enter】键。

在 命令: _line 指定第一点: 的提示下,在绘图区,单击鼠标确定。

在 指定下一点或 [放弃(U)]: 的提示下,键盘输入 "@-1,0",按【Enter】键(绘出一条 "下水平线")。

在 指定下一点或 [放弃(U)]: 的提示下,键盘输入 "@0,3.6",按【Enter】键(绘出一条 "长竖线")。

在 指定下一点或 [闭合(C)/放弃(U)]: 的提示下,键盘输入 "@1.3,0",按【Enter】键(绘出一条 "上水平线")。

在 指定下一点或 [放弃(U)]: 的提示下,(打开正交模式)"十"字光标向下移动,单击鼠标确定(绘出一条 "短竖线")。

在 指定下一点或[闭合(C)/放弃(U)]: 的提示下,(关闭正交模式)按【Enter】键,如图 7-17 (a) 所示。

(2) 命令窗口 命令: 的提示下,鼠标单击 "绘图" 工具栏中的 ✎ 图标按钮。

在 指定点或 [水平(H)/垂直(V)/角度(A)/二等分(B)/偏移(O)]: 的提示下,键盘输入 "A",按【Enter】键。

在 输入构造线的角度 (0) 或 [参照(R)]: 的提示下,键盘输入 "30",按【Enter】键。

在 指定通过点: 的提示下,移动 "十" 字光标,捕捉 "上水平线" 的右端点,单击鼠标确定。

在 指定通过点: 的提示下,按【Enter】键。

如图 7-17 (b) 所示绘出一条 "倾斜辅助线"。

(3) 命令窗口 命令: 的提示下,鼠标单击 "绘图" 工具栏中 ✎ 图标按钮。

在 指定点或 [水平(H)/垂直(V)/角度(A)/二等分(B)/偏移(O)]: 的提示下,键盘输入 "A",按【Enter】键。

在 输入构造线的角度 (0) 或 [参照(R)]: 的提示下,键盘输入 "150",按【Enter】键。

在 指定通过点: 的提示下,移动 "十" 字光标,捕捉 "倾斜辅助线" 与 "长竖线" 的交点,单击鼠标确定。

在 指定通过点: 的提示下,按【Enter】键。

如图7-17（c）所示又绘出一条"倾斜辅助线"。

（4）在命令窗口 |命令:| 的提示下，鼠标单击"修改"工具栏中的 ⊢ 图标按钮。

在 |选择对象或 <全部选择>:| 的提示下，移动小方框光标到"短竖线"上，单击鼠标确定。

在 |选择对象:| 的提示下，移动小方框光标到"长竖线"上，单击鼠标确定。

在 |选择对象:| 的提示下，按【Enter】键。

在 |选择要修剪的对象，或按住 Shift 键选择要延伸的对象，或 [栏选(F)/窗交(C)/投影(P)/边(E)/删除(R)/放弃(U)]:| 的提示下，移动小方框光标分别到两条"倾斜辅助线"右侧上，单击鼠标确定。

在 |选择要修剪的对象，或按住 Shift 键选择要延伸的对象，或 [栏选(F)/窗交(C)/投影(P)/边(E)/删除(R)/放弃(U)]:| 的提示下，移动小方框光标分别到两条"倾斜辅助线"左侧上，单击鼠标确定。

在 |选择要修剪的对象，或按住 Shift 键选择要延伸的对象，或 [栏选(F)/窗交(C)/投影(P)/边(E)/删除(R)/放弃(U)]:| 的提示下，按【Enter】键。

如图7-17（d）所示，剪掉多余的倾斜辅助线。

（5）在命令窗口 |命令:| 的提示下，鼠标选取"短竖线"和"上水平线"，按【Delete】键（删除了"短竖线"和"上水平线"，如图7-17（e）所示）。

（6）在命令窗口 |命令:| 的提示下，鼠标单击"修改"工具栏中的 ⚠ 图标按钮。

在 |选择对象:| 的提示下，移动小方框光标到风车符号右侧的一条"斜线"上，单击鼠标确定。

在 |选择对象:| 的提示下，移动小方框光标到风车符号右侧的另一条"斜线"上，单击鼠标确定。

在 |选择对象:| 的提示下，按【Enter】键。

在 |指定镜像线的第一点:| 的提示下，移动"十"字光标，捕捉"长竖线"的上端点，单击鼠标确定。

在 |指定镜像线的第二点:| 的提示下，移动"十"字光标，捕捉"长竖线"的下端点，单击鼠标确定。

在 |要删除源对象吗? [是(Y)/否(N)] <N>:| 的提示下，键盘输入"N"，按【Enter】键。

如图7-17（f）所示，风车符号绘制完毕。

2. 风车符号图块的定义

风车符号的插入基点为∟底线转角点。

（1）在命令窗口 |命令:| 的提示下，鼠标单击"绘图"工具栏中的 🖫 图标按钮。

（2）在"块定义"对话框 |名称(A):| 中输入图块名"风车" |名称(A): 风车 ▼|。

任务3 └底独立地物的绘制 ——————————————————————————————— 205

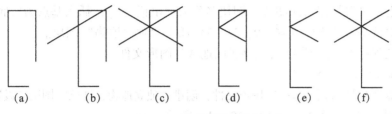

(a)　　(b)　　(c)　　(d)　　(e)　　(f)

图 7-17　风车符号的绘制

（3）鼠标单击 拾取点(K) 中的 按钮，关闭"块定义"对话框，到绘图区。

（4）移动"十"字光标捕捉"风车符号"└底线转角点，鼠标单击确定，返回"块定义"对话框。

（5）鼠标单击 选择对象(T) 中 按钮，关闭"块定义"对话框，到绘图区。

（6）用小方框光标，框选整个"风车符号"，按【Enter】键，返回"块定义"对话框。

（7）鼠标单击 ◯ 删除(D) 前面的小圆圈 ⦿ 删除(D)。

（8）按 确定 按钮，完成"风车"符号图块的定义。

3. 风车符号的插入

风车的实测坐标为（2858.7，2565.1）。

(1) 将"独立地物"图层设置为当前图层。

(2) 在命令窗口 命令： 的提示下，鼠标单击"绘图"工具栏中的 图标按钮。

(3) 在"插入"对话框中鼠标单击 名称(N)： ▼ 后面的黑色小三角，弹出"名称"下拉列表框，在"列表框"中选取"风车"，鼠标单击，被选中的出现 名称(N)：风车 ▼。

（4）把 ☑在屏幕上指定(S) 前面小方框中的勾去掉 ☐在屏幕上指定(S)，在

X: 0　　　　　　　　X: 2858.7
Y: 0　　中直接输入　Y: 2565.1　，按 确定 按钮。
Z: 0　　　　　　　　Z: 0

在 D 盘"学号+名字+路桥"图形文件中（2858.7，2565.1）坐标的位置，插入了一个红色的"风车符号"。

4. 风车符号的保存

D 盘"学号+名字+路桥"图形文件，继续保存。

三、技能训练

1. 电话亭的绘制与插入

打开 D 盘"学号+名字+居民地 A"图形文件，"独立地物"图层设置为当前图层。

(1) 绘制"电话亭"符号,如图7-15(c)所示。
(2) 将电话亭符号定义成图块(图块名称为"电话亭"),插入基点为⌊底线转角点。
(3) 按电话亭实测坐标(460.9,343.5)插入"独立地物"图层。
(4) 继续保存D盘"学号+名字+居民地A"图形文件。

2. 路标的绘制与插入

打开D盘"学号+名字+道桥"图形文件,创建"独立地物,红色"图层,设置当前。
(1) 绘制"路标"符号,如图7-15(d)所示。
(2) 将路标符号定义成图块(图块名称为"路标"),插入基点为⌊底线转角点。
(3) 按路标实测坐标(222.7,239.6)插入"独立地物"图层。
(4) 继续保存D盘"学号+名字+道桥"图形文件。

任务4 圆底独立地物的绘制

☞ 学习目标:

掌握相对极坐标的输入方法;能按实测坐标在指定的"图层"插入绘制好的圆底独立地物。

技能先导:相对极坐标的输入

相对极坐标是相对于某一点的极坐标值,它与坐标原点无关。

相对极坐标在 AutoCAD 中的表示方法:

在坐标值前面加"@"符号:@$L<\alpha$,即 @极轴<极角。

例如:绘制如图7-18所示的折线。

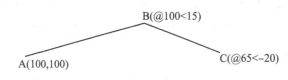

图7-18 相对极坐标的表示

绘折线:

(1) 在命令窗口 命令: 的提示下,键盘输入"L",按【Enter】键。
(2) 在 命令:_line 指定第一点: 的提示下,键盘输入"100,100",按【Enter】键。
(3) 在 指定下一点或 [放弃(U)]: 的提示下,键盘输入"@100<15",按【Enter】键。
(4) 在 指定下一点或 [放弃(U)]: 的提示下,键盘输入"@65<-20",按【Enter】键。
(5) 在 指定下一点或 [闭合(C)/放弃(U)]: 的提示下,按【Enter】键。

技能训练：

绘一个边长 80 的等边三角形：

① 在命令窗口 `命令：` 的提示下，键盘输入"L"，按【Enter】键。

② 在 `命令：_line 指定第一点：` 的提示下，在绘图区，单击鼠标确定。

③ 在 `指定下一点或 [放弃(U)]:` 的提示下，键盘输入"@80<0"，按【Enter】键。

④ 在 `指定下一点或 [放弃(U)]:` 的提示下，键盘输入"@80<120"，按【Enter】键。

⑤ 在 `指定下一点或 [闭合(C)/放弃(U)]:` 的提示下，键盘输入"@80<240"，按【Enter】键。

⑥ 在 `指定下一点或 [闭合(C)/放弃(U)]:` 的提示下，按【Enter】键。

等边三角形绘制完毕。

工 作 流 程

按《国家基本比例尺地图图式》要求绘制独立地物符号，将绘制好的独立地物图形定义成为图块（一个整体），确定好插入基点（创建圆底独立地物的图块时，拾取插入的基点均为底圆的圆心点。），根据实测独立地物位置的坐标，把独立地物符号插入到地形图中（图7-19）。

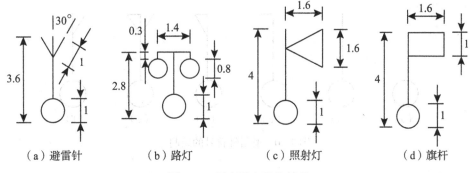

（a）避雷针　　（b）路灯　　（c）照射灯　　（d）旗杆

图 7-19　圆底独立地物符号

一、避雷针的绘制与插入

1. 避雷针符号的绘制

避雷针符号如图 7-19（a）所示。

打开 D 盘 "学号+名字+居民地 B" 图形文件。

将"独立地物"图层，设置为当前图层。

（1）在命令窗口 `命令：` 的提示下，鼠标单击"绘图"工具栏中的 ⊙ 图标按钮。

在 `指定圆的圆心或[三点(3P)/两点(2P)/相切、相切、半径(T)]:` 的提示下，"十"字光标在绘图区，单击鼠标确定。

在 指定圆的半径或[直径(D)]: 的提示下，键盘输入"0.5"，按【Enter】键。如图 7-20（a）所示，绘出一个"小圆"。

（2）在命令窗口 命令: 的提示下，键盘输入"L"，按【Enter】键。

在 命令:_line 指定第一点: 的提示下，移动"十"字光标，捕捉"小圆"的上象限点，单击鼠标确定。

在 指定下一点或[放弃(U)]: 的提示下，键盘输入"@0，2.6"，按【Enter】键，如图 7-20（b）所示，绘出一条"竖线"。

在 指定下一点或[放弃(U)]: 的提示下，键盘输入"@0.5，0"，按【Enter】键，如图 7-20c 所示，绘出一条"短水平线"。

在 指定下一点或[闭合(C)/放弃(U)]: 的提示下，键盘输入"@1<-120"，按【Enter】键，如图 7-20（d）所示，绘出一条"短斜线"。

在 指定下一点或[闭合(C)/放弃(U)]: 的提示下，键盘输入"@1<120"，按【Enter】键，如图 7-20（e）所示，又绘出一条"短斜线"。

在 指定下一点或[闭合(C)/放弃(U)]: 的提示下，按【Enter】键。

（3）在命令窗口 命令: 的提示下，光标选取"短水平线"，按【Delete】键，将"短水平线"删除。

如图 7-20（f）所示，避雷针符号绘制完毕。

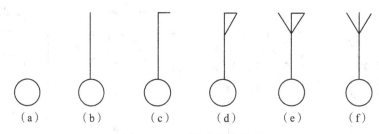

图 7-20 避雷针符号的绘制

2. 避雷针符号图块的定义

避雷针符号插入基点为底圆的圆心点。

（1）在命令窗口 命令: 的提示下，鼠标单击"绘图"工具栏中的 图标按钮。

（2）在"块定义"对话框 名称(A): 中输入图块名"避雷针" 名称(A): 避雷针 。

（3）鼠标单击 拾取点(K) 中的 按钮，关闭"块定义"对话框，到绘图区。

（4）移动"十"字光标，捕捉"避雷针"符号底圆的圆心点，鼠标单击确定，返回"块定义"对话框。

（5）鼠标单击 选择对象(T) 中 按钮，关闭"块定义"对话框，到绘图区。

（6）用小方框光标，框选整个"避雷针"符号，按【Enter】键，返回"块定义"对话框。

(7) 鼠标单击 ○删除(D) 前面的 "小圆圈" ◉删除(D)。

(8) 按 [确定] 按钮，完成 "避雷针" 符号图块的定义。

3. 避雷针符号的插入

避雷针的实测坐标为（1238.8，480.9）。

(1) 将 "独立地物" 图层设置为当前图层。

(2) 在命令窗口 [命令:] 的提示下，鼠标单击 "绘图" 工具栏中的 图标按钮。

(3) 在 "插入" 对话框中鼠标单击 名称(N): 后面的黑色小三角，弹出 "名称" 下拉列表框，在 "列表框" 中选取 "避雷针"，鼠标单击，被选中的出现 名称(N): 避雷针 。

（4）把 ☑在屏幕上指定(S) 前面小方框中的勾去掉 ☐在屏幕上指定(S)，在

X: 0
Y: 0
Z: 0

中直接输入

X: 1238.8
Y: 480.9
Z: 0

，按 [确定] 按钮。

在 D 盘 "学号+名字+居民地 B" 图形文件中（1238.8，480.9）坐标的位置，插入了一个红色的 "避雷针符号"。

4. 避雷针符号的保存

D 盘 "学号+名字+居民地 B" 图形文件，继续保存。

二、路灯符号的绘制与插入

1. 路灯符号的绘制

路灯符号如图 7-19（b）所示。

打开 D 盘 "学号+名字+道桥" 图形文件。

将 "独立地物" 图层，设置为当前图层。

(1) 在命令窗口 [命令:] 的提示下，鼠标单击 "绘图" 工具栏中的 ⊙ 图标按钮。

在 [指定圆的圆心或[三点(3P)/两点(2P)/相切、相切、半径(T)]:] 的提示下，"十"字光标在绘图区，单击鼠标确定。

在 [指定圆的半径或 [直径(D)]:] 的提示下，键盘输入 "0.5"，按【Enter】键。

如图 7-21（a）所示，绘出一个 "小圆"。

(2) 在命令窗口 [命令:] 的提示下，键盘输入 "L"，按【Enter】键。

在 [命令:_line 指定第一点:] 的提示下，移动 "十"字光标，捕捉 "小圆" 的上象限点，单击鼠标确定。

在 [指定下一点或 [放弃(U)]:] 的提示下，键盘输入 "@0，1.8"，按【Enter】键（绘出一条 "长竖线"）。

在 [指定下一点或 [放弃(U)]:] 的提示下，键盘输入 "@0.7，0"，按【Enter】键

（绘出一条"短水平线"）。

在 |指定下一点或 [闭合(C)/放弃(U)]| 的提示下，键盘输入"@ 0，-0.7"，按【Enter】键，如图 7-21（b）所示，又绘出一条"短竖线"。

在 |指定下一点或 [闭合(C)/放弃(U)]| 的提示下，按【Enter】键。

（3）在命令窗口 |命令:| 的提示下，鼠标单击"绘图"工具栏中的 ⊙ 图标按钮。

在 |指定圆的圆心或[三点(3P)/两点(2P)/相切、相切、半径(T)]| 的提示下，移动"十"字光标，捕捉"短竖线"的下端点，单击鼠标确定。

在 |指定圆的半径或 [直径(D)]| 的提示下，键盘输入"0.4"，按【Enter】键。

如图 7-21（c）所示，绘出右侧"小圆"。

（4）在命令窗口 |命令:| 的提示下，鼠标单击"修改"工具栏中的 ─/─ 图标按钮。

在 |选择对象或 <全部选择>:| 的提示下，移动小方框光标到右侧"小圆"上，单击鼠标确定。

在 |选择对象:| 的提示下，按【Enter】键。

在 |选择要修剪的对象，或按住 Shift 键选择要延伸的对象，或 [栏选(F)/窗交(C)/投影(P)/边(E)/删除(R)/放弃(U)]:| 的提示下，移动小方框光标到右侧"小圆"内"短竖线"的下端上，单击鼠标确定。

在 |选择要修剪的对象，或按住 Shift 键选择要延伸的对象，或 [栏选(F)/窗交(C)/投影(P)/边(E)/删除(R)/放弃(U)]:| 的提示下，按【Enter】键。

如图 7-21（d）所示，剪掉右侧"小圆"内多余的线段。

（5）在命令窗口 |命令:| 的提示下，鼠标单击"修改"工具栏中的 ⚏ 图标按钮。

在 |选择对象:| 的提示下，移动小方框光标到右侧"小圆"上，单击鼠标确定。

在 |选择对象:| 的提示下，移动小方框光标到"短竖线"上，单击鼠标确定。

在 |选择对象:| 的提示下，移动小方框光标到"短水平线"上，单击鼠标确定。

在 |选择对象:| 的提示下，按【Enter】键。

在 |指定镜像线的第一点:| 的提示下，移动"十"字光标，捕捉"长竖线"的上端点，单击鼠标确定。

在 |指定镜像线的第二点:| 的提示下，移动"十"字光标，捕捉"长竖线"的下端点，单击鼠标确定。

在 |要删除源对象吗？[是(Y)/否(N)] <N>:| 的提示下，键盘输入"N"，按【Enter】键。

如图 7-21（e）所示，路灯符号绘制完毕。

2. 路灯符号图块的定义

路灯符号插入基点为底圆的圆心点。

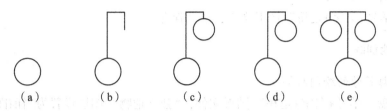

图 7-21　路灯符号的绘制

（1）在命令窗口 命令: 的提示下，鼠标单击"绘图"工具栏中的 图标按钮。

（2）在"块定义"对话框 名称(A): 中输入图块名"路灯" 名称(A): 路灯 。

（3）鼠标单击 拾取点(K) 中的 按钮，关闭"块定义"对话框，到绘图区。

（4）移动"十"字光标，捕捉"路灯"符号底圆的圆心点，鼠标单击确定，返回"块定义"对话框。

（5）鼠标单击 选择对象(T) 中 按钮，关闭"块定义"对话框，到绘图区。

（6）用小方框光标，框选整个"路灯"符号，按【Enter】键，返回"块定义"对话框。

（7）鼠标单击 ○删除(D) 前面的小圆圈 ◉删除(D)。

（8）按 确定 按钮，完成"路灯"符号图块的定义。

3. 路灯符号的插入

路灯的实测坐标为（257.0，262.0）。

(1) 将"独立地物"图层设置为当前图层。

(2) 在命令窗口 命令: 的提示下，鼠标单击"绘图"工具栏中的 图标按钮。

(3) 在"插入"对话框中鼠标单击 名称(N): 后面的黑色小三角，弹出"名称"下拉列表框，在"列表框"中选取"路灯"，鼠标单击，被选中的出现 名称(N): 路灯 。

（4）把 ☑在屏幕上指定(S) 前面小方框中的勾去掉 ☐在屏幕上指定(S)，在

X: 0
Y: 0
Z: 0

中直接输入

X: 257.0
Y: 262.0
Z: 0

，按 确定 按钮。

在 D 盘"学号+名字+道桥"图形文件中（257.0，262.0）坐标的位置，插入了一个红色的"路灯符号"。

（5）按照上述流程继续在（270.9，276.5）、（284.7，290.9）、（298.6，305.3）坐标位置，插入"路灯符号"。

4. 路灯符号的保存

D 盘 "学号+名字+道桥" 图形文件，继续保存。

三、技能训练

1. 照射灯符号的绘制与插入

打开 D 盘 "学号+名字+道桥" 图形文件，"独立地物" 图层设置为当前图层。

(1) 绘制 "射灯符号，如图 7-19（c）所示。

(2) 将照射灯符号定义成图块（图块名称为 "照射灯"），插入基点为底圆的圆心点。

(3) 按照射灯实测坐标（344.0，296.0）插入 "独立地物" 图层。

(4) 继续保存 D 盘 "学号+名字+道桥" 图形文件。

2. 旗杆的绘制与插入

打开 D 盘 "学号+名字+居民地 A" 图形文件，"独立地物" 图层设置为当前图层。

(1) 绘制 "旗杆" 符号，如图 7-19（d）所示。

(2) 将旗杆符号定义成图块（图块名称为 "旗杆"），插入基点为底圆的圆心点。

(3) 按旗杆实测坐标（578.8，551.7）插入 "独立地物" 图层。

(4) 继续保存 D 盘 "学号+名字+居民地 A" 图形文件。

四、其他插入点独立地物的技能训练

1. 粮仓符号的绘制与插入

打开 D 盘 "学号+名字+路桥" 图形文件，"独立地物" 图层设置为当前图层。

(1) 绘制粮仓符号，如图 7-22 所示。

(2) 将粮仓符号定义成图块（图块名称为 "粮仓"），插入基点为圆心点。

(3) 按粮仓实测坐标（4290.2，4141.1）插入 "独立地物" 图层。

(4) 继续保存 D 盘 "学号+名字+路桥" 图形文件。

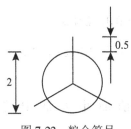

图 7-22　粮仓符号

2. 凉亭符号的绘制与插入

打开 D 盘 "学号+名字+居民地 A" 图形文件，"独立地物" 图层设置为当前图层。

(1) 绘制凉亭符号，如图 7-23 所示。

(2) 将凉亭符号定义成图块（图块名称为 "凉亭"），插入基点为底部中心（凉亭符号两条竖线下端点的中心）。

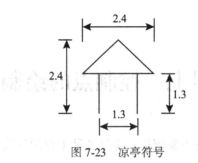

图 7-23　凉亭符号

（3）按凉亭实测坐标（471.2，181.1）、（442.4，231.2）、（240.9，893.6）插入"独立地物"图层。

（4）继续保存 D 盘"学号+名字+居民地 A"图形文件。

项目七 控制点的绘制

测量控制点是测控地形图的主要依据，也是各种工程测量施工、放样、联测的主要依据，在图上必须精确表示。

任务1 水准点的绘制

☞ 学习目标：

掌握属性块的创建与应用；能按水准点的实际位置以水准点符号的几何中心插入在指定的"图层"。

技 能 先 导

一、创建属性图块

属性图块用于形式相同而文字内容需要变化的情况，如控制点的点名和高程，将它们创建为有属性的图块，插入时，可以按需要指定图块中的文字。

1. 定义图块属性

定义图块属性命令的方法有两种，可以任选其一：

- 在下拉菜单选取：绘图(D) → 块（K）→定义属性（D）…；
- 在键盘输入命令：DDATTDEF（或 ATTDEF 或者 ATT）→【Enter】键；

执行命令后，弹出"属性定义"对话框，如图 8-1 所示。

对话框内各选项的意义与操作：

（1） 模式 ：在图形中插入图块时，设置与图块关联的属性值选项。

☐ 不可见(I)：指定插入图块后是否显示或打印属性值。

☐ 固定(C)：插入图块时是否赋予属性固定值。

☐ 验证(V)：在插入图块时提示验证属性值是否正确。

☐ 预置(P)：插入包含预置属性值的图块时，将属性设置为默认值。

（2） 属性 ：设置属性数据。

标记(T)： ：键盘输入的标识图形中每次出现的属性（此项不能空），如

标记(T)：点名 ：它将在创建后作为属性文字的编号显示在图形中。

提示(M)： ：键盘输入的指定在插入包含该属性定义的图块时显示的提示。

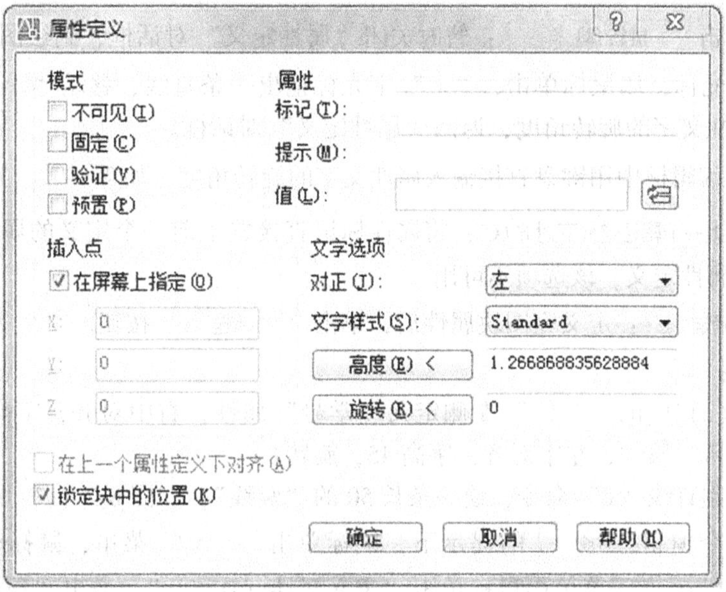

任务 1 水准点的绘制

图 8-1 "属性定义"对话框

如 提示(M): 输入点名： ：它将在定义和使用属性图块时显示在有关对话框和命令行中。如果不输入提示，属性标记将用作提示。如果在"模式"区域选择"常数"模式，"属性提示"选项将不可用。

值(L): ：指定默认属性值（可以空缺）。

（3）插入点：指定属性位置。有两种指定形式：

① ☑ 在屏幕上指定(O)：在屏幕上指定插入点。

② X: 0　Y: 0　Z: 0 ：直接输入插入点 X、Y、Z 的坐标值。

（4）文字选项：设置属性文字的对正、样式、高度和旋转。

对正(J)：：指定属性文字的对正位置。如 中心 ▼，鼠标单击黑色的"小三角"，弹出文字对正位置的选项卡，在选项卡中鼠标单击确定属性文字的对正位置。

文字样式(S)：：指定属性文字的预定义样式。如 Standard ▼。

高度(E) <：指定属性文字的高度。有两种指定形式：

① 鼠标单击 高度(E) <：暂时关闭"属性定义"对话框，到绘图区，在绘图区移动"十"字光标，用鼠标单击，"十"字光标拖出一条直线，向下移动"十"字光标，单击鼠标确定属性文字的高度，返回"属性定义"对话框。

② 在数字编辑框中用键盘直接输入属性文字的高度，如 5 。

[旋转(R)<]：指定属性文字的旋转角度。有两种指定形式：

① 鼠标单击 [旋转(R)<]：暂时关闭"属性定义"对话框，到绘图区，在绘图区移动"十"字光标，用鼠标单击，"十"字光标拖出一条直线，移动"十"字光标，单击鼠标确定属性文字的旋转角度，返回"属性定义"对话框。

② 在数字编辑框中用键盘直接输入属性文字的旋转角度，如 0 。

（5）[□在上一个属性定义下对齐(A)]：将属性标记直接置于前一个定义的属性下面。如果以前没有创建属性定义，该选项不可用。

（6）[确定]：定义完图块属性后，单击[确定]按钮。

技能训练：

在图 8-2（a）中的"竖线"左侧定义"学号"属性，右中对齐，字高 30，旋转 0；右侧定义"姓名"属性，左中对齐，字高 45，旋转 0。

（1）用绘制直线"L"命令，绘一条长 50 的"竖线"，如图 8-2（a）所示；

（2）在命令窗口 [命令:] 的提示下，鼠标单击 [绘图(D)] 菜单，鼠标移到拉菜单中"块（K）"项上，在子菜单中鼠标单击"定义属性（D）..."，弹出"属性定义"对话框，如图 8-1 所示。

（3）在 [☑在屏幕上指定(O)] 前面小方框中打勾。

在 标记(T)： 中键盘输入"学号"，标记(T): 学号 。

在 提示(M)： 中键盘输入"输入学号："，提示(M): 输入学号: 。

鼠标单击 对正(J): 后面选项卡中的黑色小三角，在下拉"属性文字对正位置"选项卡中单击 [右中▼]。

在 [高度(E)<] 后面的数字编辑框中，键盘输入"30"。

在 [旋转(R)<] 后面的数字编辑框中，键盘输入"0"。

（4）按 [确定] 按钮。关闭"属性定义"对话框，到绘图区，"十"字光标上吸着在 标记(T): 中输入的信息"学号"。移动"十"字光标到"竖线"的左侧，单击鼠标确定（此点就为以后输入"学号"信息的右基点）。

如图 8-2（b）所示，"学号"属性定义完毕。

（5）在命令窗口 [命令:] 的提示下，键盘输入"ATT"，按【Enter】键。弹出"属性定义"对话框。

（6）在 [☑在屏幕上指定(O)] 前面小方框中打勾。

在 标记(T)： 中键盘输入"姓名"，标记(T): 姓名 。

在 提示(M)： 中键盘输入"输入姓名："，提示(M): 输入姓名: 。

鼠标单击 对正(J): 后面选项卡中的黑色小三角，在下拉"属性文字对正位置"选项

卡中单击 左中 。

在 高度(E) 后面的数字编辑框中，键盘输入"45"。

在 旋转(R) 后面的数字编辑框中，键盘输入"0"。

(7) 按 确定 按钮。关闭"属性定义"对话框，到绘图区，移动吸着标记(T): 信息"姓名"的"十"字光标到"竖线"的右侧，单击鼠标确定（此点就为以后输入"姓名"信息的左基点）。

如图 8-2（c）所示，"姓名"属性定义完毕。

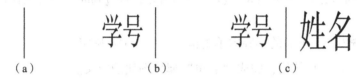

图 8-2　定义"图块属性"

2. 定义属性图块

创建属性图块的三种方法任选其一：
- 在工具栏中单击："绘图"图标按钮；
- 在下拉菜单选取：绘图(D) → 块(K) → 创建(M)…；
- 在键盘输入命令：BLOCK（或者 B）→【Enter】键。

执行命令，弹出"块定义"对话框，如图 7-1 所示。

(1) 在 名称(A) 中键盘输入属性图块名称。

(2) 单击 基点 项 拾取点(K) 中的 按钮，暂时关闭"块定义"对话框，到绘图区，在当前图形中用光标指定插入基点，鼠标单击确定，之后返回"块定义"对话框。

(3) 单击 对象 项 选择对象(T) 中 按钮，暂时关闭"块定义"对话框，到绘图区，将绘制好的图形连同定义的图块属性一起选取（被选取组成图块的图形和属性都变虚），选取完毕，按【Enter】键，返回"块定义"对话框。

(4) 在 ○删除(D) 前面的小圆内单击鼠标 ●删除(D) 确定。

(5) 单击 确定 按钮。

属性图块定义完毕。

技能训练：

将图 8-2（c）中的"竖线"及两项属性一起定义为属性图块，图块名"名单"。

(1) 在命令窗口 命令: 的提示下，鼠标单击"绘图"工具栏中的 图标按钮。

(2) 在"块定义"对话框 名称(A) 的文字编辑框中，用键盘输入属性图块名"名单" 名称(A): 名单 。

(3) 鼠标单击 基点 项 [拾取点(K)] 中的 [图标] 按钮,关闭"块定义"对话框,到绘图区。

(4) 移动"十"字光标,捕捉"竖线"下端点(插入基点),鼠标单击确定,返回"块定义"对话框。

(5) 鼠标单击 对象 项 [选择对象(T)] 中 [图标] 按钮,关闭"块定义"对话框,到绘图区。

(6) 用小方框光标,框选图 8-2 (c) 所示对象,按【Enter】键,返回"块定义"对话框。

(7) 在 ○删除(D) 前面的小圆内单击鼠标 ⦿删除(D) 确定。

(8) 按 [确定] 按钮,完成"名单"属性图块的定义。

二、插入属性图块

在指定位置插入定义好的属性图块有三种方法,可以任选其一:

- 在工具栏中单击:"绘图"图标按钮 [图标];
- 在下拉菜单选取: 插入(I) → 块(B)…;
- 在键盘输入命令: INSERT (或者 I) →【Enter】键。

执行命令,弹出"插入"对话框,如图 7-4 所示。

(1) 鼠标单击 名称(N): 后面的黑色小三角,弹出"名称"下拉列表框,在"列表框"中选取要插入的属性图块名,鼠标单击,被选中的属性图块名出现在文字编辑框中,如 名称(N): 名单 。

(2) 在 路径: 项中指定 插入点 。把 ☑在屏幕上指定(S) 前面小方框中的勾去掉 ☐在屏幕上指定(S),在 X: 0 Y: 0 Z: 0 中直接输入属性图块的插入点 X、Y、Z 坐标值,按 [确定] 按钮,弹出"编辑属性"对话框。

(3) 按照"编辑属性"对话框中相应的信息提示,在其后面的文字编辑框中键盘输入提示信息要求的"属性信息"内容,鼠标单击 [确定]。

或者,在命令窗口"提示信息"的提示下,键盘输入"提示信息"内容,按【Enter】键。

在绘图区坐标指定的位置,插入了选中的属性图块,属性图块插入完成。

技能训练:

将定义的图 8-2 (c) 所示"名单"属性图块,插入到(543.5,458.6)。学号是"007";姓名是"黄飞鸿"。

任务1 水准点的绘制

（1）在命令窗口 `命令：` 的提示下，鼠标单击"绘图"工具栏中的 图标按钮。

（2）鼠标单击"插入"对话框中 `名称(N):` ▼ 后面的黑色小三角，弹出"名称"下拉列表框，在"列表框"中选取"名单"，鼠标单击，被选中的属性图块名"名单"出现在文字编辑框中 `名称(N): 名单` ▼ 。

（3）把 ☑在屏幕上指定(S) 前面小方框中的勾去掉 ☐在屏幕上指定(S)，在

X: 0
Y: 0
Z: 0

中直接用键盘输入属性图块的插入点坐标值（543.5，458.6）

X: 543.5
Y: 458.6 ，按 `确定` 按钮。
Z: 0

弹出"编辑属性"对话框，如图8-3所示。

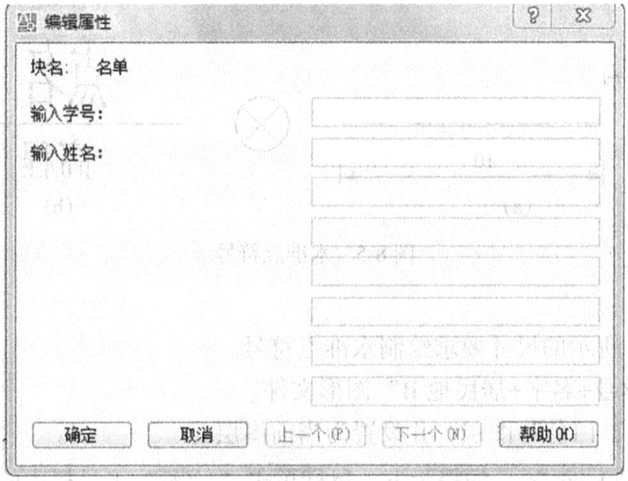

图8-3 "编辑属性"对话框

（4）在 `输入学号：` 的文字编辑框中键盘输入"007" `输入学号：007` 。

在 `输入姓名：` 的文字编辑框中键盘输入"黄飞鸿" `输入姓名：黄飞鸿` 。

鼠标单击 `确定` 按钮。

或者，在命令窗口 `输入学号：` 的提示下，键盘输入"007"，按【Enter】键。

在命令窗口 `输入姓名：` 的提示下，键盘输入"黄飞鸿"，按【Enter】键。

在绘图区（543.5，458.6）坐标的位置，插入了如图8-4所示的属性图块。"名单"属性图块插入完成。

图 8-4 插入"图块属性"

工 作 流 程

图上水准点符号的几何图形中心,表示实地水准点标志的中心位置,高程注记表示实地标志顶的高程。点名和高程(以分式表示,分子为点名或点号,分母为高程)一般注在水准点符号的右方。

一、水准点的绘制

1. 绘制水准点符号

水准点符号如图 8-5 所示。

图 8-5 水准点符号

按图 8-5(a)所示的尺寸要求绘制水准点符号。

打开 D 盘 "学号+名字+居民地 B" 图形文件。

创建 "控制点,白色" 图层,并设置为当前图层。

(1)在命令窗口 命令: 的提示下,鼠标单击"绘图"工具栏中的 图标按钮。

在 指定点或 [水平(H)/垂直(V)/角度(A)/二等分(B)/偏移(O)]: 的提示下,键盘输入 "A",按【Enter】键。

在 输入构造线的角度 (0) 或 [参照(R)]: 的提示下,键盘输入 "45",按【Enter】键。

在 指定通过点: 的提示下,"十"字光标放绘图区,单击鼠标确定。

在 指定通过点: 的提示下,按【Enter】键。

绘出一条倾斜 45°的辅助线。

(2)在命令窗口 命令: 的提示下,鼠标单击"绘图"工具栏中的 图标按钮。

在 指定点或 [水平(H)/垂直(V)/角度(A)/二等分(B)/偏移(O)]: 的提示下,键盘输入 "A",按【Enter】键。

任务1 水准点的绘制

在 |输入构造线的角度 (O) 或 [参照(R)]:| 的提示下,键盘输入"135",按【Enter】键。

在 |指定通过点:| 的提示下,"十"字光标移到"倾斜辅助线"附近,单击鼠标确定。

在 |指定通过点:| 的提示下,按【Enter】键。

又绘出一条与上一条倾斜辅助线相互垂直的倾斜辅助线,如图8-6(a)所示。

(3) 在命令窗口 |命令:| 的提示下,鼠标单击"绘图"工具栏中的 ⊘ 图标按钮。

在 |指定圆的圆心或[三点(3P)/两点(2P)/相切、相切、半径(T)]:| 的提示下,移动"十"字光标,捕捉两条"倾斜辅助线"的交点,单击鼠标确定。

在 |指定圆的半径或 [直径(D)]:| 的提示下,键盘输入"1",按【Enter】键。

如图8-6(b)所示,绘出一个"小圆"。

(4) 在命令窗口 |命令:| 的提示下,鼠标单击"修改"工具栏中的 -/- 图标按钮。

在 |选择对象或 <全部选择>:| 的提示下,移动小方框光标到小圆上,单击鼠标确定。

在 |选择对象:| 的提示下,按【Enter】键。

在 |选择要修剪的对象,或按住 Shift 键选择要延伸的对象,或
[栏选(F)/窗交(C)/投影(P)/边(E)/删除(R)/放弃(U)]:| 的提示下,移动小方框光标到"小圆"外一条倾斜辅助线上,单击鼠标确定。

在 |选择要修剪的对象,或按住 Shift 键选择要延伸的对象,或
[栏选(F)/窗交(C)/投影(P)/边(E)/删除(R)/放弃(U)]:| 的提示下,移动小方框光标到"小圆"外一条倾斜辅助线上,单击鼠标确定。

在 |选择要修剪的对象,或按住 Shift 键选择要延伸的对象,或
[栏选(F)/窗交(C)/投影(P)/边(E)/删除(R)/放弃(U)]:| 的提示下,移动小方框光标到"小圆"外一条倾斜辅助线上,单击鼠标确定。

在 |选择要修剪的对象,或按住 Shift 键选择要延伸的对象,或
[栏选(F)/窗交(C)/投影(P)/边(E)/删除(R)/放弃(U)]:| 的提示下,移动小方框光标到"小圆"外一条倾斜辅助线上,单击鼠标确定。

在 |选择要修剪的对象,或按住 Shift 键选择要延伸的对象,或
[栏选(F)/窗交(C)/投影(P)/边(E)/删除(R)/放弃(U)]:| 的提示下,按【Enter】键。

如图8-6(c)所示,修剪出水准点符号。

(5) 在命令窗口 |命令:| 的提示下,鼠标单击"修改"工具栏中的 图标按钮。

在 |指定偏移距离或 [通过(T)/删除(E)/图层(L)] <通过>:| 的提示下,键盘输入"2",按【Enter】键。

在 |选择要偏移的对象,或 [退出(E)/放弃(U)] <退出>:| 的提示下,移动小方框光标到"小圆"上,单击鼠标确定。

在 |指定要偏移的那一侧上的点,或[退出(E)/多个(M)/放弃(U)]<退出>:| 的提示下,

移动"十"字光标到"小圆"外,单击鼠标确定。

在 `选择要偏移的对象,或 [退出(E)/放弃(U)] <退出>:` 的提示下,按【Enter】键。

如图 8-6(d)所示,绘出第一个"辅助圆"。

(6)在命令窗口 `命令:` 的提示下,键盘输入"L",按【Enter】键。

在 `命令: _line 指定第一点:` 的提示下,移动"十"字光标捕捉"辅助圆"右侧的象限点,单击鼠标确定。

在 `指定下一点或 [放弃(U)]:` 的提示下,键盘输入"@10,0",按【Enter】键。

在 `指定下一点或 [放弃(U)]:` 的提示下,按【Enter】键。

如图 8-6(e)所示,绘出添加属性的"横线"。

(7)在命令窗口 `命令:` 的提示下,光标选取"辅助圆",按【Delete】键。

如图 8-6(f)所示,删除"辅助圆",水准点符号绘制完毕。

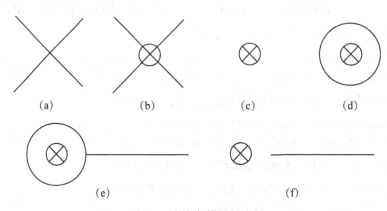

图 8-6 水准点符号的绘制

2. 定义水准点图块属性

(1)在命令窗口 `命令:` 的提示下,键盘输入"ATT",按【Enter】键。弹出"属性定义"对话框。

(2)在 `☑在屏幕上指定(0)` 前面小方框中打勾。

(3)在 `标记(T):` 中键盘输入"点名",`标记(T): 点名`。

(4)在 `提示(M):` 中键盘输入"输入点名:",`提示(M): 输入点名:`。

(5)鼠标单击 `对正(J):` 后面选项卡中的黑色小三角,在下拉"属性文字对正位置"选项卡中单击 `中心`。

(6)在 `高度(E)<` 后面的数字编辑框中,键盘输入"2.5"。

(7)在 `旋转(R)<` 后面的数字编辑框中,键盘输入"0"。

(8)按 `确定` 按钮。关闭"属性定义"对话框,到绘图区,移动吸着"点名"

的"十"字光标到"横线"中点的上方,单击鼠标确定。

(9) 在命令窗口 命令: 的提示下,键盘输入"ATT",按【Enter】键。弹出"属性定义"对话框。

(10) 在 ☑在屏幕上指定(O) 前面小方框中打勾。

(11) 在 标记(T): 中键盘输入"高程", 标记(T): 高程 。

(12) 在 提示(M): 中键盘输入"输入高程:", 提示(M): 输入高程: 。

(13) 鼠标单击 对正(J): 后面选项卡中的黑色"小三角",在下拉"属性文字对正位置"选项卡中单击 中上 ▼ 。

(14) 在 高度(E) < 后面的数字编辑框中,键盘输入"1.5"。

(15) 在 旋转(R) < 后面的数字编辑框中,键盘输入"0"。

(16) 按 确定 按钮。关闭"属性定义"对话框,到绘图区,移动吸着"高程"的"十"字光标到"横线"中点的下方,单击鼠标确定。

如图 8-5 (b) 所示,"水准点"属性定义完毕。

3. 定义水准点属性图块

(1) 在命令窗口 命令: 的提示下,鼠标单击"绘图"工具栏中的 图标按钮。

(2) 在"块定义"对话框 名称(A): ▼ 中键盘输入属性图块名"水准点",

名称(A):
水准点 ▼ 。

(3) 鼠标单击 基点 项 拾取点(K) 中的 按钮,关闭"块定义"对话框,到绘图区。

(4) 移动"十"字光标,捕捉"小圆"圆心点(插入基点),鼠标单击确定,返回"块定义"对话框。

(5) 鼠标单击 对象 项 选择对象(T) 中 按钮,关闭"块定义"对话框,到绘图区。

(6) 用小方框光标,框选图 8-5 (b) 中所有水准点符号及其属性的全部对象,如图 8-7 (a) 所示,按【Enter】键,返回"块定义"对话框。

(7) 在 ○删除(D) 前面的小圆内单击鼠标 ⦿删除(D) 确定。

(8) 按 确定 按钮,完成"水准点"属性图块的定义。

4. 插入"水准点"属性图块

将定义的"水准点"属性图块,插入到"控制点"图层的 (671.9,886.7) 点位置。点名为:水利学院;高程为:62.385。

(1) 将"控制点"图层设置为当前图层。

(2) 在命令窗口 命令: 的提示下,鼠标单击"绘图"工具栏中的 图标按钮。

图 8-7 定义与插入"水准点"

(3) 鼠标单击"插入"对话框中 名称(N): ▼ 后面的黑色小三角,弹出下拉列表框,在"列表框"中选取"水准点",鼠标单击,被选中的属性图块名"水准点"出现在文字编辑框中 名称(N): 水准点 ▼。

(4) 把 ☑在屏幕上指定(S) 前面小方框中的勾去掉 ☐在屏幕上指定(S),在

X: 0
Y: 0
Z: 0

中键盘直接输入属性图块的插入点坐标值(671.9,886.7)

X: 671.9
Y: 886.7
Z: 0

,按 确定 按钮。

(5) 弹出"编辑属性"对话框。

在 输入点名: [　　　　] 的文字编辑框中键盘输入"水利学院"

输入点名: 水利学院   。

在 输入高程: [　　　　] 的文字编辑框中键盘输入"62.385"

输入高程: 62.385   。

(6) 鼠标单击 确定 按钮。

在 D 盘"学号+名字+居民地 B"图形文件,"控制点"图层(671.9,886.7)坐标的位置,插入一个白色如图 8-7(b)所示的"水准点"符号,操作完毕。

5. 保存水准点属性图块

D 盘"学号+名字+居民地 B"图形文件,继续保存。

二、技能训练

打开 D 盘"学号+名字+路桥"图形文件。

创建"控制点,白色"图层,并设置为当前图层。

(1) 绘制水准点符号,如图 8-5(a)所示。

(2) 定义"水准点"的属性,如图 8-5(b)所示,点名字高 2.5;高程字高 1.5。

(3) 将水准点符号及其属性定义成属性图块(图块名称为"水准点"),插入基点为

符号中"小圆"的圆心点。

(4) 按"水准点"位置的坐标插入"控制点"图层。

(1452.1，1301.5) 点名为"Ⅱ陆17"，高程为"98.761"。

(2378.6，2369.4) 点名为"Ⅱ陆18"，高程为"93.256"。

(3676.2，2821.4) 点名为"Ⅱ陆19"，高程为"90.308"。

(5121.1，2682.2) 点名为"Ⅱ陆20"，高程为"75.494"。

(5) 在 D 盘"学号+名字+路桥"图形文件中继续保存。

任务2　平面控制点的绘制

☞ **学习目标：**

掌握点、正多边形的绘制。能按平面控制点的实际位置以平面控制点符号的几何中心插入在指定的"图层"。

技 能 先 导

一、点的绘制

1. 设置点样式

执行设置点样式命令的方法有两种，可以任选其一：

- 在下拉菜单选取：格式(O) → 点样式 (P) …；
- 在键盘输入命令：DDPTYPE → 【Enter】键。

执行命令后，弹出"点样式"对话框。在"点样式"对话框中，用光标选择 ▭ ，单击鼠标选中 ▭ ，按 [确定] 按钮。

2. 绘制单点

绘制"单点"，就是执行一次命令只能绘制一个点。

执行绘制单点命令的方法有两种，可以任选其一：

- 在下拉菜单选取：绘图(D) → 点 (O) → 单点 (S)；
- 在键盘输入命令：POINT（或者 PO）→【Enter】键。

执行命令：

命令窗口显示 指定点：

键盘输入点位坐标，按【Enter】键。或者"十"字光标在绘图区移动，单击鼠标确定。

在绘图区按指定位置绘出"一个点"。

二、正多边形的绘制

执行绘正多边形命令的方法有三种，可以任选其一：

- 在工具栏中单击："绘图"图标按钮 ⬠；
- 在下拉菜单选取：绘图(D) → 正多边形(Y)；
- 在键盘输入命令：POLYGON（或者 POL）→【Enter】键。

执行命令：

(1) 命令窗口显示：

输入边的数目 <4>:

键盘输入正多边形的"边数"，按【Enter】键。

(2) 命令窗口显示：

指定正多边形的中心点或 [边(E)]:

键盘输入正多边形的中心"坐标"，按【Enter】键。或者"十"字光标绘图区鼠标单击确定正多边形的中心位置。

(3) 命令窗口显示：

输入选项 [内接于圆(I)/外切于圆(C)] <C>:

键盘输入"C"，按【Enter】键。"十"字光标拖出一个活动的"指定边数的多边形"。

(4) 命令窗口显示：

指定圆的半径:

键盘输入正多边形的中心到正多边形各边的"垂线长"，按【Enter】键。

在绘图区按指定边数在指定位置绘出一个"正多边形"。

技能训练：

绘制一个以（450.0，580.0）为中心，边长为 20 的正方形。

(1) 在命令窗口 命令: 的提示下，鼠标单击 格式(O) 菜单，再单击下拉菜单"点样式(P)..."项。

(2) 在"点样式"对话框中，光标选择 [·]，鼠标单击选中 [■]，按 确定 按钮。

(3) 在命令窗口 命令: 的提示下，键盘输入"POINT"，按【Enter】键。

(4) 在命令窗口 指定点: 的提示下，键盘输入"450.0，580.0"，按【Enter】键。

在绘图区（450.0，580.0）位置绘出一个"小点"。

(5) 在命令窗口 命令: 的提示下，鼠标单击"绘图"工具栏中的 ⬠ 图标按钮。

(6) 在 输入边的数目 <4>: 的提示下，键盘输入"4"，按【Enter】键。

(7) 在 指定正多边形的中心点或 [边(E)]: 的提示下，移动"十"字光标，捕捉"小点"，鼠标单击确定。

(8) 在 输入选项 [内接于圆(I)/外切于圆(C)] <C>: 的提示下，键盘输入"C"，按【Enter】键。

(9) 在 指定圆的半径: 的提示下，键盘输入"10"，按【Enter】键。

绘出以（450.0，580.0）为中心，边长为 20 的正方形。

工 作 流 程

图上各平面控制点符号的几何图形中心，表示实地上平面控制点标志的中心位置，高程注记表示实地标志顶的高程。点名和高程（以分式表示，分子为点名或点号，分母为高程）一般注在平面控制点符号的右方。

一、不埋石图根点的绘制与插入

1. 绘制不埋石图根点符号

不埋石图根点符号如图 8-8 所示。

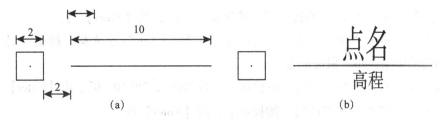

(a)　　　　　　　　　　(b)

图 8-8　不埋石图根点符号

按图 8-8（a）所示的尺寸要求绘制不埋石图根点符号。

打开 D 盘 "学号+名字+居民地 A" 图形文件。

创建 "控制点，白色" 图层，并设置为当前图层。

（1）在命令窗口 命令: 的提示下，鼠标单击 格式(O) 菜单，再单击下拉菜单 "点样式（P）..." 项。

在 "点样式" 对话框中，光标选择 ·，鼠标单击选中 ▇，按 确定 按钮。

（2）在命令窗口 命令: 的提示下，键盘输入 "PO"，按【Enter】键。

在命令窗口 指定点: 的提示下，"十" 字光标在绘图区鼠标单击确定。

在绘图区绘出一个 "小点"，如图 8-9（a）所示。

（3）在命令窗口 命令: 的提示下，鼠标单击 "绘图" 工具栏中的 ⬡ 图标按钮。

在 输入边的数目 <4>: 的提示下，键盘输入 "4"，按【Enter】键。

在 指定正多边形的中心点或 [边(E)]: 的提示下，移动 "十" 字光标，捕捉 "小点"，鼠标单击确定。

在 输入选项 [内接于圆(I)/外切于圆(C)] <C>: 的提示下，键盘输入 "C"，按【Enter】键。

在 指定圆的半径: 的提示下，键盘输入 "1"，按【Enter】键。

如图 8-9（b）所示，绘出一个 "带中心点的正方形"。

(4) 在命令窗口 命令: 的提示下，鼠标单击"修改"工具栏中的 图标按钮。
在 指定偏移距离或 [通过(T)/删除(E)/图层(L)] <通过>: 的提示下，键盘输入"2"，按【Enter】键。

在 选择要偏移的对象，或 [退出(E)/放弃(U)] <退出>: 的提示下，移动小方框光标到"正方形"上，单击鼠标确定。

在 指定要偏移的那一侧上的点，或[退出(E)/多个(M)/放弃(U)]<退出>: 的提示下，移动"十"字光标到"正方形"外，单击鼠标确定。

在 选择要偏移的对象，或 [退出(E)/放弃(U)] <退出>: 的提示下，按【Enter】键。

如图 8-9 (c) 所示，绘出一个"辅助正方形"。

(5) 在命令窗口 命令: 的提示下，键盘输入"L"，按【Enter】键。
在 命令: _line 指定第一点: 的提示下，移动"十"字光标，捕捉"辅助正方形"右侧边的中点，单击鼠标确定。

在 指定下一点或 [放弃(U)]: 的提示下，键盘输入"@10，0"，按【Enter】键。
在 指定下一点或 [放弃(U)]: 的提示下，按【Enter】键。

如图 8-9 (d) 所示，绘出添加属性的"横线"。

(6) 在命令窗口 命令: 的提示下，光标选取"辅助正方形"，按【Delete】键。

如图 8-9 (e) 所示，删除"辅助正方形"。不埋石图根点符号绘制完毕。

(a)　　(b)　　(c)　　　　(d)　　　　(e)

图 8-9　不埋石图根点符号的绘制

2. 定义不埋石图根点图块属性

(1) 在命令窗口 命令: 的提示下，键盘输入"ATT"，按【Enter】键。
弹出"属性定义"对话框。

(2) 在 ☑在屏幕上指定(O) 前面小方框中打勾。

(3) 在 标记(T): 中键盘输入"点名"，标记(T): 点名 。

(4) 在 提示(M): 中键盘输入"输入点名:"，提示(M): 输入点名: 。

(5) 鼠标单击 对正(J): 后面选项卡中的黑色小三角，在下拉"属性文字对正位置"选项卡中单击 中心 ▼ 。

(6) 在 高度(E)< 后面的数字编辑框中，键盘输入"2.5"。

(7) 在 旋转(R)< 后面的数字编辑框中，键盘输入"0"。

(8) 按 [确定] 按钮。关闭"属性定义"对话框,到绘图区,移动吸着"点名"的"十"字光标到"横线"中点的上方,单击鼠标确定。

(9) 在命令窗口 [命令:] 的提示下,键盘输入"ATT",按【Enter】键。弹出"属性定义"对话框。

(10) 在 [☑在屏幕上指定(O)] 前面小方框中打勾。

(11) 在 标记(T): 中键盘输入"高程",标记(T): [高程]。

(12) 在 提示(M): 中键盘输入"输入高程:",提示(M): [输入高程:]。

(13) 鼠标单击 对正(J): 后面选项卡中的黑色小三角,在下拉"属性文字对正位置"选项卡中单击 [中上 ▼]。

(14) 在 [高度(E) <] 后面的数字编辑框中,键盘输入"1.5"。

(15) 在 [旋转(R) <] 后面的数字编辑框中,键盘输入"0"。

(16) 按 [确定] 按钮。关闭"属性定义"对话框,到绘图区,移动吸着"高程"的"十"字光标到"横线"中点的下方,单击鼠标确定。

如图 8-8（b）所示,"不埋石图根点"属性定义完毕。

3. 定义不埋石图根点属性图块

(1) 在命令窗口 [命令:] 的提示下,鼠标单击"绘图"工具栏中 图标按钮。

(2) 在"块定义"对话框 名称(A): [_____▼] 中键盘输入属性图块名"不埋石图根点", 名称(A): [不埋石图根点 ▼]。

(3) 鼠标单击 基点 项 [拾取点(K)] 中的 按钮,关闭"块定义"对话框,到绘图区。

(4) 移动"十"字光标,捕捉正方形中的"小点"（插入基点）,鼠标单击确定,返回"块定义"对话框。

(5) 鼠标单击 对象 项 [选择对象(T)] 中 按钮,关闭"块定义"对话框,到绘图区。

(6) 用小方框光标,"框选"图 8-8（b）中所有不埋石图根点符号及其属性的全部对象,如图 8-10（a）所示,按【Enter】键,返回"块定义"对话框。

(7) 在 ○删除(D) 前面的小圆内单击鼠标 ●删除(D) 确定。

(8) 按 [确定] 按钮,完成"不埋石图根点"属性图块的定义。

4. 插入不埋石图根点属性图块

将定义的"不埋石图根点"属性图块,插入到"控制点"图层的（838.1, 831.4）点位置。点名为：实训楼；高程为：62.15。

(1) 将"控制点"图层设置为当前图层。

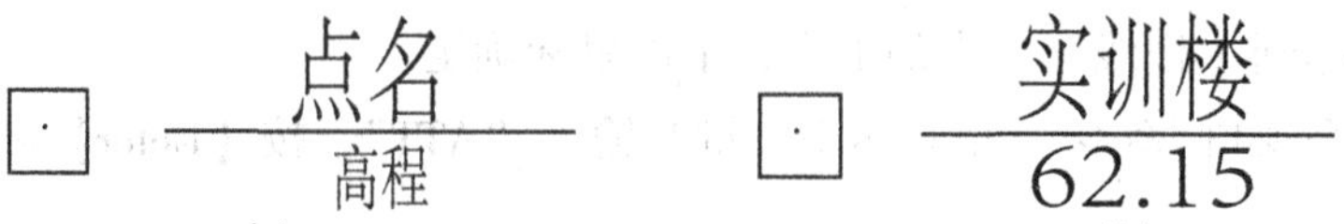

```
   □ ──点名──        □ ──实训楼──
        高程                62.15
        (a)                  (b)
```

图 8-10　定义与插入"不埋石图根点"

（2）在命令窗口 `命令：` 的提示下，鼠标单击"绘图"工具栏中的 图标按钮。

（3）鼠标单击"插入"对话框中 `名称(N):` 后面的黑色小三角，弹出下拉列表框，在"列表框"中选取"不埋石图根点"，鼠标单击，被选中的属性图块名"不埋石图根点"出现在文字编辑框中 `名称(N): 不埋石图根点` 。

（4）把 `☑在屏幕上指定(S)` 前面小方框中的勾去掉 `☐在屏幕上指定(S)`，在

`X: 0`
`Y: 0`
`Z: 0`

中键盘直接输入属性图块的插入点坐标值（838.1，831.4）

`X: 838.1`
`Y: 831.4` ，按 `确定` 按钮。
`Z: 0`

（5）在 `输入高程：` 的文字编辑框中键盘输入"62.15"

`输入高程： 62.15` 。

在 `输入点名：` 的文字编辑框中键盘输入"实训楼"

`输入点名： 实训楼` 。

（6）鼠标单击 `确定` 按钮。

在 D 盘 "学号+名字+居民地 A" 图形文件，"控制点"图层（838.1，831.4）坐标的位置，插入一个白色（图 8-10（b））的"不埋石图根点"符号，操作完毕。

5. 保存不埋石图根点属性图块

D 盘 "学号+名字+居民地 A" 图形文件，继续保存。

二、三角点的绘制与插入

1. 绘制三角点符号

三角点符号如图 8-11 所示。

按图 8-11（a）所示的尺寸要求绘制三角点符号。

打开 D 盘 "学号+名字+路桥" 图形文件。

将"控制点"图层设置为当前图层。

（1）在命令窗口 `命令：` 的提示下，鼠标单击"绘图"工具栏中的 ⬠ 图标按钮。

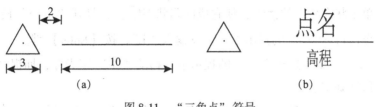

图 8-11 "三角点"符号

在 输入边的数目 <4>: 的提示下,键盘输入"3",按【Enter】键。

在 指定正多边形的中心点或 [边(E)]: 的提示下,键盘输入"E",按【Enter】键。

在 指定边的第一个端点: 的提示下,"十"字光标在绘图区单击鼠标确定。

在 指定边的第二个端点: 的提示下,键盘输入"@3,0",按【Enter】键。

如图 8-12(a)所示,绘出一个正"三角形"。

(2) 在命令窗口 命令: 的提示下,鼠标单击 格式(O) 菜单,再单击下拉菜单"点样式(P)…"项。

在"点样式"对话框中,光标选择 ⬚ ,鼠标单击选中 ■ ,按 确定 按钮。

(3) 在命令窗口 命令: 的提示下,键盘输入"L",按【Enter】键。

在 命令:_line 指定第一点: 的提示下,移动"十"字光标,捕捉"三角形"的一个顶点,单击鼠标确定。

在 指定下一点或 [放弃(U)]: 的提示下,移动"十"字光标,捕捉对边的中点或者垂足点,单击鼠标确定。

在 指定下一点或 [放弃(U)]: 的提示下,按【Enter】键。

在命令窗口 命令: 的提示下,键盘输入"L",按【Enter】键。

在 命令:_line 指定第一点: 的提示下,移动"十"字光标,捕捉"三角形"的另一个顶点,单击鼠标确定。

在 指定下一点或 [放弃(U)]: 的提示下,移动"十"字光标,捕捉对边的中点或者垂足点,单击鼠标确定。

在 指定下一点或 [放弃(U)]: 的提示下,按【Enter】键。

如图 8-12(b)所示,在三角形内绘出两条相交"直线"。

(4) 在命令窗口 命令: 的提示下,键盘输入"PO",按【Enter】键。

在命令窗口 指定点: 的提示下,移动"十"字光标,捕捉三角形内两条相交"直线"的交点,鼠标单击确定。

在命令窗口 命令: 的提示下,鼠标分别单击三角形内两条相交的"直线",按【Delete】键,删除三角形内两条相交的"直线"。

如图 8-12（c）所示，绘出带中心点的等边三角形。

（5）鼠标单击状态栏中的 正交 ，使它成凹陷状态 正交 ，打开"正交"模式。

（6）在命令窗口 命令: 的提示下，键盘输入"L"，按【Enter】键。

在 命令: _line 指定第一点: 的提示下，移动"十"字光标，捕捉"三角形"右侧顶点，单击鼠标确定。

在 指定下一点或 [放弃(U)]: 的提示下，向上移动"十"字光标，单击鼠标确定。

在 指定下一点或 [放弃(U)]: 的提示下，按【Enter】键。

如图 8-12（d）所示，绘出第一条"竖直辅助线"。

（7）在命令窗口 命令: 的提示下，鼠标单击"修改"工具栏中的 图标按钮。

在 指定偏移距离或 [通过(T)/删除(E)/图层(L)]<通过>: 的提示下，键盘输入"2"，按【Enter】键。

在 选择要偏移的对象，或 [退出(E)/放弃(U)]<退出>: 的提示下，移动小方框光标到第一条"竖直辅助线"上，单击鼠标确定。

在 指定要偏移的那一侧上的点，或[退出(E)/多个(M)/放弃(U)]<退出>: 的提示下，移动"十"字光标到"竖直辅助线"右侧，单击鼠标确定。

在 选择要偏移的对象，或 [退出(E)/放弃(U)]<退出>: 的提示下，按【Enter】键。

如图 8-12（e）所示，绘出第二条"竖直辅助线"。

（8）在命令窗口 命令: 的提示下，键盘输入"L"，按【Enter】键。

在 命令: _line 指定第一点: 的提示下，移动"十"字光标，捕捉追踪三角形"中点"与第二条（右侧）"竖直辅助线"的交点，单击鼠标确定。

在 指定下一点或 [放弃(U)]: 的提示下，键盘输入"@10,0"，按【Enter】键。

在 指定下一点或 [放弃(U)]: 的提示下，按【Enter】键。

如图 8-12（f）所示，绘出添加属性的"横线"。

（9）鼠标单击状态栏中的 正交 ，使它成凸起状态 正交 ，关闭"正交"模式。

（10）在命令窗口 命令: 的提示下，鼠标分别单击两条"竖直辅助线"，按【Delete】键。删除两条"竖直辅助线"。

如图 8-12（g）所示，三角点符号绘制完毕。

2. 定义三角点图块属性

（1）在命令窗口 命令: 的提示下，键盘输入"ATT"，按【Enter】键。

弹出"属性定义"对话框。

（2）在 ☑在屏幕上指定(O) 前面小方框中打勾。

（3）在 标记(T): 中键盘输入"点名"，标记(T): 点名 。

（4）在 提示(M): 中键盘输入"输入点名："，提示(M): 输入点名: 。

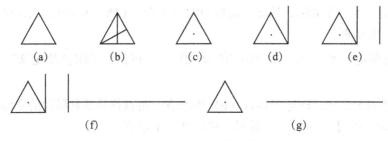

图 8-12 三角点符号的绘制

(5) 鼠标单击 对正(J): 后面选项卡中的黑色小三角,在下拉"属性文字对正位置"选项卡中单击 中心。

(6) 在 高度(E)< 后面的数字编辑框中,键盘输入"2.5"。

(7) 在 旋转(R)< 后面的数字编辑框中,键盘输入"0"。

(8) 按 确定 按钮。关闭"属性定义"对话框,到绘图区,移动吸着"点名"的"十"字光标到"横线"中点的上方,单击鼠标确定。

(9) 在命令窗口 命令: 的提示下,键盘输入"ATT",按【Enter】键。弹出"属性定义"对话框。

(10) 在 ☑在屏幕上指定(O) 前面小方框中打勾。

(11) 在 标记(T): 中键盘输入"高程",标记(T): 高程。

(12) 在 提示(M): 中键盘输入"输入高程:",提示(M): 输入高程:。

(13) 鼠标单击 对正(J): 后面选项卡中的黑色小三角,在下拉"属性文字对正位置"选项卡中单击 中上。

(14) 在 高度(E)< 后面的数字编辑框中,键盘输入"1.5"。

(15) 在 旋转(R)< 后面的数字编辑框中,键盘输入"0"。

(16) 按 确定 按钮。关闭"属性定义"对话框,到绘图区,移动吸着"高程"的"十"字光标到"横线"中点的下方,单击鼠标确定。

如图 8-11 (b) 所示,"三角点"属性定义完毕。

3. 定义三角点属性图块

(1) 在命令窗口 命令: 的提示下,鼠标单击"绘图"工具栏中的 图标按钮。

(2) 在"块定义"对话框 名称(A): 中键盘输入属性图块名"三角点",

名称(A):
三角点 。

(3) 鼠标单击 基点 项 拾取点(K) 中的 按钮,关闭"块定义"对话框,到绘图区。

（4）移动"十"字光标，捕捉三角形中的"小点"（插入基点），鼠标单击确定，返回"块定义"对话框。

（5）鼠标单击 对象 项 选择对象(T) 中 按钮，关闭"块定义"对话框，到绘图区。

（6）用小方框光标，框选图8-11（b）中所有三角点符号及其属性的全部对象，如图8-13（a）所示，按【Enter】键，返回"块定义"对话框。

（7）在 ○删除(D) 前面的小圆内单击鼠标 ⊙删除(D) 确定。

（8）按 确定 按钮，完成"三角点"属性图块的定义。

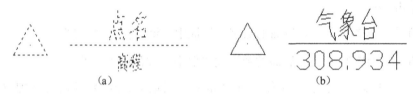

图8-13 定义与插入"三角点"

4. 插入三角点属性图块

将定义的"三角点"属性图块，插入到"控制点"图层的（4323.2，3150.1）点位置。点名为：气象台；高程为：308.934。

（1）将"控制点"图层设置为当前图层。

（2）在命令窗口 命令: 的提示下，鼠标单击"绘图"工具栏中 图标按钮。

（3）鼠标单击"插入"对话框中 名称(N): 后面的黑色小三角，弹出下拉列表框，在"列表框"中选取"三角点"，鼠标单击，被选中的属性图块名"三角点"出现在文字编辑框中 名称(N): 三角点 。

（4）把 ☑在屏幕上指定(S) 前面小方框中的勾去掉 ☐在屏幕上指定(S)，在

X: 0
Y: 0   中键盘直接输入属性图块的插入点坐标值（4323.2，3150.1）
Z: 0

X: 4323.2
Y: 3150.1 ，按 确定 按钮。
Z: 0

（5）在 输入高程: 的文字编辑框中键盘输入"308.934"

输入高程: 308.534 。

在 输入点名: 的文字编辑框中键盘输入"气象台"

输入点名：气象台。

(6) 鼠标单击 确定 按钮。

在 D 盘"学号+名字+路桥"图形文件，"控制点"图层（4323.2，3150.1）坐标的位置，插入一个白色（图8-13（b））的三角点符号，操作完毕。

5. 保存不埋石图根点属性图块

D 盘"学号+名字+路桥"图形文件，继续保存。

三、技能训练

1. "埋石图根点"的绘制与插入

打开 D 盘"学号+名字+道桥"图形文件。

创建"控制点，白色"图层，并设置为当前图层。

（1）绘制"埋石图根点"符号，如图8-14（a）所示。

（2）定义"埋石图根点"的属性，如图8-14（b）所示，点名的字高2.5；高程的字高1.5。

（3）将"埋石图根点"符号及其属性定义成属性图块（图块名称为"埋石图根点"），插入基点为符号几何中心的"小点"。

（4）按"埋石图根点"位置的坐标插入"控制点"图层。

（319.2，336.1）点名为"铁04"，高程为"79.58"。

（336.8，276.0）点名为"铁05"，高程为"80.04"。

（375.2，238.9）点名为"铁06"，高程为"80.37"。

（400.8，168.6）点名为"铁07"，高程为"81.49"。

（5）在 D 盘"学号+名字+道桥"图形文件中继续保存。

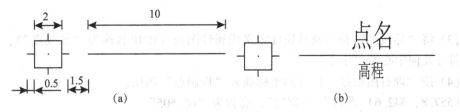

图8-14 "埋石图根点"符号

2. "小三角点"的绘制与插入

打开 D 盘"学号+名字+沟渠"图形文件。

创建"控制点，白色"图层，并设置为当前图层。

（1）绘制"小三角点"符号，如图8-15（a）所示。

（2）定义"小三角点"的属性，如图8-15（b）所示，点名的字高2.5，高程的字高1.5。

（3）将"小三角点"符号及其属性定义成属性图块（图块名称为"小三角点"），插入基点为符号几何中心的"小点"。

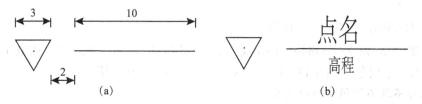

图 8-15 "小三角点"符号

(4) 按"小三角点"的位置坐标（772.9，333.5）插入"控制点"图层。点名为：正阳 08，高程为：142.53。

(5) 在 D 盘"学号+名字+沟渠"图形文件中继续保存。

3. "导线点"的绘制与插入

打开 D 盘"学号+名字+居民地 A"图形文件。

将"控制点"图层设置为当前图层。

(1) 绘制"导线点"符号，如图 8-16（a）所示。

(2) 定义"导线点"的属性，如图 8-16（b）所示，点名的字高 2.5；高程的字高 1.5。

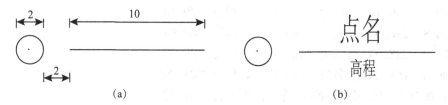

图 8-16 "导线点"符号

(3) 将"导线点"符号及其属性定义成属性图块（图块名称为"导线点"），插入基点为符号几何中心的"小点"。

(4) 按"埋石图根点"位置的坐标插入"控制点"图层。

(557.8，542.6) 点名为"GZ22"，高程为"66.505"。

(603.3，736.0) 点名为"GZ23"，高程为"66.524"。

(620.6，859.1) 点名为"GZ24"，高程为"66.681"。

(370.2，892.9) 点名为"GZ25"，高程为"66.657"。

(5) 在 D 盘"学号+名字+居民地 A"图形文件中继续保存。

4. "卫星定位等级点"的绘制与插入

打开 D 盘"学号+名字+居民地 B"图形文件。

创建"控制点，白色"图层，并设置为当前图层。

(1) 绘制"卫星定位等级点"符号，如图 8-17（a）所示。

(2) 定义"卫星定位等级点"的属性，如图 8-17（b）所示，点名的字高 2.5，高程的字高 1.5。

(3) 将"卫星定位等级点"符号及其属性定义成属性图块（图块名称为"卫星定位等级点"），插入基点为符号几何中心的"小点"。

(4) 按"卫星定位等级点"的实际位置（734.2，692.8）插入"控制点"图层。点名为：C27，高程为：583.790。

(5) 在 D 盘"学号+名字+居民地 B"图形文件中继续保存。

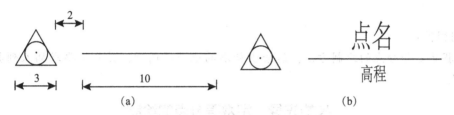

图 8-17 "卫星定位等级点"符号

5. "天文点"的绘制与插入

打开 D 盘"学号+名字+路桥"图形文件。

将"控制点"图层设置为当前图层。

(1) 绘制"天文点"符号，如图 8-18（a）所示。

(2) 定义"天文点"的属性，如图 8-18（b）所示，点名的字高 3，高程的字高 2。

(3) 将"天文点"符号及其属性定义成属性图块（图块名称为"天文点"），插入基点为几何图形中心的"小点"。

(4) 按"天文点"的实际位置（1010.0，2856.0）插入"控制点"图层。点名为：凤凰山，高程为：296.18。

(5) 在 D 盘"学号+名字+路桥"图形文件中继续保存。

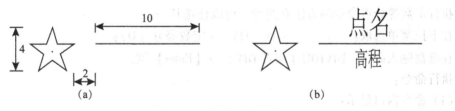

图 8-18 "天文点"符号

项目八 图廊的绘制

☞ **学习目标:**

掌握定数等分点的绘制方法;能绘出标准的地形图图廊,并能按要求插入到指定的"图层"。

技能先导:定数等分点的绘制

一、设置点样式

执行设置点样式命令的方法有两种,可以任选其一:

- 在下拉菜单选取: 格式(O) → 点样式(P)...;
- 在键盘输入命令:DDPTYPE → 【Enter】键。

执行命令后,弹出"点样式"对话框。在"点样式"对话框中用光标选择 ⊠ ,单击鼠标选中 ⊠ ,按 确定 按钮。

二、绘制定数等分点

定数等分点是在指定的图形对象上按指定的数目等间距创建点。
执行定数等分点命令的方法有两种,可以任选其一:
在下拉菜单选取: 绘图(D) → 点(O) → 定数等分(D);
在键盘输入命令:DIVIDE(或者 DIV)→【Enter】键。
执行命令:
(1) 命令窗口显示:

选择要定数等分的对象:

移动小方框光标到要绘制"定数等分点"的图形对象上,单击鼠标确定(被选中的图形对象变虚)。
(2) 命令窗口显示:

输入线段数目或 [块(B)]:

键盘输入要等分的"数目",按【Enter】键。
在被选取的图形对象上绘出了按"数目"等分的距离间隔相等的"点"。
技能训练:
为了便于观测"辅助点",把点设置成"×"。

(1) 在命令窗口 命令: 的提示下，键盘输入"DDPTYPE"，按【Enter】键。

(2) 将对话框中 ✕ 选中，按 确定 按钮。

(3) 绘制一条"直线"，如图9-1（a）所示。

(4) 在命令窗口 命令: 的提示下，键盘输入"DIV"，按【Enter】键。

(5) 在 选择要定数等分的对象: 的提示下，移动小方框光标到绘制的"直线"上，单击鼠标确定（被选的直线变虚线）。

(6) 在 输入线段数目或 [块(B)]: 的提示下，键盘输入"5"，按【Enter】键。

在"直线"上绘出了距离间隔相等的4个辅助"点"，直线被平均分成5等份，如图9-1（b）所示。

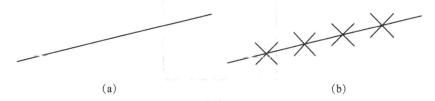

(a)　　　　　　　　　　　　(b)

图9-1　绘制间隔相等的"辅助点"

工 作 流 程

大比例尺地形图一般采用50cm×50cm正方形分幅；以图廓西南角坐标公里数编号法；图名选取困难时，可以不注图名，仅注图号；图幅结合表可以采用图名或图号任取一种注出；图上每隔10cm展绘一个坐标网线交叉点；图廓线上坐标网线在图廓内侧绘5mm的短线。

一、绘制图廓

新建一个图形文件。

创建"图廓，白色"图层，并设置为当前图层。

1. 绘制外图廓

(1) 在 命令: 的提示下，键盘输入"PL"，按【Enter】键。

(2) 在 指定起点: 的提示下，键盘输入"100，100"，按【Enter】键。

(3) 在 指定下一个点或[圆弧(A)/半宽(H)/长度(L)/放弃(U)/宽度(W)]: 的提示下，键盘输入"W"，按【Enter】键。

(4) 在 指定起点宽度 <0.0000>: 的提示下，键盘输入"1"，按【Enter】键。

(5) 在 指定端点宽度 <1.0000>: 的提示下，按【Enter】键。

(6) 在 指定下一个点或[圆弧(A)/半宽(H)/长度(L)/放弃(U)/宽度(W)]: 的提示下，键盘输入"@520，0"，按【Enter】键。

(7) 在 |指定下一点或[圆弧(A)/闭合(C)/半宽(H)/长度(L)/放弃(U)/宽度(W)]:| 的提示下，键盘输入"@0, 520"，按【Enter】键。

(8) 在 |指定下一点或[圆弧(A)/闭合(C)/半宽(H)/长度(L)/放弃(U)/宽度(W)]:| 的提示下，键盘输入"@-520, 0"，按【Enter】键。

(9) 在 |指定下一点或[圆弧(A)/闭合(C)/半宽(H)/长度(L)/放弃(U)/宽度(W)]:| 的提示下，键盘输入"C"，按【Enter】键。

如图9-2所示，绘出"外图廓"（正方形）。

图 9-2

2. 绘制内图廓

(1) 在 |命令:| 的提示下，鼠标单击"绘图"工具栏中的 ╱ 图标按钮。

(2) 在 |指定点或 [水平(H)/垂直(V)/角度(A)/二等分(B)/偏移(O)]:| 的提示下，键盘输入"O"，按【Enter】键。

(3) 在 |指定偏移距离或 [通过(T)] <通过>:| 的提示下，键盘输入"10"，按【Enter】键。

(4) 在 |选择直线对象:| 的提示下，小方框光标放在"外图廓"南边线上，单击鼠标确定。

在 |指定向哪侧偏移:| 的提示下，将光标移动到"外图廓"里面，单击鼠标确定。

(5) 在 |选择直线对象:| 的提示下，小方框光标放在"外图廓"东边线上，单击鼠标确定。

在 |指定向哪侧偏移:| 的提示下，将光标移动到"外图廓"里面，单击鼠标确定。

(6) 在 |选择直线对象:| 的提示下，小方框光标放在"外图廓"北边线上，单击鼠标确定。

在 |指定向哪侧偏移:| 的提示下，将光标移动到"外图廓"里面，单击鼠标确定。

(7) 在 |选择直线对象:| 的提示下，小方框光标放在"外图廓"西边线上，单击鼠标确定。

在 |指定向哪侧偏移:| 的提示下，将光标移动到"外图廓"里面，单击鼠标确定。

(8) 在 |选择直线对象:| 的提示下，按【Esc】键。

如图 9-3 所示,绘出"内图廊"的 4 条辅助线。

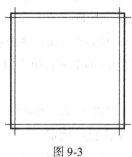

图 9-3

(9) 在命令窗口 命令: 的提示下,鼠标单击"修改"工具栏中的 -/- 图标按钮。

(10) 在 选择对象或 <全部选择>: 的提示下,移动小方框光标到"外图廊"上,单击鼠标确定。

在 选择对象: 的提示下,按【Enter】键。

(11) 在 选择要修剪的对象,或按住 Shift 键选择要延伸的对象,或 [栏选(F)/窗交(C)/投影(P)/边(E)/删除(R)/放弃(U)]: 的提示下,移动小方框光标到"外图廊"线外的构造线上,单击鼠标确定。重复操作,依次剪掉"外图廊"线外的所有多余线条。

(12) 在 选择要修剪的对象,或按住 Shift 键选择要延伸的对象,或 [栏选(F)/窗交(C)/投影(P)/边(E)/删除(R)/放弃(U)]: 的提示下,按【Enter】键。

如图 9-4 所示,绘出"内图廊"。

图 9-4

二、绘制坐标格网

1. 绘制方格网

(1) 在命令窗口 命令: 的提示下,用鼠标单击"修改"工具栏中的 图标按钮。

(2) 在 指定偏移距离或 [通过(T)/删除(E)/图层(L)] <通过>: 的提示下,键盘输入"100",按【Enter】键。

(3) 在 |选择要偏移的对象，或 [退出(E)/放弃(U)] <退出>:| 的提示下，移动小方框光标到"内图廓"南边线上，单击鼠标确定。

在 |指定要偏移的那一侧上的点，或[退出(E)/多个(M)/放弃(U)]<退出>:| 的提示下，移动"十"字光标到"内图廓"南边线的上方，单击鼠标确定。

绘出第一条"水平内线"。

(4) 在 |选择要偏移的对象，或 [退出(E)/放弃(U)] <退出>:| 的提示下，移动小方框光标到第一条"水平内线"上，单击鼠标确定。

在 |指定要偏移的那一侧上的点，或[退出(E)/多个(M)/放弃(U)]<退出>:| 的提示下，移动"十"字光标到第一条"水平内线"的上方，单击鼠标确定。

绘出第二条"水平内线"。

(5) 在 |选择要偏移的对象，或 [退出(E)/放弃(U)] <退出>:| 的提示下，移动小方框光标到第二条"水平内线"上，单击鼠标确定。

在 |指定要偏移的那一侧上的点，或[退出(E)/多个(M)/放弃(U)]<退出>:| 的提示下，移动"十"字光标到第二条"水平内线"的上方，单击鼠标确定。

绘出第三条"水平内线"。

(6) 在 |选择要偏移的对象，或 [退出(E)/放弃(U)] <退出>:| 的提示下，移动小方框光标到第三条"水平内线"上，单击鼠标确定。

在 |指定要偏移的那一侧上的点，或[退出(E)/多个(M)/放弃(U)]<退出>:| 的提示下，移动"十"字光标到第三条"水平内线"的上方，单击鼠标确定。

绘出第四条"水平内线"。

(7) 在 |选择要偏移的对象，或 [退出(E)/放弃(U)] <退出>:| 的提示下，移动小方框光标到"内图廓"西边线上，单击鼠标确定。

在 |指定要偏移的那一侧上的点，或[退出(E)/多个(M)/放弃(U)]<退出>:| 的提示下，移动"十"字光标到"内图廓"西边线的右方，单击鼠标确定。

绘出第一条"竖直内线"。

(8) 在 |选择要偏移的对象，或 [退出(E)/放弃(U)] <退出>:| 的提示下，移动小方框光标到第一条"竖直内线"上，单击鼠标确定。

在 |指定要偏移的那一侧上的点，或[退出(E)/多个(M)/放弃(U)]<退出>:| 的提示下，移动"十"字光标到第一条"竖直内线"的右方，单击鼠标确定。

绘出第二条"竖直内线"。

(9) 在 |选择要偏移的对象，或 [退出(E)/放弃(U)] <退出>:| 的提示下，移动小方框光标到第二条"竖直内线"上，单击鼠标确定。

在 |指定要偏移的那一侧上的点，或[退出(E)/多个(M)/放弃(U)]<退出>:| 的提示下，移动"十"字光标到第二条"竖直内线"的右方，单击鼠标确定。

绘出第三条"竖直内线"。

项目八　图廊的绘制　　　　　　　　　　　　　　　　　　　　　　　　　　　　243

(10) 在 |选择要偏移的对象，或 [退出(E)/放弃(U)] <退出>:| 的提示下，移动小方框光标到第三条"竖直内线"上，单击鼠标确定。

在 |指定要偏移的那一侧上的点，或[退出(E)/多个(M)/放弃(U)]<退出>:| 的提示下，移动"十"字光标到第三条"竖直内线"的右方，单击鼠标确定。

绘出第四条"竖直内线"。

(11) 在 |选择要偏移的对象，或 [退出(E)/放弃(U)] <退出>:| 的提示下，按【Enter】键。

如图 9-5 所示，绘出辅助方格网。

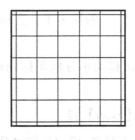

图 9-5

2. 绘制坐标"十"字线

(1) 在命令窗口 |命令:| 的提示下，鼠标单击"绘图"工具栏中的 ⊙ 图标按钮。

在 |指定圆的圆心或[三点(3P)/两点(2P)/相切、相切、半径(T)]:| 的提示下，移动"十"字光标，捕捉纵横"内线"的交叉点，单击鼠标确定。

在 |指定圆的半径或 [直径(D)]:| 的提示下，键盘输入"5"，按【Enter】键。

如图 9-6 所示，绘出一个辅助"小圆"。

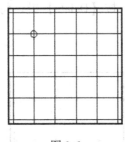

图 9-6

(2) 在命令窗口 |命令:| 的提示下，鼠标单击"修改"工具栏中的 ⊗ 图标按钮。

(3) 在 |选择对象:| 的提示下，移动小方框光标到绘制的"小圆"上，单击鼠标确定。

在 |选择对象:| 的提示下，按【Enter】键。

(4) 在 `指定基点或 [位移(D)] <位移>:` 的提示下,移动"十"字光标,捕捉"小圆"的圆心,单击鼠标确定。

在 `指定第二个点或 <使用第一个点作为位移>:` 的提示下,移动"吸"着"小圆"的"十"字光标,捕捉纵横"内线"的交叉点,单击鼠标确定,复制出一个"小圆"。

(5) 在 `指定第二个点或 [退出(E)/放弃(U)] <退出>:` 的提示下,继续按上步操作,捕捉纵横"内线"的交叉点,单击鼠标进行复制,直至复制完毕。

在 `指定第二个点或 [退出(E)/放弃(U)] <退出>:` 的提示下,按【Enter】键。

在所有纵横"内线"的交叉点上都绘上辅助"小圆"。

(6) 在命令窗口 `命令:` 的提示下,鼠标单击"修改"工具栏中的 ✚ 图标按钮。

(7) 在 `选择对象或 <全部选择>:` 的提示下,移动小方框光标到辅助"小圆"上,单击鼠标确定。

在 `选择对象:` 的提示下,依次移动小方框光标到辅助"小圆"上,单击鼠标确定(将所有"小圆"都选取)。

在 `选择对象:` 的提示下,按【Enter】键。

(8) 在 `选择要修剪的对象,或按住 Shift 键选择要延伸的对象,或 [栏选(F)/窗交(C)/投影(P)/边(E)/删除(R)/放弃(U)]:` 的提示下,移动小方框光标到两个辅助"小圆"之间的线段上,单击鼠标确定。

在 `选择要修剪的对象,或按住 Shift 键选择要延伸的对象,或 [栏选(F)/窗交(C)/投影(P)/边(E)/删除(R)/放弃(U)]:` 的提示下,移动小方框光标依次到两个辅助"小圆"之间的线段上,单击鼠标确定。将辅助"小圆"之间的线段都剪掉。

在 `选择要修剪的对象,或按住 Shift 键选择要延伸的对象,或 [栏选(F)/窗交(C)/投影(P)/边(E)/删除(R)/放弃(U)]:` 的提示下,按【Enter】键。

(9) 选取所有的辅助"小圆",按【Delete】键。将所有的辅助"小圆"都删除。

如图 9-7 所示,绘出坐标格网。

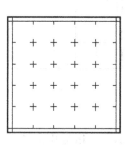

图 9-7

三、图外要素

1. 绘制接图表

接图表在图廊外的右上角。

(1) 在 命令: 的提示下,鼠标单击"绘图"工具栏中的 图标按钮。

在 指定点或 [水平(H)/垂直(V)/角度(A)/二等分(B)/偏移(O)]: 的提示下,键盘输入"O",按【Enter】键。

在 指定偏移距离或 [通过(T)] <通过>: 的提示下,键盘输入"3",按【Enter】键。

在 选择直线对象: 的提示下,移动小方框光标到"外图廊"北边线上,单击鼠标确定。

在 指定向哪侧偏移: 的提示下,移动"十"字光标到"外图廊"北边线的上方,单击鼠标确定。

在 选择直线对象: 的提示下,按【Enter】键。

如图9-8所示,在图廊外绘出一条"水平辅助线"。

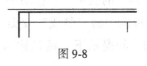

图 9-8

(2) 在命令窗口 命令: 的提示下,键盘输入"L",按【Enter】键。

在 命令: _line 指定第一点: 的提示下,移动"十"字光标,捕捉追踪内图廊西北交点与"水平辅助线"的交点,单击鼠标确定。

在 指定下一点或 [放弃(U)]: 的提示下,键盘输入"@0,24",按【Enter】键。

在 指定下一点或 [放弃(U)]: 的提示下,键盘输入"@45,0",按【Enter】键。

在 指定下一点或 [闭合(C)/放弃(U)]: 的提示下,移动"十"字光标,捕捉"水平辅助线"的垂足点,单击鼠标确定。

在 指定下一点或 [闭合(C)/放弃(U)]: 的提示下,键盘输入"C",按【Enter】键。

在 指定下一点或 [闭合(C)/放弃(U)]: 的提示下,按【Enter】键。

如图9-9所示,绘出接图表的外边框线。

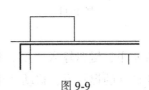

图 9-9

(3) 在命令窗口 命令: 的提示下，光标选取"水平辅助线"，按【Delete】键。删除"水平辅助线"。

如图 9-10 所示，绘出接图表的"外框"。

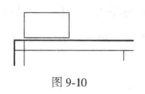

图 9-10

(4) 在命令窗口 命令: 的提示下，鼠标单击 格式(O) 菜单，再单击下拉菜单"点样式（P）…"项。

在"点样式"对话框中，选择 ☒，鼠标单击选中 ◼，鼠标再单击 确定 按钮。

(5) 在命令窗口 命令: 的提示下，鼠标单击 绘图(D) 菜单，光标放在"点（O）"项上，鼠标再单击子菜单中"定数分点（D）"项。

(6) 在 选择要定数等分的对象: 的提示下，移动小方框光标到接图表"外框"的一条"竖线"上，单击鼠标确定。被选中的"竖线"变虚。

在 输入线段数目或 [块(B)]: 的提示下，键盘输入"3"，按【Enter】键。在"竖线"上绘出两个"点"。

(7) 在命令窗口 命令: 的提示下，鼠标单击 绘图(D) 菜单，光标放在"点（O）"项上，鼠标再单击子菜单中"定数分点（D）"项。

在 选择要定数等分的对象: 的提示下，移动小方框光标到接图表"外框"的一条"横线"上，单击鼠标确定。被选中的"横线"变"虚"。

在 输入线段数目或 [块(B)]: 的提示下，键盘输入"3"，按【Enter】键。在"横线"上绘出两个"点"。

如图 9-11 所示，绘出"等分点"。

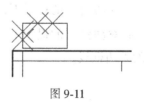

图 9-11

(8) 在命令窗口 命令: 的提示下，键盘输入"L"，按【Enter】键。

在 命令: _line 指定第一点: 的提示下，移动"十"字光标，捕捉"竖线"上的第一个"等分点"，单击鼠标确定。

在 指定下一点或 [放弃(U)]: 的提示下,移动"十"字光标在对边上捕捉垂足点,单击鼠标确定。

在 指定下一点或 [放弃(U)]: 的提示下,按【Enter】键。

(9) 在命令窗口 命令: 的提示下,键盘输入"L",按【Enter】键。

在 命令: _line 指定第一点: 的提示下,移动"十"字光标,捕捉"竖线"上的第二个"等分点",单击鼠标确定。

在 指定下一点或 [放弃(U)]: 的提示下,移动"十"字光标在对边上捕捉垂足点,单击鼠标确定。

在 指定下一点或 [放弃(U)]: 的提示下,按【Enter】键。

(10) 在命令窗口 命令: 的提示下,键盘输入"L",按【Enter】键。

在 命令: _line 指定第一点: 的提示下,移动"十"字光标,捕捉"横线"上的第一个"等分点",单击鼠标确定。

在 指定下一点或 [放弃(U)]: 的提示下,移动"十"字光标在对边上捕捉垂足点,单击鼠标确定。

在 指定下一点或 [放弃(U)]: 的提示下,按【Enter】键。

(11) 在命令窗口 命令: 的提示下,键盘输入"L",按【Enter】键。

在 命令: _line 指定第一点: 的提示下,移动"十"字光标,捕捉"横线"上的第二个"等分点",单击鼠标确定。

在 指定下一点或 [放弃(U)]: 的提示下,移动"十"字光标在对边上捕捉垂足点,单击鼠标确定。

在 指定下一点或 [放弃(U)]: 的提示下,按【Enter】键。

如图 9-12 所示,绘出接图表内的纵横线。

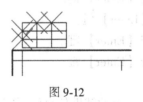

图 9-12

(12) 删除"等分点",绘出接图表。

(13) 在命令窗口 命令: 的提示下,鼠标单击"绘图"工具栏中的 图标按钮。

在"图案填充和渐变色"对话框中,鼠标单击 图案(P): 中 ANGLE 右侧的 ... 。

在"填充图案选项板"选项框中,鼠标单击 ANSI 项,选取 ,鼠标单击
ANSI31

[确定]按钮（此时 样例: 右侧显示 ▨▨▨ ）。

鼠标单击 边界 下面 [图] 添加:拾取点 中的 [图]，进入绘图区，移动"十"字光标到接图表中间的"矩形"里面，单击鼠标确定，按【Enter】键，返回"图案填充和渐变色"对话框。

鼠标单击对话框底部的 [确定] 按钮。将接图表中间的"矩形"中填充了"晕线"。

如图 9-13 所示，接图表绘制完毕。

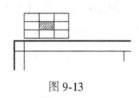

图 9-13

2. 注写辅助信息

1）图廊外右下角的辅助信息

(1) 在命令窗口 |命令:| 的提示下，键盘输入"DT"，【Enter】键。

(2) 在 |指定文字的起点或 [对正(J)/样式(S)]:| 的提示下，移动"十"字光标至图廊外的右下角单击鼠标。

(3) 在 |指定高度 <2.5000>:| 的提示下，键盘输入"3.5"，按【Enter】键。

(4) 在 |指定文字的旋转角度 <0>:| 的提示下，按【Enter】键。

(5) 在"闪耀"的光标下：

键盘输入"坐标系:"，按【Enter】键。

键盘输入"高程基准:"，按【Enter】键。

键盘输入"等高距:"，按【Enter】键。

键盘输入"测图单位:"，按【Enter】键。

键盘输入"测图时间:"，按【Enter】键。

(6) 再按【Enter】键。

如图 9-14 所示，图廊外的右下角的辅助信息注写完毕。

2）图廊外中下的辅助信息

(1) 在命令窗口 |命令:| 的提示下，键盘输入"DT"，【Enter】键

(2) 在 |指定文字的起点或 [对正(J)/样式(S)]:| 的提示下，移动"十"字光标至图廊外的中下方单击鼠标。

(3) 在 |指定高度 <2.5000>:| 的提示下，键盘输入"5"，按【Enter】键。

(4) 在 |指定文字的旋转角度 <0>:| 的提示下，按【Enter】键。

(5) 在"闪耀"的光标下，

坐标系：
高程基准：
等高距：
测图单位：
测图时间：

图 9-14

键盘输入"1:"按【Enter】键。

（6）再按【Enter】键。

如图 9-15 所示，图廓外的中下方的辅助信息注写完毕。

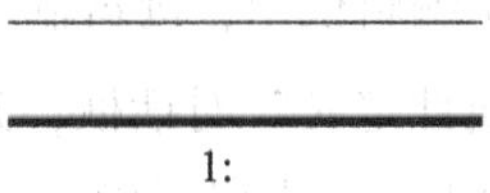

1:

图 9-15

3）图廓外左下角的辅助信息

（1）在命令窗口 命令: 的提示下，键盘输入"DT"，【Enter】键

（2）在 指定文字的起点或 [对正(J)/样式(S)]: 的提示下，移动"十"字光标至图廓外的右下角单击鼠标。

（3）在 指定高度 <2.5000>: 的提示下，键盘输入"3.5"，按【Enter】键。

（4）在 指定文字的旋转角度 <0>: 的提示下，按【Enter】键。

（5）在"闪耀"的光标下：

键盘输入"测量员:"，按【Enter】键。

键盘输入"制图员:"，按【Enter】键。

键盘输入"检查员:"，按【Enter】键。

（6）再按【Enter】键。

如图 9-16 所示，图廓外的左下角的辅助信息注写完毕。

测量员：
制图员：
检查员：

图 9-16

四、定义图廊属性

(1) 在命令窗口 `命令:` 的提示下，键盘输入"ATT"，按【Enter】键。弹出"属性定义"对话框。

在 ☑ `在屏幕上指定(O)` 前面小方框中打勾。

在 `标记(T):` 中键盘输入"检查员"，`标记(T): 检查员`。

在 `提示(M):` 中键盘输入"输入检查员:"，`提示(M): 输入检查员:`。

鼠标单击 `对正(J):` 后面选项卡中的黑色小三角，在下拉"属性文字对正位置"选项卡中单击 `左中`。

在 `高度(E)<` 后面的数字编辑框中，键盘输入"3.5"。

在 `旋转(R)<` 后面的数字编辑框中，键盘输入"0"。

按 `确定` 按钮。关闭"属性定义"对话框，到绘图区，移动吸着"检查员"的"十"字光标到"检查员:"后面中点，单击鼠标确定。

(2) 在命令窗口 `命令:` 的提示下，键盘输入"ATT"，按【Enter】键。弹出"属性定义"对话框。

在 ☑ `在屏幕上指定(O)` 前面小方框中打勾。

在 `标记(T):` 中键盘输入"制图员"，`标记(T): 制图员`。

在 `提示(M):` 中键盘输入"输入制图员:"，`提示(M): 输入制图员:`。

鼠标单击 `对正(J):` 后面选项卡中的黑色小三角，在下拉"属性文字对正位置"选项卡中单击 `左中`。

在 `高度(E)<` 后面的数字编辑框中，键盘输入"3.5"。

在 `旋转(R)<` 后面的数字编辑框中，键盘输入"0"。

按 `确定` 按钮。关闭"属性定义"对话框，到绘图区，移动吸着"制图员"的"十"字光标到"制图员:"后面中点，单击鼠标确定。

(3) 在命令窗口 `命令:` 的提示下，键盘输入"ATT"，按【Enter】键。弹出"属性定义"对话框。

在 ☑ `在屏幕上指定(O)` 前面小方框中打勾。

在 `标记(T):` 中键盘输入"测量员"，`标记(T): 测量员`。

在 `提示(M):` 中键盘输入"输入测量员:"，`提示(M): 输入测量员:`。

鼠标单击 `对正(J):` 后面选项卡中的黑色小三角，在下拉"属性文字对正位置"选项卡中单击 `左中`。

在 `高度(E)<` 后面的数字编辑框中，键盘输入"3.5"。

项目八 图廊的绘制————————————————————————251

在 旋转(R) < 后面的数字编辑框中,键盘输入"0"。

按 确定 按钮。关闭"属性定义"对话框,到绘图区,移动吸着"测量员"的"十"字光标到"测量员:"后面中点,单击鼠标确定。

(4) 在命令窗口 命令: 的提示下,键盘输入"ATT",按【Enter】键。弹出"属性定义"对话框。

在 ☑在屏幕上指定(O) 前面小方框中打勾。

在 标记(T): 中键盘输入"测量时间",标记(T): 测量时间 。

在 提示(M): 中键盘输入"输入测量时间:",提示(M): 输入测量时间: 。

鼠标单击 对正(J): 后面选项卡中的黑色小三角,在下拉"属性文字对正位置"选项卡中单击 左中 ▼ 。

在 高度(E) < 后面的数字编辑框中,键盘输入"3.5"。

在 旋转(R) < 后面的数字编辑框中,键盘输入"0"。

按 确定 按钮。关闭"属性定义"对话框,到绘图区,移动吸着"测量时间"的"十"字光标到"测量时间:"后面中点,单击鼠标确定。

(5) 在命令窗口 命令: 的提示下,键盘输入"ATT",按【Enter】键。弹出"属性定义"对话框。

在 ☑在屏幕上指定(O) 前面小方框中打勾。

在 标记(T): 中键盘输入"测量单位",标记(T): 测量单位 。

在 提示(M): 中键盘输入"输入测量单位:",提示(M): 输入测量单位: 。

鼠标单击 对正(J): 后面选项卡中的黑色小三角,在下拉"属性文字对正位置"选项卡中单击 左中 ▼ 。

在 高度(E) < 后面的数字编辑框中,键盘输入"3.5"。

在 旋转(R) < 后面的数字编辑框中,键盘输入"0"。

按 确定 按钮。关闭"属性定义"对话框,到绘图区,移动吸着"测量单位"的"十"字光标到"测量单位:"后面中点,单击鼠标确定。

(6) 在命令窗口 命令: 的提示下,键盘输入"ATT",按【Enter】键。弹出"属性定义"对话框。

在 ☑在屏幕上指定(O) 前面小方框中打勾。

在 标记(T): 中键盘输入"等高距",标记(T): 等高距 。

在 提示(M): 中键盘输入"输入等高距:",提示(M): 输入等高距: 。

鼠标单击 对正(J): 后面选项卡中的黑色小三角,在下拉"属性文字对正位置"选项

卡中单击 `左中`。

在 `高度(E)<` 后面的数字编辑框中，键盘输入"3.5"。

在 `旋转(R)<` 后面的数字编辑框中，键盘输入"0"。

按 `确定` 按钮。关闭"属性定义"对话框，到绘图区，移动吸着"等高距"的"十"字光标到"等高距："后面中点，单击鼠标确定。

(7) 在命令窗口 `命令：` 的提示下，键盘输入"ATT"，按【Enter】键。弹出"属性定义"对话框。

在 `☑在屏幕上指定(O)` 前面小方框中打勾。

在 `标记(T):` 中键盘输入"高程基准"，`标记(T): 高程基准`。

在 `提示(M):` 中键盘输入"输入高程基准："，`提示(M): 输入高程基准：`。

鼠标单击 `对正(J):` 后面选项卡中的黑色小三角，在下拉"属性文字对正位置"选项卡中单击 `左中`。

在 `高度(E)<` 后面的数字编辑框中，键盘输入"3.5"。

在 `旋转(R)<` 后面的数字编辑框中，键盘输入"0"。

按 `确定` 按钮。关闭"属性定义"对话框，到绘图区，移动吸着"高程基准"的"十"字光标到"高程基准："后面中点，单击鼠标确定。

(8) 在命令窗口 `命令：` 的提示下，键盘输入"ATT"，按【Enter】键。弹出"属性定义"对话框。

在 `☑在屏幕上指定(O)` 前面小方框中打勾。

在 `标记(T):` 中键盘输入"坐标系"，`标记(T): 坐标系`。

在 `提示(M):` 中键盘输入"输入坐标系："，`提示(M): 输入坐标系：`。

鼠标单击 `对正(J):` 后面选项卡中的黑色小三角，在下拉"属性文字对正位置"选项卡中单击 `左中`。

在 `高度(E)<` 后面的数字编辑框中，键盘输入"3.5"。

在 `旋转(R)<` 后面的数字编辑框中，键盘输入"0"。

按 `确定` 按钮。关闭"属性定义"对话框，到绘图区，移动吸着"坐标系"的"十"字光标到"坐标系："后面中点，单击鼠标确定。

(9) 在命令窗口 `命令：` 的提示下，键盘输入"ATT"，按【Enter】键。弹出"属性定义"对话框。

在 `☑在屏幕上指定(O)` 前面小方框中打勾。

在 `标记(T):` 中键盘输入"比例尺"，`标记(T): 比例尺`。

在 提示(M): 中键盘输入"输入比例尺:",提示(M):输入比例尺: 。

鼠标单击 对正(J): 后面选项卡中的黑色小三角,在下拉"属性文字对正位置"选项卡中单击 左中 ▼。

在 高度(E) < 后面的数字编辑框中,键盘输入"5"。

在 旋转(R) < 后面的数字编辑框中,键盘输入"0"。

按 确定 按钮。关闭"属性定义"对话框,到绘图区,移动吸着"比例尺"的"十"字光标到"比例尺:"后面中点,单击鼠标确定。

(10) 在命令窗口 命令: 的提示下,键盘输入"ATT",按【Enter】键。弹出"属性定义"对话框。

在 ☑在屏幕上指定(0) 前面小方框中打勾。

在 标记(T): 中键盘输入"Y6",标记(T): Y6 。

在 提示(M): 中键盘输入"输入Y6:",提示(M):输入Y6: 。

鼠标单击 对正(J): 后面选项卡中的黑色小三角,在下拉"属性文字对正位置"选项卡中单击 左中 ▼。

在 高度(E) < 后面的数字编辑框中,键盘输入"3"。

在 旋转(R) < 后面的数字编辑框中,键盘输入"0"。

按 确定 按钮。关闭"属性定义"对话框,到绘图区,移动吸着"Y6"的"十"字光标到南边"内外图廊"中间第六条"竖线"右面中点,单击鼠标确定。

在命令窗口 命令: 的提示下,键盘输入"ATT",按【Enter】键。弹出"属性定义"对话框。

在 ☑在屏幕上指定(0) 前面小方框中打勾。

在 标记(T): 中键盘输入"Y5",标记(T): Y5 。

在 提示(M): 中键盘输入"输入Y5:",提示(M):输入Y5: 。

鼠标单击 对正(J): 后面选项卡中的黑色小三角,在下拉"属性文字对正位置"选项卡中单击 中心 ▼。

在 高度(E) < 后面的数字编辑框中,键盘输入"3"。

在 旋转(R) < 后面的数字编辑框中,键盘输入"0"。

按 确定 按钮。关闭"属性定义"对话框,到绘图区,移动吸着"Y5"的"十"字光标到南边"内外图廊"中间第五条"竖线"下面中点,单击鼠标确定。

在命令窗口 命令: 的提示下,键盘输入"ATT",按【Enter】键。弹出"属性定义"对话框。

在 ☑在屏幕上指定(0) 前面小方框中打勾。

在 标记(T)： 中键盘输入"Y4"，标记(T)：Y4 。

在 提示(M)： 中键盘输入"输入Y4："，提示(M)：输入Y4： 。

鼠标单击 对正(J)： 后面选项卡中的黑色小三角，在下拉"属性文字对正位置"选项卡中单击 中心 。

在 高度(E)< 后面的数字编辑框中，键盘输入"3"。

在 旋转(R)< 后面的数字编辑框中，键盘输入"0"。

按 确定 按钮。关闭"属性定义"对话框，到绘图区，移动吸着"Y4"的"十"字光标到南边"内外图廊"中间第四条"竖线"下面中点，单击鼠标确定。

在命令窗口 命令： 的提示下，键盘输入"ATT"，按【Enter】键。弹出"属性定义"对话框。

在 ☑在屏幕上指定(O) 前面小方框中打勾。

在 标记(T)： 中键盘输入"Y3"，标记(T)：Y3 。

在 提示(M)： 中键盘输入"输入Y3："，提示(M)：输入Y3： 。

鼠标单击 对正(J)： 后面选项卡中的黑色小三角，在下拉"属性文字对正位置"选项卡中单击 中心 。

在 高度(E)< 后面的数字编辑框中，键盘输入"3"。

在 旋转(R)< 后面的数字编辑框中，键盘输入"0"。

按 确定 按钮。关闭"属性定义"对话框，到绘图区，移动吸着"Y3"的"十"字光标到南边"内外图廊"中间第三条"竖线"下面中点，单击鼠标确定。

在命令窗口 命令： 的提示下，键盘输入"ATT"，按【Enter】键。弹出"属性定义"对话框。

在 ☑在屏幕上指定(O) 前面小方框中打勾。

在 标记(T)： 中键盘输入"Y2"，标记(T)：Y2 。

在 提示(M)： 中键盘输入"输入Y2："，提示(M)：输入Y2： 。

鼠标单击 对正(J)： 后面选项卡中的黑色小三角，在下拉"属性文字对正位置"选项卡中单击 中心 。

在 高度(E)< 后面的数字编辑框中，键盘输入"3"。

在 旋转(R)< 后面的数字编辑框中，键盘输入"0"。

按 确定 按钮。关闭"属性定义"对话框，到绘图区，移动吸着"Y2"的"十"字光标到南边"内外图廊"中间第二条"竖线"下面中点，单击鼠标确定。

在命令窗口 命令： 的提示下，键盘输入"ATT"，按【Enter】键。弹出"属性定

项目八 图廊的绘制——————————————————————————— 255

义"对话框。

在 ☑ 在屏幕上指定(O) 前面小方框中打勾。

在 标记(T): 　　　　　　 中键盘输入"Y1",标记(T): Y1　　　　　。

在 提示(M): 　　　　　　 中键盘输入"输入Y1：",提示(M): 输入Y1：　　　　。

鼠标单击 对正(J): 后面选项卡中的黑色小三角,在下拉"属性文字对正位置"选项卡中单击 左中 ▼ 。

在 高度(E) < 　后面的数字编辑框中,键盘输入"3"。

在 旋转(R) < 　后面的数字编辑框中,键盘输入"0"。

按 确定 　按钮。关闭"属性定义"对话框,到绘图区,移动吸着"Y1"的"十"字光标到南边"内外图廊"中间第一条"竖线"右面中点,单击鼠标确定。

(11) 在命令窗口 命令： 的提示下,键盘输入"ATT",按【Enter】键。弹出"属性定义"对话框。

在 ☑ 在屏幕上指定(O) 前面小方框中打勾。

在 标记(T): 　　　　　　 中键盘输入"X6",标记(T): X6　　　　　。

在 提示(M): 　　　　　　 中键盘输入"输入X6：",提示(M): 输入X6：　　　　。

鼠标单击 对正(J): 后面选项卡中的黑色小三角,在下拉"属性文字对正位置"选项卡中单击 中心 ▼ 。

在 高度(E) < 　后面的数字编辑框中,键盘输入"3"。

在 旋转(R) < 　后面的数字编辑框中,键盘输入"0"。

按 确定 　按钮。关闭"属性定义"对话框,到绘图区,移动吸着"X6"的"十"字光标到西边"内外图廊"中间第六条"横线"上面中点,单击鼠标确定。

在命令窗口 命令： 的提示下,键盘输入"ATT",按【Enter】键。弹出"属性定义"对话框。

在 ☑ 在屏幕上指定(O) 前面小方框中打勾。

在 标记(T): 　　　　　　 中键盘输入"X5",标记(T): X5　　　　　。

在 提示(M): 　　　　　　 中键盘输入"输入X5：",提示(M): 输入X5：　　　　。

鼠标单击 对正(J): 后面选项卡中的黑色小三角,在下拉"属性文字对正位置"选项卡中单击 中心 ▼ 。

在 高度(E) < 　后面的数字编辑框中,键盘输入"3"。

在 旋转(R) < 　后面的数字编辑框中,键盘输入"0"。

按 确定 　按钮。关闭"属性定义"对话框,到绘图区,移动吸着"X5"的

"十"字光标到西边"内外图廓"中间第五条"横线"左面中点，单击鼠标确定。

在命令窗口 命令: 的提示下，键盘输入"ATT"，按【Enter】键。弹出"属性定义"对话框。

在 ☑在屏幕上指定(O) 前面小方框中打勾。

在 标记(T): 中键盘输入"X4"，标记(T)：X4 。

在 提示(M): 中键盘输入"输入X4:"，提示(M)：输入X4: 。

鼠标单击 对正(J): 后面选项卡中的黑色小三角，在下拉"属性文字对正位置"选项卡中单击 中心 ▼ 。

在 高度(E) < 后面的数字编辑框中，键盘输入"3"。

在 旋转(R) < 后面的数字编辑框中，键盘输入"0"。

按 确定 按钮。关闭"属性定义"对话框，到绘图区，移动吸着"X4"的"十"字光标到西边"内外图廓"中间第四条"横线"左面中点，单击鼠标确定。

在命令窗口 命令: 的提示下，键盘输入"ATT"，按【Enter】键。弹出"属性定义"对话框。

在 ☑在屏幕上指定(O) 前面小方框中打勾。

在 标记(T): 中键盘输入"X3"，标记(T)：X3 。

在 提示(M): 中键盘输入"输入X3:"，提示(M)：输入X3: 。

鼠标单击 对正(J): 后面选项卡中的黑色小三角，在下拉"属性文字对正位置"选项卡中单击 中心 ▼ 。

在 高度(E) < 后面的数字编辑框中，键盘输入"3"。

在 旋转(R) < 后面的数字编辑框中，键盘输入"0"。

按 确定 按钮。关闭"属性定义"对话框，到绘图区，移动吸着"X3"的"十"字光标到西边"内外图廓"中间第三条"横线"左面中点，单击鼠标确定。

在命令窗口 命令: 的提示下，键盘输入"ATT"，按【Enter】键。弹出"属性定义"对话框。

在 ☑在屏幕上指定(O) 前面小方框中打钩。

在 标记(T): 中键盘输入"X2"，标记(T)：X2 。

在 提示(M): 中键盘输入"输入X2:"，提示(M)：输入X2: 。

鼠标单击 对正(J): 后面选项卡中的黑色小三角，在下拉"属性文字对正位置"选项卡中单击 中心 ▼ 。

在 高度(E) < 后面的数字编辑框中，键盘输入"3"。

在 旋转(R) < 后面的数字编辑框中,键盘输入"0"。

按 确定 按钮。关闭"属性定义"对话框,到绘图区,移动吸着"X2"的"十"字光标到西边"内外图廊"中间第二条"横线"左面中点,单击鼠标确定。

在命令窗口 命令: 的提示下,键盘输入"ATT",按【Enter】键。弹出"属性定义"对话框。

在 ☑在屏幕上指定(Q) 前面小方框中打勾。

在 标记(T): 中键盘输入"X1",标记(T): X1 。

在 提示(M): 中键盘输入"输入X1:",提示(M): 输入X1: 。

鼠标单击 对正(J): 后面选项卡中的黑色小三角,在下拉"属性文字对正位置"选项卡中单击 中心 ▼ 。

在 高度(E) < 后面的数字编辑框中,键盘输入"3"。

在 旋转(R) < 后面的数字编辑框中,键盘输入"0"。

按 确定 按钮。关闭"属性定义"对话框,到绘图区,移动吸着"X1"的"十"字光标到西边"内外图廊"中间第一条"横线"上面中点,单击鼠标确定。

(12) 在命令窗口 命令: 的提示下,键盘输入"ATT",按【Enter】键。弹出"属性定义"对话框。

在 ☑在屏幕上指定(Q) 前面小方框中打勾。

在 标记(T): 中键盘输入"8",标记(T): 8 。

在 提示(M): 中键盘输入"接图表8:",提示(M): 接图表8: 。

鼠标单击 对正(J): 后面选项卡中的黑色小三角,在下拉"属性文字对正位置"选项卡中单击 中间 ▼ 。

在 高度(E) < 后面的数字编辑框中,键盘输入"3"。

在 旋转(R) < 后面的数字编辑框中,键盘输入"0"。

按 确定 按钮。关闭"属性定义"对话框,到绘图区,移动吸着"8"的"十"字光标到接图表8格中间,单击鼠标确定。

(13) 在命令窗口 命令: 的提示下,键盘输入"ATT",按【Enter】键。弹出"属性定义"对话框。

在 ☑在屏幕上指定(Q) 前面小方框中打勾。

在 标记(T): 中键盘输入"7",标记(T): 7 。

在 提示(M): 中键盘输入"接图表7:",提示(M): 接图表7: 。

鼠标单击 对正(J): 后面选项卡中的黑色小三角,在下拉"属性文字对正位置"选项卡中单击 中间 ▼ 。

在 [高度(E)<] 后面的数字编辑框中，键盘输入"3"。

在 [旋转(R)<] 后面的数字编辑框中，键盘输入"0"。

按 [确定] 按钮。关闭"属性定义"对话框，到绘图区，移动吸着"7"的"十"字光标到接图表 7 格中间，单击鼠标确定。

(14) 按上述流程继续操作，将接图表 6~1 格进行"接图表"的属性定义。

(15) 在命令窗口 [命令:] 的提示下，键盘输入"ATT"，按【Enter】键。弹出"属性定义"对话框。

在 [☑在屏幕上指定(O)] 前面小方框中打勾。

在 标记(T): 中键盘输入"图号"，标记(T): 图号   。

在 提示(M): 中键盘输入"输入图号:"，提示(M): 输入图号: 。

鼠标单击 对正(J): 后面选项卡中的黑色小三角，在下拉"属性文字对正位置"选项卡中单击 [中间▼]。

在 [高度(E)<] 后面的数字编辑框中，键盘输入"5"。

在 [旋转(R)<] 后面的数字编辑框中，键盘输入"0"。

按 [确定] 按钮。关闭"属性定义"对话框，到绘图区，移动吸着"图号"的"十"字光标到"外图廓"正上方中间，单击鼠标确定。

(16) 在命令窗口 [命令:] 的提示下，键盘输入"ATT"，按【Enter】键。弹出"属性定义"对话框。

在 [☑在屏幕上指定(O)] 前面小方框中"打钩"。

在 标记(T): 中键盘输入"图名"，标记(T): 图名   。

在 提示(M): 中键盘输入"输入图名:"，提示(M): 输入图名: 。

鼠标单击 对正(J): 后面选项卡中的黑色小三角，在下拉"属性文字对正位置"选项卡中单击 [中间▼]。

在 [高度(E)<] 后面的数字编辑框中，键盘输入"6"。

在 [旋转(R)<] 后面的数字编辑框中，键盘输入"0"。

按 [确定] 按钮。关闭"属性定义"对话框，到绘图区，移动吸着"图名"的"十"字光标到"外图廓""图号"的正上方中间，单击鼠标确定。

"图廓"属性定义完毕。

五、定义图廓属性图块

(1) 在命令窗口 [命令:] 的提示下，鼠标单击"绘图"工具栏中的 图标按钮。

(2) 在"块定义"对话框 名称(A):   中键盘输入属性图块名"图廓"，

名称(A):
图廓

(3) 鼠标单击 基点 项 [拾取点(K)] 中的 [按钮], 关闭"块定义"对话框, 到绘图区。

(4) 移动"十"字光标, 捕捉"内图廓"西南角角点（插入基点）, 鼠标单击确定, 返回"块定义"对话框。

(5) 鼠标单击 对象 项 [选择对象(T)] 中 [按钮], 关闭"块定义"对话框, 到绘图区。

(6) 用小方框光标, 框选所绘"图廓"及其属性的全部对象, 按【Enter】键, 返回"块定义"对话框。

(7) 在 ○删除(D) 前面的小圆内单击鼠标 ●删除(D) 确定。

(8) 按 [确定] 按钮, 完成"图廓"属性图块的定义。

六、插入图廓属性图块

将定义的"图廓"属性图块, 插入到"图廓"图层的（21000, 10000）位置。图名为：望花区化纤厂; 图号为：10.0-21.0; 比例尺 1000; X 坐标 10.0、10.1、10.2、10.3、10.4、10.5; Y 坐标 21.0、21.1、21.2、21.3、21.4、21.5; 接图表：1、2、3、4、6、7、8; 坐标系：80 西安坐标系; 高程基准：85 国家高程基准; 等高距：1 米; 测图单位：辽宁水利职业学院; 测图时间：2014 年 5 月; 测量员：张强; 制图员：王芳芳; 检查员：刘莉。

(1) 将"图廓"图层设置为当前图层。

(2) 在命令窗口 [命令:] 的提示下, 鼠标单击"绘图"工具栏中的 [图标按钮]。

(3) 鼠标单击"插入"对话框中 名称(N): ▼ 后面的黑色小三角, 弹出下拉列表框, 在"列表框"中选取"图廓", 鼠标单击, 被选中的属性图块名"图廓"出现在文字编辑框中 名称(N): 图廓 ▼。

(4) 把 ☑在屏幕上指定(S) 前面小方框中的勾去掉 □在屏幕上指定(S), 在

X: 0
Y: 0   中键盘直接输入属性图块的插入点坐标值（21000, 10000）
Z: 0

X: 21000
Y: 10000 , 按 [确定] 按钮。
Z: 0

(5) 在"属性编辑"对话框中, 按照提示信息, 键盘输入图外的相应辅助信息。

(6) 鼠标单击 [确定] 按钮。

在"图廓"图层（21000, 10000）坐标的位置, 插入白色（图 9-17）的"图廓",

图廓下端图外要素（图 9-18），操作完毕。

（7）保存："D 盘，学号+名字+图廓"。

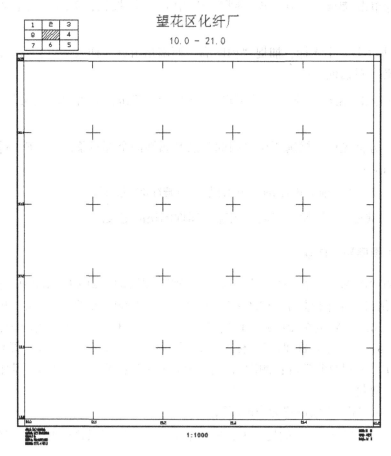

图 9-17　地形图图廓

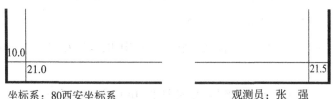

坐标系：80西安坐标系　　　　　观测员：张　强
高程基准：85国家高程基准　　　制图员：王芳芳
等高距：1米　　　　　　　　　 检查员：刘　莉
测图单位：辽宁水利职业学院
测图时间：2014年5月

图 9-18　地形图图廓下端图外要素

七、技能训练

（1）绘制标准图廓，如图 9-7 所示。

① 内图廓 500×500；
② 外图廓距内图廓 10，线宽 1；
③ 图内每间隔 100，绘制一个"十"字坐标格网点（"十"字线长 10）。
（2）绘制图外要素。
① 接图表，如图 9-13 所示。
总长 45，总高 24，3 等分 9 个小矩形。
② 右下角要素，如图 9-14 所示。
用"单行文字"注写，字高 3.5，旋转 0。
坐标系：
高程基准：
测量单位：
测量时间：
③ 正下方"比例尺"要素，如图 9-15 所示。
用"单行文字"注写，字高 5，旋转 0。
1：
④ 左下角要素，如图 9-16 所示。
用"单行文字"注写，字高 3.5，旋转 0。
测量员：
制图员：
检查员：
（3）定义图廓属性。
① 图名：图廓正上方，字高 6，旋转 0，中间对正。
② 图号：图廓正上方（图名下方），字高 5，旋转 0，中间对正。
③X 坐标：西侧内外图廓之间"横线"左侧，字高 3，旋转 0，中心对正（共 6 个）。
④Y 坐标：南侧内外图廓之间"竖线"下方，字高 3，旋转 0，中心对正（共 6 个）。
⑤ 比例尺：图廓正下方"1:"后面，字高 5，旋转 0，左中对正。
⑥ 坐标系：图廓左下方"坐标系:"后面，字高 3.5，旋转 0，左中对正。
高程基准：图廓左下方"高程基准:"后面，字高 3.5，旋转 0，左中对正；
测量单位：图廓左下方"测量单位:"后面，字高 3.5，旋转 0，左中对正；
测量时间：图廓左下方"测量时间:"后面，字高 3.5，旋转 0，左中对正。
⑦ 测量员：图廓右下方"测量员:"后面，字高 3.5，旋转 0，左中对正；
制图员：图廓右下方"制图员:"后面，字高 3.5，旋转 0，左中对正；
检查员：图廓右下方"检查员:"后面，字高 3.5，旋转 0，左中对正。
⑧ 接图表 1：接图表 1 格中心，字高 3，旋转 0，中间对正；
接图表 2：接图表 2 格中心，字高 3，旋转 0，中间对正；
接图表 3：接图表 3 格中心，字高 3，旋转 0，中间对正；
接图表 4：接图表 4 格中心，字高 3，旋转 0，中间对正；
接图表 5：接图表 5 格中心，字高 3，旋转 0，中间对正；
接图表 6：接图表 6 格中心，字高 3，旋转 0，中间对正；

接图表 7：接图表 7 格中心，字高 3，旋转 0，中间对正；

接图表 8：接图表 8 格中心，字高 3，旋转 0，中间对正。

（4）将"图廓"图形及其属性创建成属性图块（名称为"图廓"），插入基点为内图廓西南角角点。

（5）将"图廓"属性图块按坐标（100.0，200.0）插入"图廓"图层。

① 图名：辽宁水利职业学院

② 图号：0.20-0.10

③ X 坐标：200、250、300、350、400、450

④ Y 坐标：100、150、200、250、300、350

⑤ 比例尺：500

⑥ 坐标系：2000 国家坐标系

高程基准：1985 国家高程基准

测量单位：工程测量 13-2 班

测量时间：2014 年 11 月

⑦ 测量员：王磊

制图员：林苗

检查员：曹新伟

⑧ 接图表 1：工商行

接图表 2：电信局

接图表 3：林勘院

接图表 4：财富广场

接图表 5：公路

接图表 6：行院

接图表 7：交专

接图表 8：公园

（6）在"D 盘，学号+名字+图廓"中继续保存。

附录　CAD常用快捷命令键

L	直线	A	圆弧
PL	多段线	C	圆
SPL	样条曲线	POL	正多边形
XL	构造线	REC	矩形
PO	点	DT	单行文字
ME	定距等分点	ED	文字修改
DIV	定数等分点	B	图块定义
E	删除	I	图块插入
TR	修剪	ATT	定义图块属性
EX	延伸	W	定义块文件
RO	旋转	CO	复制
BR	打断	MI	镜像
SC	比例缩放	O	偏移
MA	属性匹配	X	分解
U	撤销	PE	多段线编辑
REDO	恢复	M	移动
OS	对象捕捉设置	LA	创建图层
P	平移	Z	局部放大
Z+E	显示全图	Z+A	显示全屏
OP	系统选项设置		
NEW	新建文件	SAVE	保存文件
CLOSE	关闭文件	OPEN	打开文件
【Ctrl】+W	对象追踪	【Ctrl】+Z	放弃
【Ctrl】+1	修改特性	【Ctrl】+S	保存文件
【Ctrl】+C	复制	【Ctrl】+V	粘贴
【F3】	对象捕捉开关	【F8】	正交开关